建筑工程测量

(第二版)

主　编　李涛会　朱胜兰
副主编　顾　俊　康　凯
　　　　龚镇国　程　忠

苏州大学出版社

图书在版编目(CIP)数据

建筑工程测量 / 李涛会，朱胜兰主编. —— 2版.
苏州：苏州大学出版社，2025.1. —— ISBN 978-7-5672-5105-2

Ⅰ. TU198

中国国家版本馆 CIP 数据核字第 2024HH1698 号

建筑工程测量(第二版)

李涛会　朱胜兰　主编

责任编辑　周建兰

苏州大学出版社出版发行
(地址：苏州市十梓街1号　邮编：215006)
苏州市越洋印刷有限公司印装
(地址：苏州市南官渡路20号　邮编：215100)

开本 787 mm×1 092 mm　1/16　印张 19.5(共两册)　字数 474 千
2025 年 1 月第 2 版　2025 年 1 月第 1 次印刷
ISBN 978-7-5672-5105-2　定价：59.00 元(共两册)

若有印装错误，本社负责调换
苏州大学出版社营销部　电话：0512-67481020
苏州大学出版社网址　http://www.sudapress.com
苏州大学出版社邮箱　sdcbs@suda.edu.cn

前 言
Preface

为贯彻落实《教育部关于深化职业教育教学改革 全面提高人才培养质量的若干意见》的精神，加强教材建设，确保教材质量，本书编者按行动导向教学法的思路，以任务式教学为主要方式，在总结教学改革成功经验的基础上，结合教学实践中的具体应用，按照技术型、实用型人才培养的特点来编写。

本书在编排上，充分考虑到教学与工程实践相结合，以任务为驱动，以工程测量的基本理论、基本知识作为学生学习的基础内容，以任务和工程的实际应用作为学习的主要目的。本书在部分章节附有二维码链接教学视频，学生可以更好地利用"互联网＋"技术学习。本书共分为14部分，包括绪论、水准测量、角度测量、距离测量与直线定向、测量误差的基本知识、控制测量、地形图的测绘、地形图的应用、施工测量的基本方法、渠道测量、道路工程测量、建筑施工测量、建筑物沉降与变形观测、卫星定位技术。值得一提的是，为了适应测绘技术的发展，我们用一章的篇幅对GPS测量原理、误差形成分析、差分系统、使用方法等作了详细、系统的阐述，弥补了高职院校教材这方面的空缺。

本书由无锡城市职业技术学院的李涛会、朱胜兰担任主编，由江苏信息职业技术学院的顾俊、无锡城市职业技术学院的康凯、南方测绘仪器有限公司的龚镇国，江苏省科佳工程设计有限公司的程忠担任副主编。具体编写分工为：第一、二、三、五、十、十一、十二、十三章由李涛会编写；第四章由顾俊编写；第六章、每章的知识拓展由朱胜兰编写，多媒体视频由朱胜兰提供；第七、八章由康凯编写；第九、十四章由龚镇国和程忠编写；全书由李涛会统稿。

本书可供工程类院校、建筑工程技术、工程造价、道路桥梁、工程监理、工程管理、市政、给排水、园林、城市规划等专业学生和相关专业技术人员使用。

本书是无锡城市职业技术学院重点教材资助项目。在编写本书的过程中参考了大量文献资料，在此谨向这些文献的作者表示衷心的感谢。由于编者水平有限，在课程改革方面也处于探索阶段，书中可能存在不妥之处，恳请读者批评指正。

目录 Contents

第一章 绪论 ………………………………………………………………………… (1)

    第一节 工程测量的任务 ……………………………………………………… (1)

    第二节 测量工作概述 ………………………………………………………… (2)

    第三节 地面点位的确定 ……………………………………………………… (4)

第二章 水准测量 …………………………………………………………………… (8)

    第一节 水准测量的工具及使用 ……………………………………………… (8)

    第二节 普通水准测量 ………………………………………………………… (13)

    第三节 水准仪的检校 ………………………………………………………… (16)

    第四节 水准测量误差 ………………………………………………………… (19)

    第五节 自动安平水准仪 ……………………………………………………… (21)

第三章 角度测量 …………………………………………………………………… (24)

    第一节 角度测量的基本概念 ………………………………………………… (24)

    第二节 角度测量 ……………………………………………………………… (30)

    第三节 竖直角观测方法 ……………………………………………………… (33)

    第四节 光学经纬仪的检验与校正 …………………………………………… (36)

    第五节 角度测量的误差来源及注意事项 …………………………………… (39)

第四章 距离测量与直线定向 ……………………………………………………… (43)

    第一节 钢尺量距 ……………………………………………………………… (43)

    第二节 电磁波测距 …………………………………………………………… (46)

    第三节 直线定向及方位角测量 ……………………………………………… (49)

    第四节 视距测量 ……………………………………………………………… (52)

第五章　测量误差的基本知识 (55)

第一节　概述 (55)

第二节　评定误差精度的标准 (57)

第三节　偶然算术平均值 (58)

第六章　控制测量 (61)

第一节　概述 (61)

第二节　导线测量 (64)

第三节　导线测量的内业计算 (66)

第四节　高程控制测量 (72)

第七章　地形图的测绘 (77)

第一节　地形图的基本知识 (77)

第二节　大比例尺地形图的测绘 (84)

第八章　地形图的应用 (88)

第一节　地形图的分幅与编号 (88)

第二节　地形图应用的基本知识 (91)

第九章　施工测量的基本方法 (98)

第一节　施工放样的基本方法 (98)

第二节　点的平面位置的测设方法 (102)

第十章　渠道测量 (107)

第一节　中线测量 (107)

第二节　圆曲线的测设 (109)

第三节　渠道纵、横断面图的测绘 (112)

第十一章　道路工程测量 (117)

第一节　公路路线测量概述 (117)

第二节　公路工程施工测量的依据 (119)

第三节　公路施工测量仪器 (124)

第四节　公路工程施工控制点的复测与加密 (125)

第五节　导线测量 (127)

第六节　水准点的复测与加密 (128)

第七节　路线定线测量 (131)

第八节　交点和转点的测设 (133)

第九节　缓和曲线的测设……………………………………………(136)
　　第十节　困难地段的曲线测设…………………………………………(140)
　　第十一节　坐标的平移转换……………………………………………(142)
　　第十二节　道路纵断面的测量与绘制…………………………………(144)
　　第十三节　竖曲线的计算………………………………………………(147)

第十二章　建筑施工测量……………………………………………………(149)
　　第一节　施工测量概述…………………………………………………(149)
　　第二节　建筑施工场地的控制测量……………………………………(150)
　　第三节　多层民用建筑施工测量………………………………………(154)
　　第四节　高层建筑施工测量……………………………………………(160)
　　第五节　工业建筑施工测量……………………………………………(162)

第十三章　建筑物沉降与变形观测…………………………………………(171)
　　第一节　沉降观测水准点的测设………………………………………(171)
　　第二节　建筑物的沉降观测……………………………………………(174)
　　第三节　沉降观测中常遇到的问题及处理……………………………(184)

第十四章　卫星定位技术……………………………………………………(186)
　　第一节　概述……………………………………………………………(186)
　　第二节　坐标系统与时间系统…………………………………………(190)
　　第三节　卫星运动基础与GPS卫星星历………………………………(197)
　　第四节　GPS卫星的导航电文与卫星信号……………………………(203)
　　第五节　GPS卫星定位基本原理………………………………………(208)
　　第六节　GPS测量的误差来源…………………………………………(218)
　　第七节　南方网络RTK操作流程………………………………………(222)

第一章 绪 论

第一节 工程测量的任务

一、工程测量的概念

工程测量是测量学的一个分支,是研究工程建设在勘测、规划、设计、施工、运行、管理各阶段的测量工作理论、技术和方法。

工程测量发展史

二、工程测量的任务

从测量学的角度讲,工程测量的任务包括测绘和测设两个方面。测绘就是使用各种测量仪器和工具,运用各种测量方法,测定地球表面的地物和地貌的位置,按一定的比例尺缩绘成图。广义上讲,其过程是从实物到图的过程。测设是将图纸上设计好的建筑物的平面位置和高程,按设计要求标定在地面上,作为施工依据,又称施工放样。

三、测量学的分类

测量学的分支学科有以下几种。

(1)大地测量学:研究地球表面广大地区的点位测定,整个地球的形状、大小和变化及地球重力场测定的理论和方法的学科。由于人造地球卫星和空间技术的利用,大地测量又分为常规大地测量和卫星大地测量两种。

(2)地形测量学:研究将地球表面局部地区的自然地貌、人工建筑和行政权属界线等测绘成地形图、地籍图的基本理论和方法的学科。

(3)摄影测量学:研究利用航空和航天器对地面摄影或遥感,以获取地物和地貌的影像和光谱,并进行分析处理,从而绘制成地形图的基本理论和方法的学科。

(4)工程测量学:研究工程建设在设计、施工和管理阶段中所需要进行的测量工作的基本理论和方法的学科。包括工程控制测量、土建施工测量、设备安装测量、竣工测量和工程变形观测等。

(5)海洋测量学:研究利用电磁波传感器获取目标物的影像数据,从中提取语义和非语义信息,并用图形、图像和数字形式表达的学科。其基本任务是通过对摄影像片或遥感图像进行处理、量测、解译,以测定物体的形状、大小和位置,进而制作成图。根据获得影像的方式及遥感距离的不同,本学科又分为地面摄影测量学、航空摄影测量学和航天遥感测量学等。

第二节 测量工作概述

一、工程测量研究的对象

工程测量研究的最基本对象是空间中的点。测量工作的主要目的是确定点的坐标和高程,然后是直线、平面和体。只要将确定点的要素弄清楚,测量工作的基本要点就抓住了。归根结底,测量的基本工作实质上就是确定空间点的坐标。

空间点的投影如图 1-1 所示,规定空间点在 XOY 坐标平面的投影坐标为 $a'(x,y)$,其极坐标为 (θ,r),点的高程用 z 坐标表示,在测量学中用高程来标定。如果只需确定点的平面位置,可以按照图 1-2 所示获得。

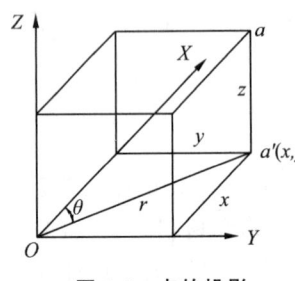

图 1-1 点的投影

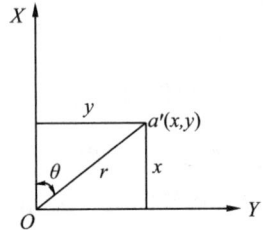

图 1-2 点的平面直角坐标

二、工程测量基本工作

1. 测量的基本工作

控制测量、碎部测量以及施工放样的实质都是为了确定点的位置,而点位的确定都离不开距离、角度和高差这三个基本观测量。因此,测量的三项基本工作包括距离测量、角度测量和高差测量。

2. 测量的基本原则和方法

测量的基本原则:

① 在测量布局上,"由整体到局部"。

② 在测量精度上,"由高级到低级"。

③ 在测量程序上,"先控制后碎部"。

方法:在测量过程中,"前一步工作未经检验,不得进行下一步工作"。

作用:防止错、漏的发生,以免影响后续工作。

三、测量常用的度量单位

1. 角度单位

角度单位有度、分、秒。

1 个圆周 $=360°$;$1°=60'$;$1'=60''$。

2. 弧度

等于半径的弧长所对应的圆心角,称为一弧度角。以一个弧度角作为角度的单位称为

弧度制。则有

$$\rho° = \frac{180°}{\pi} = 57.295\ 779\ 5°$$

$$\rho' = \frac{180° \times 60}{\pi} \approx 3\ 438'$$

$$\rho'' = \frac{180° \times 60 \times 60}{\pi} \approx 206\ 265''$$

四、测量坐标系与数学坐标系的关系

如图 1-3 和图 1-4 所示为数学坐标系和测量坐标系两类坐标系。

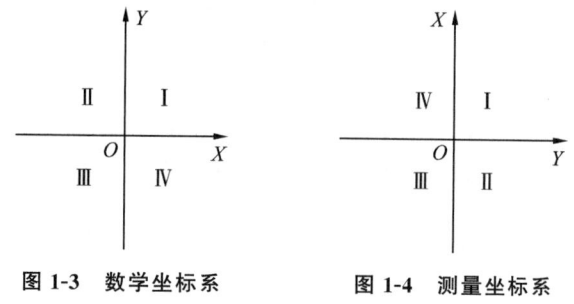

图 1-3　数学坐标系　　　　图 1-4　测量坐标系

1．区别

（1）两类坐标系的轴正好相反。数学中的平面直角坐标以纵轴为 Y 轴，自原点向上为正，向下为负；以横轴为 X 轴，自原点向右为正，向左为负。测量上的平面直角坐标系以南北方向的纵轴为 X 轴，自原点向北为正，向南为负；以东西方向的横轴为 Y 轴，自原点向东为正，向西为负。

（2）测量坐标系与数学坐标系关于坐标象限的规定也有所不同，二者均以北东为第一象限，但数学坐标系的四个象限为逆时针递增编号，而测量坐标系则为顺时针递增编号。

2．联系

测量工作中以极坐标表示点位时其角度值是以北方向为准按顺时针方向计算的，而数学中则是以横轴为准按逆时针方向计算的，把 X 轴与 Y 轴纵横互换后，数学中的全部三角公式都同样能在测量中直接应用，不需做任何变更。

五、测量工作在工程建设中的主要任务

建筑工程测量是运用测量学的基本原理和方法为各类建筑工程服务的。工程建设一般分为勘测设计、施工建设、运营管理三个阶段，在这三个阶段中测量工作的主要任务是：

（1）测绘大比例尺地形图。

（2）施工放样。

（3）竣工测量和变形观测。

第三节 地面点位的确定

一、测量学的基准线和基准面

1．铅垂线

离心力和地心引力的合力称为重力,重力的作用线即为铅垂线(它是测量工作的基准线)。

2．水准面

假想静止不动的水面延伸穿过陆地,包围了整个地球,形成一个闭合的曲面,这个曲面称为水准面(无数个)。

3．大地水准面

如图1-5所示,在无数个水准面中,其中与平均海平面相吻合的称为大地水准面(它是测量工作的基准面)。

(1) 大地水准面的特性。

① 不规则性(但处处与铅垂线垂直)。

② 唯一性。

(2) 大地水准面的作用。

一是作为点位的投影面;二是作为高程的起算面。

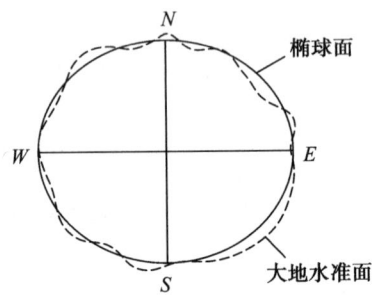

图1-5 大地水准面与椭球体

4．总椭球体

选用一个非常接近大地水准面,并可用数学表达式表示的规则几何形体来表示地球总的形状,这个数学形体就是由一个椭圆绕其短轴旋转所形成的椭球体。

长半轴：$a \approx 6\,378\,140$ m。

短半轴：$b \approx 6\,356\,755$ m。

扁率：$f = \dfrac{a-b}{a} \approx \dfrac{1}{298.257}$。

二、确定地面点的坐标系统

1．地理坐标

如图1-6所示,地面上的点在球面上的位置常用经度和纬度来表示,称为地理坐标。它以铅垂线为基准线,以大地水准面为基准面。

2．平面直角坐标

(1) 高斯平面直角坐标。

① 定义。

如图1-7所示,从首子午线开始,自西向东每6°划分一带,将该带展开,近似看成平面。或从东经1°30′子午线开始,自西向东每3°划分一带,将该带投影在等直径的圆柱面上展开成平面(图1-8),然后以赤道线为横坐标Y轴,以每

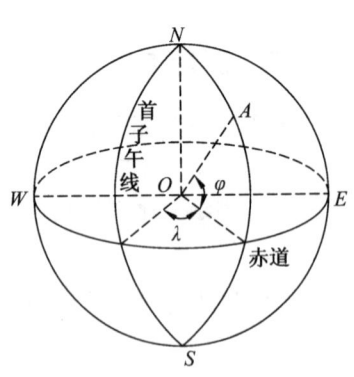

图1-6 地理坐标

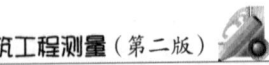

个带的中央子午线为纵坐标 X 轴,如图 1-9(a)所示。

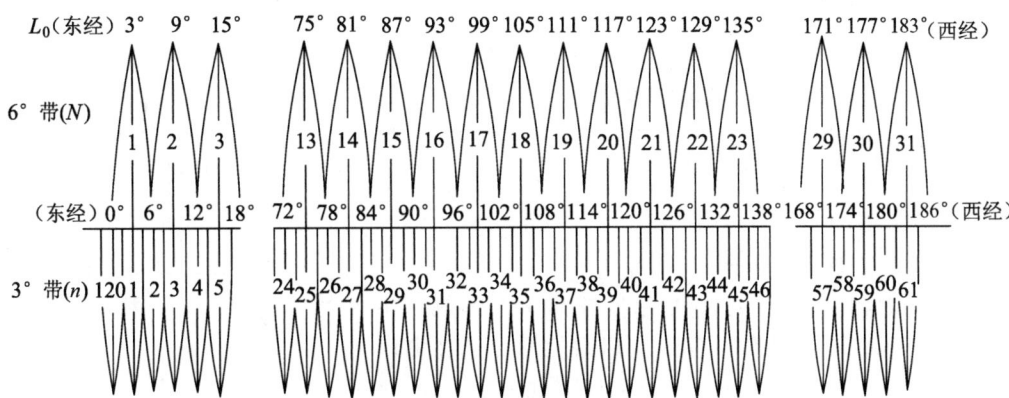

图 1-7 投影带及 6°(3°)带

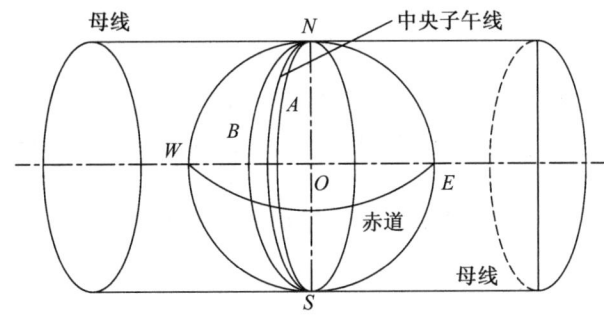

图 1-8 高斯平面投影原理

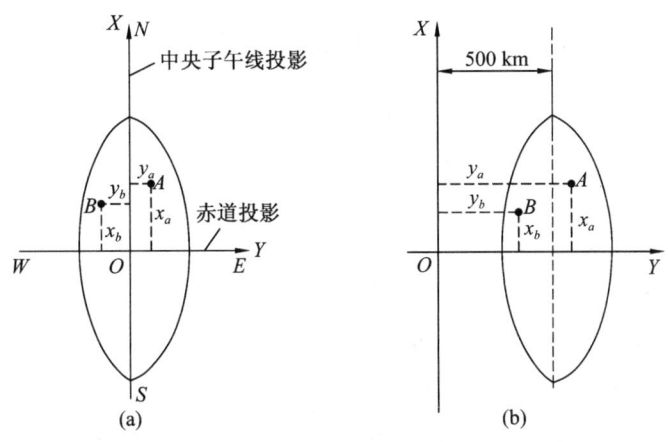

图 1-9 高斯平面直角坐标

② 中央子午线经度及带号。

若按照 6°带划分,则第 N 带的中央子午线经度为

$$L_0 = 6N - 3°$$

经度 L 的带号为

$$N = [L/6°] + 1$$

若按照 3°带划分,则第 n 带的中央子午线经度为

$$l_0 = 3n$$

经度 L 的带号为

$$n = [(l_0 - 1°30')/3°] + 1$$

③ 我国高斯平面直角坐标的表示。

先将自然值的横坐标 y 加上 500 000 m,再在新的横坐标 y 之前标以 2 位数的带号,也即 y 坐标值加上 500 km[图 1-9(b)],再冠以带号。

(2) 独立平面直角坐标。

当测区面积较小时,可不考虑地球曲率的影响。用平面直角坐标表示其投影位置。坐标系的原点选在测区西南角,测区内任意点的坐标均为正值。规定 X 轴向北为正向,Y 轴向东为正向,坐标象限按顺时针方向编号,如图 1-10 所示。

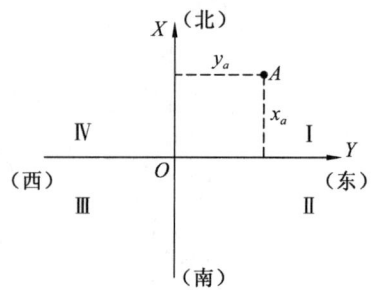

图 1-10　独立平面直角坐标

3. 高程坐标

我国的高程体系主要有:"1956 国家高程基准"的青岛国家原水准基点高程 $H = 72.289$ m;"1985 国家高程基准"的青岛国家水准基点高程 $H = 72.260$ m;还有地方高程体系,如吴淞高程体系、珠江高程体系。

高程:如图 1-11 所示,地面点到大地水准面的铅垂距离,一般用 H 表示,又称绝对高程或海拔。

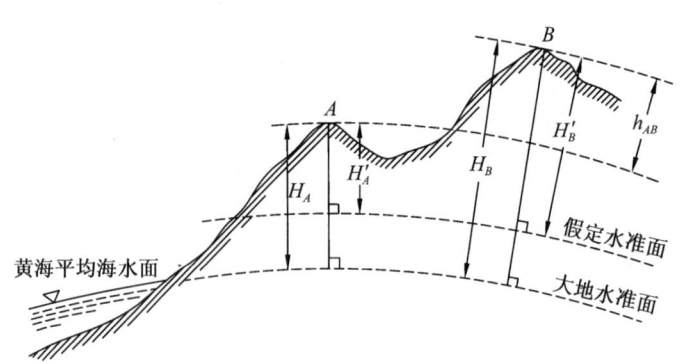

图 1-11　高程和高差

高差:地面上两点高程之差,一般用 h 表示($h_{AB} = H_B - H_A$)。

相对高程:地面点到假定水准面的铅垂距离,又称假定高程。

三、水平面代替水准面对距离的影响

如图 1-12 所示,假定以水平面代替水准面,有

$$D = R\theta$$
$$D' = R\tan\theta$$

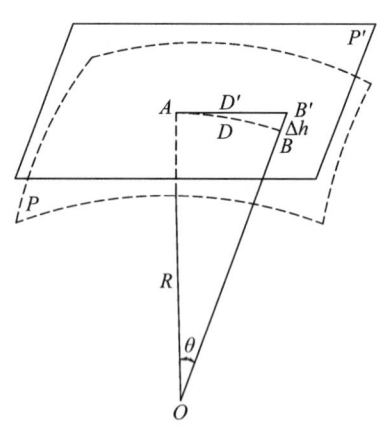

图 1-12　水平面代替水准面的影响

$$\Delta D = D' - D = R(\tan\theta - \theta) \approx \frac{D^3}{3R^2}$$

$$\frac{\Delta D}{D} = \frac{1}{3}\left(\frac{D}{R}\right)^2$$

可见,用水平面代替水准面,对 D 的影响较小,通常在半径 10 km 测量范围内,可以用水平面代替大地水准面。

四、水平面代替水准面对高程的影响

如图 1-12 所示,有

$$(R + \Delta h)^2 = R^2 + D'^2$$
$$2R\Delta h + \Delta h^2 = D'^2$$
$$\Delta h \approx \frac{D'^2}{2R}$$

可见,用水平面代替水准面对 Δh 的影响较大,因此不能用水平面代替大地水准面。

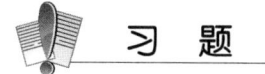

习 题

一、判断题

1. 高斯平面直角坐标系横轴为 Y。   (   )
2. 高斯正形投影中,离中央子午线越远,子午线长度变形越大。   (   )

二、简答题

1. 测量的基本原则是什么?
2. 测量坐标系与数学坐标系的区别和联系是什么?
3. 什么是大地水准面?什么是绝对高程?什么是相对高程?
4. 简述用水平面代替水准面的局限性.

第二章 水准测量

第一节 水准测量的工具及使用

一、水准测量的基本原理

水准测量的原理是：利用水准仪提供的一条水平视线，分别读出地面上两个点上所立水准尺上的读数，由此计算两点的高差，根据测得的高差，再由已知点的高程，推求未知点的高程，如图 2-1 所示。

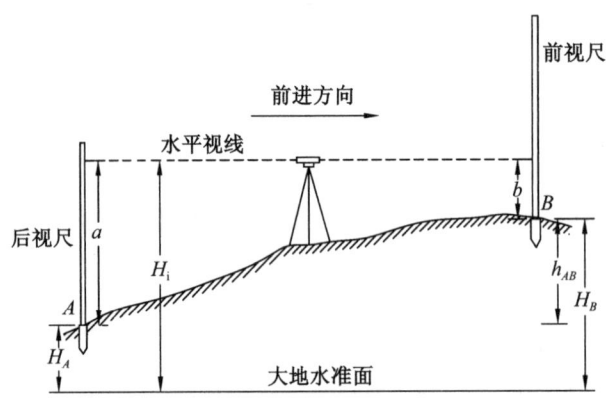

图 2-1 水准测量原理

高差法： $H_B = H_A + (a-b)$

仪高法： $H_B = (H_A + a) - b$

二者的适用条件是：高差法用于高程的联标测量，用来完成测绘任务。仪高法用于完成测设任务，用来完成地面上定位点的高程放样。二者的公式表达式是不同的，须深刻理解。从公式的角度看，测量和放样在完成任务的目的上的区别是：测量是求得某点的高程；放样是求得某点的尺度数。

几个概念：

(1) 后视点及后视读数：某一测站上已知高程的点称为后视点，在后视点上的尺读数称为后视读数，用 a 表示。

(2) 前视点及前视读数：某一测站上高程待测的点称为前视点，在前视点上的读数称为前视读数，用 b 表示。

(3) 转点：在连续水准测量中，用来传递高程的点称为转点。其上既有前视读数，又有后视读数。

（4）间视点：在测量过程中，临时用来检查某一点的高程而在其上立尺所测的只有前视读数的点称为间视点。它属于前视点的一个类型。其数据不能用来进行计算校核，常在抄平中使用。

二、连续水准测量

连续水准测量也称联测，在 A、B 两点间高差较大或相距较远，安置一次水准仪不能测定两点之间的高差时使用。此时有必要沿 A、B 的水准路线增设若干个必要的临时立尺点，即转点（用作传递高程）。根据水准测量的原理，依次连续地在两个立尺中间安置水准仪来测定相邻各点间高差，求和得到 A、B 两点间的高差值，如图 2-2 所示。

$$h_1 = a_1 - b_1$$
$$h_2 = a_2 - b_2$$

则

$$h_{AB} = h_1 + h_2 + \cdots + h_n = \sum_{i=1}^{n} h = \sum_{i=1}^{n} a_i - \sum_{i=1}^{n} b_i$$

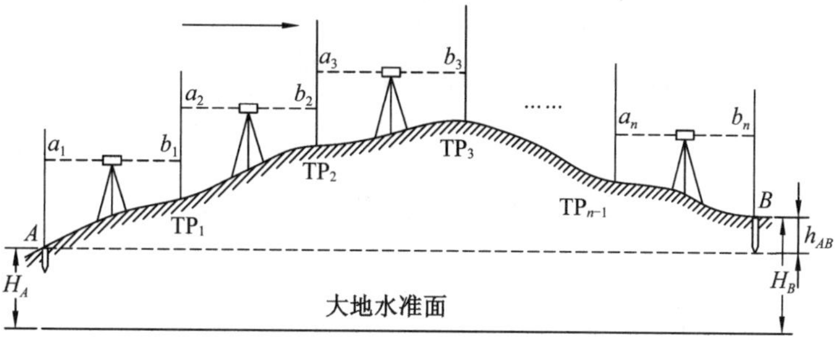

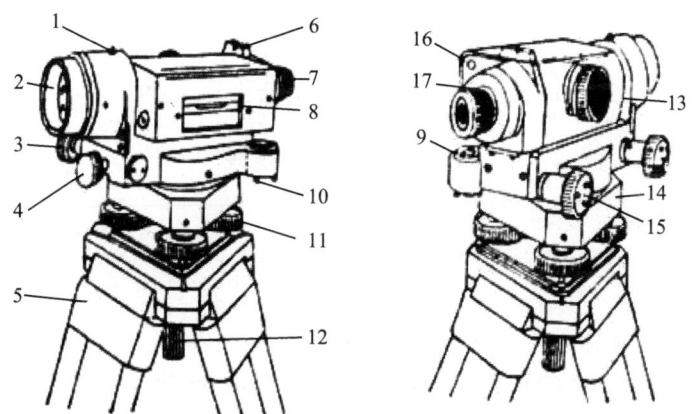

图 2-2 连续水准测量

三、水准仪的构造

DS3 微倾式水准仪主要由望远镜、水准器和基座组成，如图 2-3 所示。

水准仪的构造

1—准星；2—物镜；3—微动螺旋；4—制动螺旋；5—三脚架；6—照门；7—目镜；8—水准管；9—圆水准器；10—圆水准校正螺旋；11—脚螺旋；12—连接螺旋；13—物镜调焦螺旋；14—轴座；15—微倾螺旋；16—水准管气泡观察窗；17—目镜调焦螺旋

图 2-3 DS3 微倾式水准仪

(一)基座

基座呈三角形,由轴座、脚螺旋和连接板组成。仪器上部通过竖轴插在轴套内,由基座承托。脚螺旋用来调整圆水准器。整个仪器通过连接板、连接螺旋与三脚架连接。

(二)望远镜

1. 望远镜的组成

DS3微倾式水准仪由物镜、目镜、十字丝分划板和对光透镜(内对光式)组成(图2-4)。

(1)物镜(复合透镜):将远处的目标成像在十字丝分划板上,形成倒立、缩小的实像。

(2)目镜(复合透镜):将物镜所形成的实像连同十字丝一起放大成虚像(图2-5)。

(3)十字丝分划板:位于望远镜光学系统的焦平面上,光学玻璃板用以瞄准目标和读数,上面有一竖丝和三条横丝(中丝和两条视距丝)。

(4)视准轴:物镜光心和十字丝交点的连线。

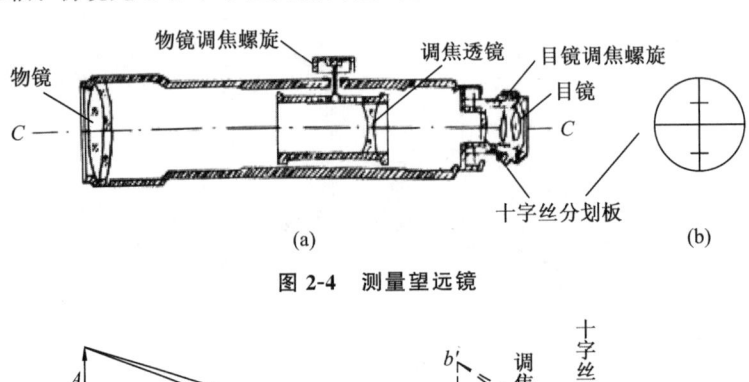

图2-4 测量望远镜

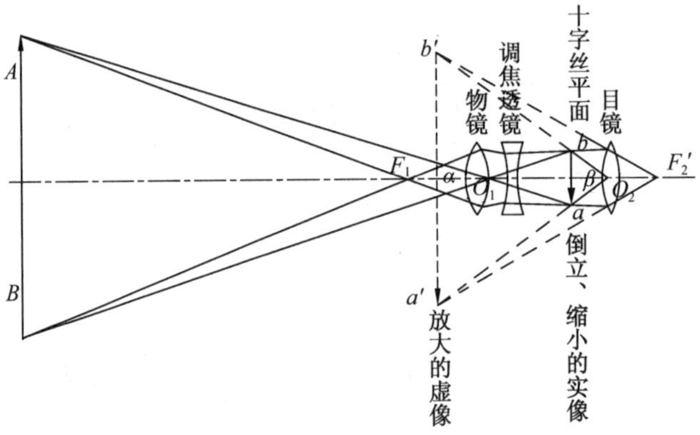

图2-5 望远镜成像原理

2. 望远镜的性能

望远镜的性能参数主要有:放大率、视场角、分辨率和亮度。

3. 望远镜的使用

使用望远镜时主要注意两点:对光和消除视差。

视差指物镜对光后,眼睛在目镜端上、下微微移动时,十字丝和水准尺成像有相互移动的现象。

消除方法:仔细、反复地调节目镜和物镜的调焦螺旋,直至成像稳定。

(三)水准器

水准器分管水准器和圆水准器,管水准器用以使视线精确水平,圆水准器用以使仪器竖轴处于铅垂位置。

1. 管水准器的构造

管水准器的构造如图 2-6 所示。

(1) 水准管轴：水准管圆弧的中点称为水准管的零点，过零点作圆弧的纵切线 L,L 称为水准管轴。

(2) 附合棱镜：可提高气泡的居中精度，也便于观测（图 2-7）。

(3) 水准管分划值：水准管上 2 mm 弧长所对的圆心角，即 $\tau''=\dfrac{2\rho''}{R}$，$\rho''=206\,265''$。

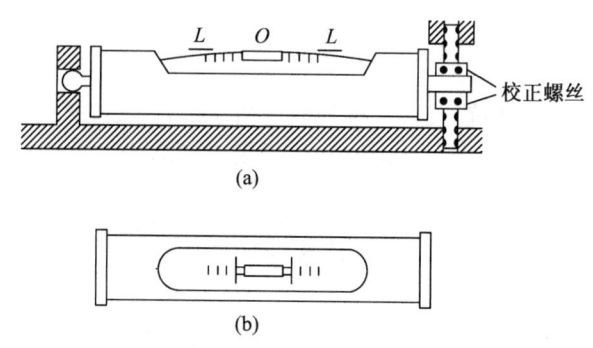

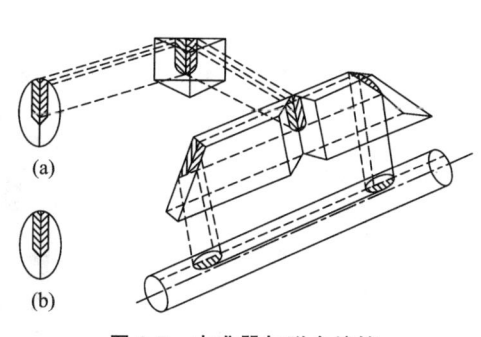

图 2-6 管水准器的构造

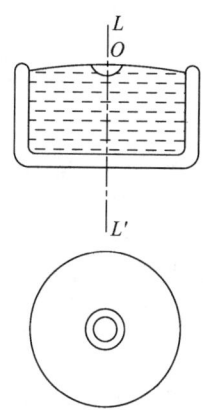

图 2-7 水准器与附合棱镜

图 2-8 圆水准器

2. 圆水准器的构造

圆水准器的构造如图 2-8 所示。

(1) 圆水准轴：分划小圆周的中心为圆水准器的零点，过零点的球面法线称为圆水准轴。

(2) 圆水准器分划值大，灵敏度低，仅用于粗平。

四、水准仪的操作

水准仪的使用分以下几步。

1. 三脚架的打开与安置

(1) 提拉三脚架，用右手抓住三脚架的头部，使之立起来，然后用左手顺时针拧开三脚架三个脚腿的固定螺旋。同时上提脚架，脚腿自然下滑。将架头提至与自己的眼眉齐平为止。之后逆时针拧紧螺旋，固定脚腿。注意螺栓的拧紧程度不要过大，手感吃力即可。

(2) 打开脚架：提拉完脚架之后，用两手分别抓住两个架腿，向外测掰拉，同时用脚推

第二章　水准测量

出另一个架腿,使脚架的落地点构成等边三角形并保证架头大致水平。要求脚架的空当与两个立尺点相对,这样可防止骑跨某个脚腿读数的情况出现。

2. 安置仪器

立好三脚架后,打开仪器箱,取出仪器,将仪器的底座一侧接触架头,然后顺势放平仪器。旋紧底座固定螺旋,要求松紧适度。

3. 粗平

将仪器的圆气泡对准一个架腿侧,手提该架腿并前后推拉,使气泡大致居中。气泡的运动方法为左右反向,前后同向。踩实架腿。

4. 精平

在粗平完成后,调节脚螺旋,使圆水准气泡严格居中,如图 2-9 所示。旋动微倾螺旋,使附合水准器的两个半气泡对齐,称为读数精平,如图 2-10 所示。

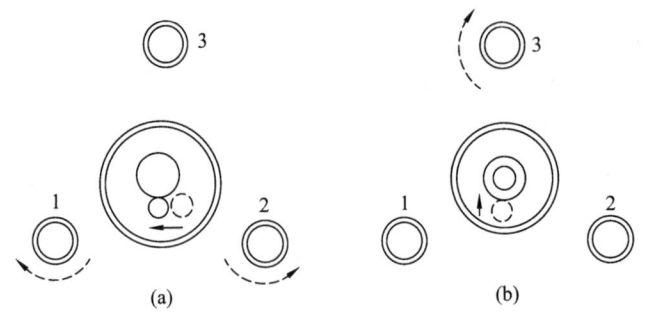

图 2-9 圆水准器整平

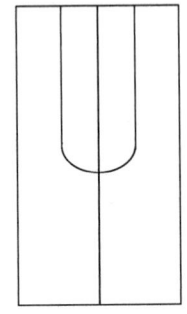

图 2-10 附合水准器观察窗

5. 瞄准水准尺

先用瞄准器粗略瞄准,固定水平制动螺旋,再用水平微动螺旋精确瞄准水准尺。

6. 读数

从小数向大数读,读四位。前两位从尺上直接读取,第三位查黑白格数,第四位估读。如图 2-11 所示,读数为 1.259 m。

7. 注意

(1) 每次读数前都要精平。

(2) 按操作规程使用仪器。

(3) 不能错用制动、微动螺旋,旋转要轻巧。

(4) 要轻拿轻放仪器和工具。

(5) 不能坐在仪器箱上。

(6) 切忌手扶脚架进行观测。

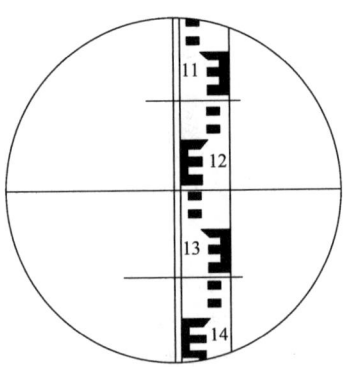

图 2-11 瞄准水准尺与读数

以上的操作是针对 DS3 微倾式水准仪而言的。对自动安平水准仪,省略了读数精平。

五、测量工具

1. 水准尺

水准尺是水准测量的重要工具,与水准仪配合使用。其有精密水准尺和普通水准尺两种,尺长一般为3～5 m,尺型有直尺、折尺、塔尺等,其分划为底部从零开始,每间隔1 cm,涂有黑白或黑红相间的分划,每分米注记数字。

双面尺分黑面尺(主尺,0～3 m)和红面尺[辅尺,底部从4.687 m(4.787 m)至7.687 m(7.787 m)],如图2-12所示。

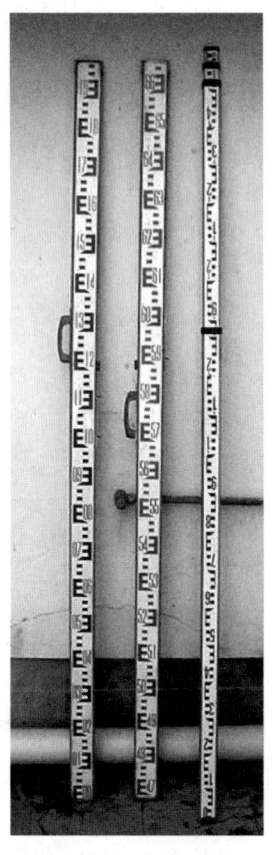

图 2-12 双面尺

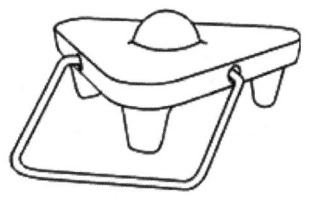

图 2-13 尺垫

2．尺垫

尺垫与水准仪配合使用,将尺垫放置在转点上。其作用是：传递高程,防止水准尺下沉和转动改变位置(图2-13)。

3．三脚架

三脚架用于安置仪器。

第二节　普通水准测量

一、水准测量的实施

普通水准测量是指四等或等外水准测量。

1．水准点

通过水准测量方法获得其高程的高程控制点并在地面或大型建筑物墙壁上设立标志,

第二章　水准测量

该点被称为水准点,一般用 BM 表示,有永久性(图 2-14)和临时性两种。

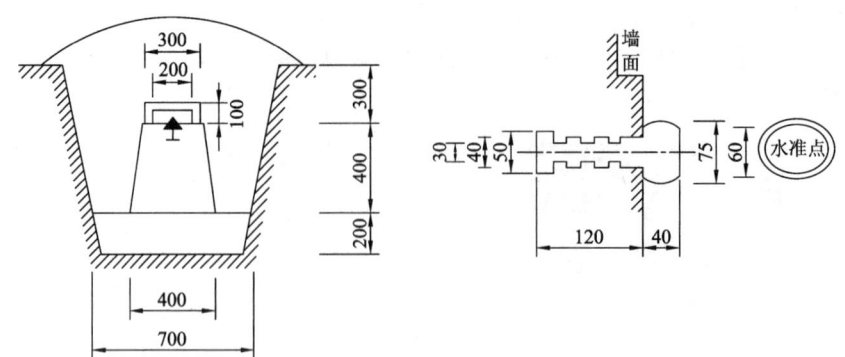

图 2-14 永久性水准点

2．水准路线

(1) 闭合水准路线:从一个已知水准点出发经过各待测水准点后又回到该已知水准点上的路线(图 2-15)。

(2) 附合水准路线:从一个已知水准点出发经过各待测水准点附合另一个已知水准点上的路线(图 2-16)。

(3) 支水准路线:从一个已知水准点出发到某个待测点结束的路线。要往返观测,比较往返观测高差(图 2-17)。

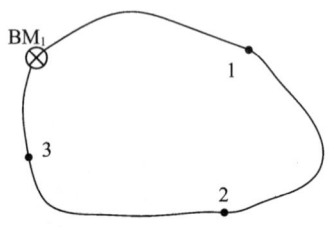

图 2-15 闭合水准路线

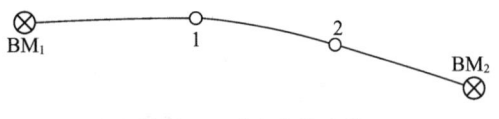

图 2-16 附合水准路线

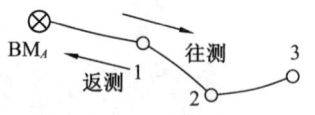

图 2-17 支水准路线

3．水准测量的实施

水准测量的实施首先要具备以下几个条件:一是确定已知水准点的位置及其高程数据;二是确定水准路线的形式即施测方案;三是准备测量仪器和工具,如塔尺、记录表、计算器等。待以上几个条件具备后,到现场进行测量。

连续水准测量的使用场合:当地面上两点相距较远或高差较大时,需采用连续水准测量的方法进行。如图 2-18 所示,在 A、B 两点之间增设若干临时立尺点,把 A、B 分成若干测段,逐段测出高差,最后由各段高差求和,得出 A、B 两点间高差。

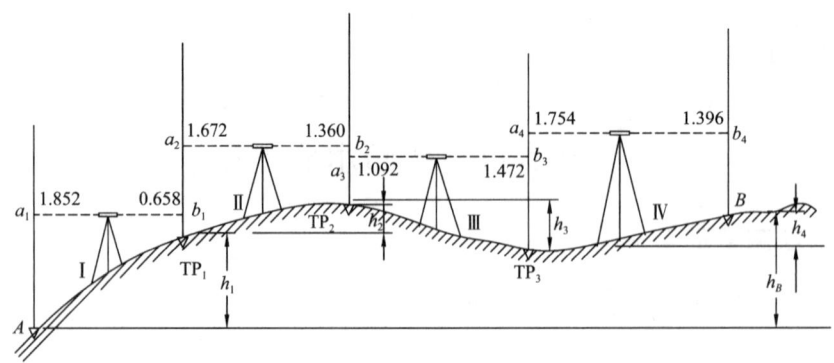

图 2-18 连续水准测量

连续水准测量的记录表格如表 2-1 所示。填表时注意数字的填写位置正确,不能填串行或串格。可边测边现场记录,分清点位。

表 2-1　水准测量记录表

测点	水准尺读数/m		高差/m		高程/m	备注
	后视读数/m	前视读数/m	＋	－		
A	1.852				156.894	
TP_1	1.672	0.658	1.194		158.088	
TP_2	1.092	1.360	0.312		158.400	A 点的高程
TP_3	1.754	1.472		0.380	158.020	为 156.894 m
B		1.396	0.358		158.378	
Σ	6.370	4.886	1.864	0.380		

二、水准测量的校核

1. 路线校核

有闭合水准路线、附合水准路线和支水准路线校核。

2. 测站校核

一个测站只测一次高差,高差是否正确无法知道。对一个测站重复较差的测定,要求 $|h_1 - h_2| \leqslant 5$ mm。

(1) 变更仪高法:在同一测站上,用不同的仪器高(相差 10 cm 以上),对测得的两次高差进行比较。当较差满足要求时,取其平均值作为该测段高差;否则,须重新观测。

(2) 双仪器法:用两台仪器同时观测,分别计算高差,合格后取平均值。

(3) 双面尺法:在每一测站上,用同一仪器高,分别在红、黑两尺面上读数,然后比较黑面测得的高差和红面测得的高差,当较差满足要求时,取其平均值作为该测段高差;否则,须重新观测。

注:观测顺序是黑、黑、红、红,读数和高差的检验方法按下面公式进行:

$$后红读数 = 后黑读数 + K$$
$$前红读数 = 前黑读数 + K$$
$$h_红 = h_黑 \pm 0.1$$

3. 计算校核

计算高差的总和,检验各站高差是否正确。

4. 成果校核

成果校核是水准测量消除错误、提高最后成果精度的重要措施。

由于测量误差的影响,使水准路线的实测值与应有值不符,其差值被称为闭合差。

$$闭合差 = 观测值 - 理论值(真值、高精度值)$$

闭合水准路线　　　　$f_h = \sum h_测 - (H_终 - H_起) = \sum h_测$

附合水准路线　　　　$f_h = \sum h_测 - (H_终 - H_起)$

支水准路线 $f_h = \sum h_往 + \sum h_返$

容许误差是指计算所得高差闭合差 f_h 在规定的容许范围内,则认为精度合格,即普通水准测量

$$f_{h容} = \begin{cases} \pm 40\sqrt{L} \text{ mm}(平地,L 为路线长度,以 km 计) \\ \pm 12\sqrt{n} \text{ mm}(山地,n 为测站数) \end{cases}$$

5．高差闭合差的调整与计算

通过高差闭合差的调整,来消除观测高差所包含的误差,用改正后的高差计算高程,如表 2-2 所示。

表 2-2　水准测量成果计算表

测点	测站数	实测高差/m	改正数/m	改正后高差/m	高程/m
1					200.000
	8	+1.234	+0.009	+1.243	
2					201.243
	6	+0.345	+0.006	+0.351	
3					201.594
	5	−1.599	+0.005	−1.594	
1					200.000
Σ	19	−0.020	+0.020	0.000	
计算方法	$f_h = \sum h_测 = -0.020$ m, $f_{h容} = \pm 12\sqrt{n} = \pm 12\sqrt{19}$ mm $= \pm 52$ mm　$f_h \leqslant f_{h容}$,经检验合格,$v = -\dfrac{f_h}{n} = \dfrac{-0.020}{19}$ m $= 1$ mm					

改正原则:按测站数(或路线长度)成正比反符号分配。

计算高程。

第三节　水准仪的检校

一、水准仪轴线的几何关系

水准仪轴线应满足如下几何条件:
(1) 水准管轴 LL // 视准轴 CC。
(2) 圆水准轴 $L'L'$ // 竖轴 VV。
(3) 横丝要水平(即横丝垂直于竖轴 VV),如图 2-19 所示。

检验:查明仪器各轴线是否满足应有的几何条件。
校正:使仪器各轴线满足应有的几何条件。

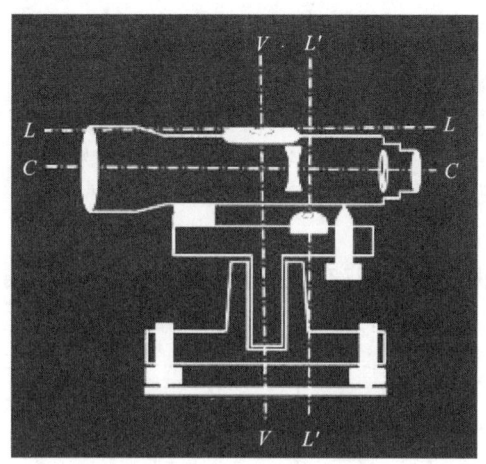

图 2-19 水准仪轴线关系图

二、水准仪的检验与校正

(一) 圆水准器轴平行于竖轴的检验

1. 检验

调节脚螺旋,使圆水准器气泡居中,将仪器旋转 180°,如气泡居中,则条件满足,否则须校正。

2. 校正

如图 2-20 所示,调节脚螺旋,使气泡向中心退回偏离值的一半,用校正针拨动圆水准下面的校正螺丝,退回另一半。

3. 校正原理

设 $L'L'$ 和 VV 不平行,两者的交角为 δ (图 2-21),当气泡居中时,$L'L'$ 处于铅垂方

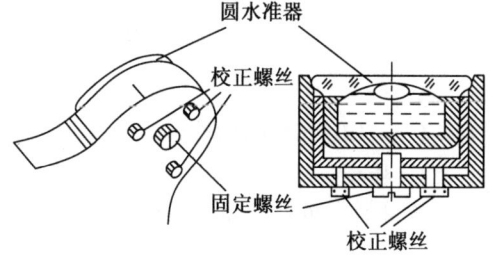

图 2-20 圆水准器

向,但 VV 倾斜了一个 δ 角,当 $L'L'$ 轴从位置图 2-21(a)绕 VV 保持 δ 角旋转 180°至位置图 2-21(b)时,则 $L'L'$ 倾斜了 2δ 角,校正时,只改正一个 δ 到位置图 2-21(c),即气泡退回偏离值的一半,使 $L'L'//VV$,另一半是 VV 倾斜 δ 造成的,调节脚螺旋,即可达到如图 2-21(d)所示的效果。

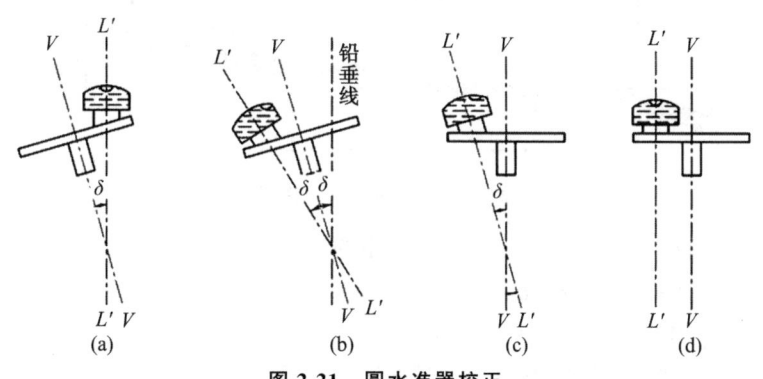

图 2-21 圆水准器校正

(二) 十字丝横丝的检校

1. 检验

如图 2-22 所示,调平仪器,用十字形交点精确地瞄准远处一清晰目标 P,固定水平制动螺旋,转动水平微动螺旋,使望远镜左右移动,如目标点 P 始终沿着十字丝横丝左右移动,则条件满足;否则,须校正。

2. 校正

旋下目镜端十字丝环护罩,用螺丝刀松开十字丝环的四个固定螺丝,转动十字丝环,至中丝水平,校正好后固定四个螺丝,旋上十字丝环护罩。

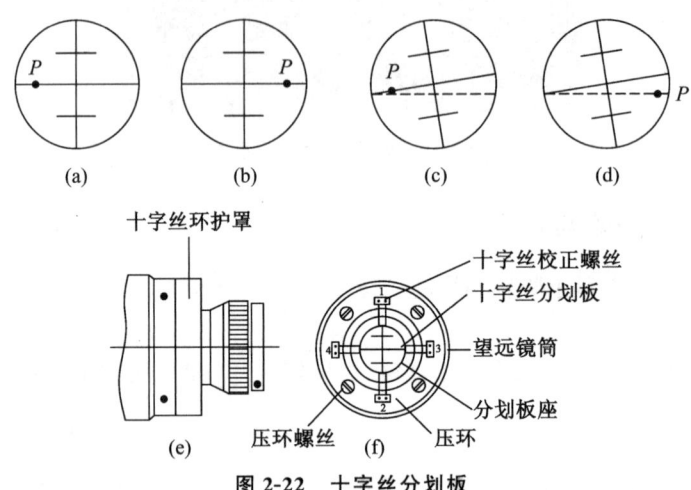

图 2-22 十字丝分划板

(三) LL∥CC 的检校(i 角误差)

1. 检验

水准管 i 角检验如图 2-23 所示。

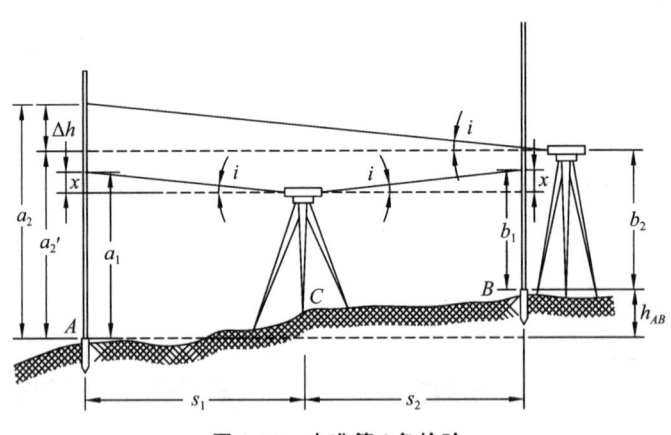

图 2-23 水准管 i 角检验

(1) 在平坦地面上选 A、B 两点,两者间距约 60～80 m。

(2) 在中点 C 架仪,读取 a_1、b_1,得 $h_1 = a_1 - b_1$。

(3) 在距 B 点约 2～3 m 处架仪,读取 a_2、b_2,得 $h_2 = a_2 - b_2$。

(4) 若 $h_2 \neq h_1$,则水准管轴不平行于视准轴,有 i 角。

因为 h_1 为正确高差且 b_2 的误差可忽略不计,故有
$$i''=\frac{h_2-h_1}{D_{AB}}\rho''$$
$$\rho''=206\,265'',\ D_{AB}=s_1+s_2$$
对于 DS3 微倾式水准仪,若 i 角大于 $20''$,需校正。

2. 校正

校正方法有两种。

(1) 校正水准管。

旋转微倾螺旋,使十字丝横丝对准($a_2'=h_1+b_2$,其中 h_1 为正确高差 h_{AB}),拨动水准管校正螺丝,使水准管气泡居中。

(2) 校正十字丝。

可用于自动安平水准仪,保持水准管气泡居中,拨动十字丝上下两个校正螺丝,使横丝对准 a_2'。

第四节　水准测量误差

水准测量误差主要来自三个方面:仪器误差、观测误差、外界环境的影响。

一、仪器误差

1. CC∥LL 误差（i 角误差）

AB 间的正确高差为
$$h_{AB}=a'-b'=(a-X_a)-(b-X_b)=(a-b)-(X_a-X_b)$$
$$=a-b-\tan[i(D_A-D_B)]=h_{测}-\tan[i(D_A-D_B)]$$
当 $D_A=D_B$ 时,误差能得到消减。当 $i\leqslant 20''$ 时,i 角误差的影响可以忽略。

2. 望远镜的对光误差

在一个测站上,由后视转为前视时,由于距离不等,望远镜要重新对光,对光时,将引起 i 角的变化,从而对高差产生影响。当 $D_A=D_B$ 时可消除该误差。

3. 水准尺误差

包括尺长误差、刻画误差、端点误差以及水准尺变形误差等。

二、观测误差

1. 水准管气泡居中误差

其主要与水准管分划值 τ 和人眼观察气泡居中的分辨力有关,居中误差为 $\pm 0.15\tau$,由此引起的在水准尺上的读数误差为
$$m_c=\frac{0.75\tau}{\rho}D$$
式中,D 为仪器至水准尺的距离。

2．估读误差

利用望远镜照准水准尺进行读数的误差与人眼的分辨力、望远镜的放大率和仪器至标尺的距离有关。即

$$m_V = \frac{P}{V} \cdot \frac{D}{\rho} = \frac{60}{30} \times \frac{D}{206\,265}$$

式中，P 为人眼的极限分辨能力，V 为望远镜的放大倍率。

3．水准尺倾斜误差

若水准尺竖立不直，尺在视线方向左右倾斜，观测者容易发现；沿视线方向前后倾斜时，不易发现。设尺倾斜 θ 角，读数为 a'，则 R 竖直时读数为

$$a = a' \cos\theta$$
$$m_\theta = a' - a = a'(1 - \cos\theta)$$

三、外界环境的影响

1．地球曲率和大气折光的影响

地球曲率和大气折光对水准尺读数的影响 f 为

$$f = (1-k) \cdot \frac{D^2}{2R} = 0.43 \cdot \frac{D^2}{R}$$

式中，k 为大气折光曲率相对于地球的曲率系数。在作业中完全消除地球曲率和大气折光的影响是不可能的，只有在实际作业中严格遵守测量规范要求，使每测站前、后视距离尽可能相等，使视线离地面高度不低于 0.5 m，在坡度较大地区作业时应当缩短视距等。

2．温度的影响

温度的变化不仅会引起大气折光的变化，而且当烈日照射水准管时，由于水准管本身和管内液体温度的升高，气泡向着温度高的方向移动，从而影响了水准管轴的水平，产生了气泡居中误差。所以，测量中应随时注意为仪器打伞遮阳。

3．仪器和尺垫下沉产生的影响

如果在转点发生尺垫下沉，将使下一站的后视读数增加，也将引起高差的误差。采用往返观测的方法，取结果的中数，可减弱其影响。

为了防止水准仪和尺垫下沉，测站和转点应选在土质实处，并踩实三脚架和尺垫，使其稳定。

四、水准测量的注意事项

(1) 检校仪器，在坚实的地面上设站选点，前后视距尽量相等。

(2) 瞄准、读数时，仔细对光，清除视差，精平气泡，读完后检查气泡的位置，并使标尺立直。

(3) 要在成像清晰时观测。中午气温较高，折光强，不宜观测。

第五节　自动安平水准仪

自动安平水准仪具有如下特点：没有水准管和微倾螺旋，只有圆水准器进行粗平，尽管视线有微小倾斜，借助补偿器的作用，视准轴几秒内自动成水平状态，从而读出视线水平时的水准尺读数值。

一、视线自动安平原理

如图 2-24 所示，CC 水平时，在水准尺上读数为 a；CC 倾斜一个小角 α，视线读数为 a'。为了使十字丝中丝读数仍为水平视线的读数 a，在望远镜光路上增设一个补偿装置，使通过物镜光心的水平视线经补偿装置的光学元件偏转一个 β 角，仍旧成像于十字丝中心。

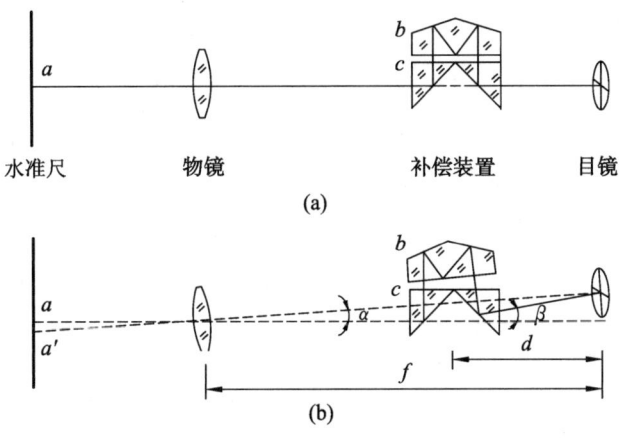

图 2-24　自动安平水准仪补偿器原理

由图 2-24 可得

$$f \cdot \alpha = d \cdot \beta$$

式中，f 为物镜的焦距，d 为补偿器中心至十字丝的距离。

二、补偿装置的物理结构

采用悬吊式光学元件，借助重力作用达到视线自动安平，或借助空气或磁性的阻尼装置稳定补偿器的摆动，将补偿器安在望远镜的光路上，与十字丝相距 $d=\dfrac{f}{4}$ 处，视线倾斜 α 角，水平视线经直角棱镜反射，使之偏转 β 角，正好落在十字丝交点上，观测者仍能读到水平视线的读数。

三、使用范围

圆水准气泡居中后，即可瞄准水准尺进行读数。
圆水准器精度为 $\tau=8'/2\sim10'/2\ \text{mm}$，补偿器的作用范围为 $10'\sim15'$。

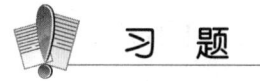

一、填空题

1. 水准仪的检验和校正的项目有_____、_____、_____。

2. 从 A 至 B 进行往返水准测量,往测 3.625 m,返测 －3.631 m。则 AB 之间的高差 h_{AB} ＝_____。

二、选择题

1. 自动安平水准仪(　　),使视线水平。
   A. 用安平补偿器代替管水准器　　　B. 用安平补偿器代替圆水准器
   C. 用安平补偿器和管水准器　　　　D. 以上都不对

2. 使用自动安平水准仪时其整平工作(　　)。
   A. 只需进行精平　　　　　　　　　B. 只需进行粗平
   C. 精平、粗平均需做　　　　　　　D. 精平、粗平均不需做

3. 圆水准器轴与管水准器轴的几何关系为(　　)。
   A. 互相垂直　　　B. 互相平行　　　C. 相交　　　D. 以上都不对

4. 从观察窗中看到附合水准气泡影像错动较大时,须(　　)使附合水准气泡影像附合。
   A. 转动微倾螺旋　　　　　　　　　B. 转动微动螺旋
   C. 转动三个脚螺旋　　　　　　　　D. 同时转动微倾螺旋和微动螺旋

5. 转动目镜对光螺旋的目的是(　　)。
   A. 看清十字丝　　　　　　　　　　B. 看清远处目标
   C. 消除视差　　　　　　　　　　　D. 以上都不对

6. 消除视差的方法是(　　),使十字丝和目标影像清晰。
   A. 转动物镜对光螺旋
   B. 转动目镜对光螺旋
   C. 反复交替调节目镜及物镜对光螺旋
   D. 以上都不对

7. 转动三个脚螺旋,使水准仪圆水准气泡居中的目的是(　　)。
   A. 使仪器竖轴处于铅垂位置　　　　B. 提供一条水平视线
   C. 使仪器竖轴平行于圆水准轴　　　D. 以上都不对

三、判断题

水准测量是确定地面高程的唯一方法。　　　　　　　　　　　　　　　　(　　)

四、简答题

1. 水准测量的原理是什么？
2. 什么叫水准管分划值？什么叫视准轴？
3. 什么叫水准点及转点？
4. 什么叫视差？视差产生的原因是什么？如何消除视差？
5. 简述水准仪的操作步骤。
6. 圆水准器和水准管的作用分别是什么？
7. 读完后视读数后，圆水准器气泡不居中了，能否调节脚螺旋，使气泡居中？为什么？
8. 水准测量的校核方法有哪些？其作用分别是什么？
9. 水准仪主要的几何轴线是哪条？它们之间应满足的几何关系是什么？
10. 简述视准轴不平行于水准管轴的检校方法。
11. 在水准测量中，为什么要求前后视距尽量相等？

第三章 角度测量

第一节 角度测量的基本概念

角度测量是测量的三项基本工作之一,角度测量包括水平角测量和竖直角测量。经纬仪是进行角度测量的主要仪器。

一、水平角、竖直角及其测量原理

(一) 水平角

从一点发出的两条空间直线在水平面上投影的夹角即二面角,称为水平角,其范围为顺时针 $0°\sim360°$。如图 3-1 所示,水平角 $\angle a'O'b'=\beta$。

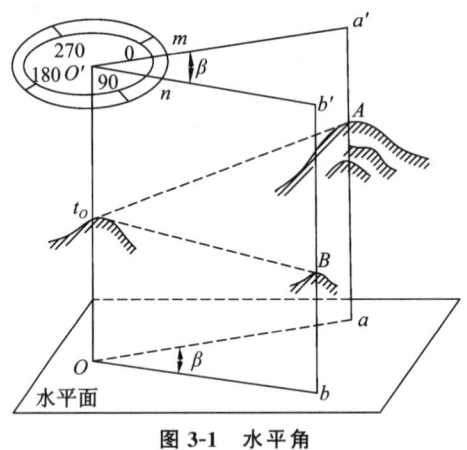

图 3-1 水平角

(二) 竖直角

在同一竖直面内,目标视线与水平线的夹角称为竖直角,其范围在 $0°\sim\pm90°$ 之间。当视线位于水平线之上时,竖直角为"+",称为仰角;反之,当视线位于水平线之下时,竖直角为"-",称为俯角。

(三) 利用测角仪器测量角度

测角仪器用来测量角度的必要条件如下:

(1) 仪器的中心必须位于角顶的铅垂线上。
(2) 照准部设备(望远镜)要能上下、左右转动,上下转动时所形成的平面是竖直面。
(3) 要有一个有刻画的度盘,并能安置在水平位置上。
(4) 要有读数设备,用于读取投影方向的读数。

二、光学经纬仪的使用

传统光学经纬仪是测量角度的仪器。

经纬仪的型号有 DJ1、DJ2、DJ6、DJ10 等,"D"和"J"分别表示大地测量和经纬仪的汉语拼音的第一个字母,"6"和"2"表示仪器的精密度,测回方向观测中误差不超过 $\pm 6''$ 和 $\pm 2''$。在工程中常用 DJ2、DJ6 光学经纬仪。

光学经纬仪的构造　　光学经纬仪的使用

(一) DJ6 光学经纬仪

1. 构造

光学经纬仪的基本构造包括照准部、水平度盘、基座三部分(图 3-2)。

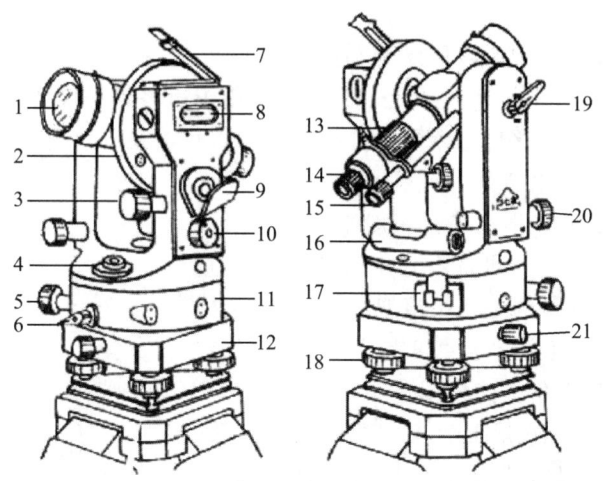

1—物镜;2—竖直度盘;3—竖盘指标水准管微动螺旋;4—圆水准器;5—照准部微动螺旋;6—照准部制动扳钮;7—水准管反光镜;8—竖盘指标水准管;9—度盘照明反光镜;10—测微轮;11—水平度盘;12—基座;13—望远镜调焦筒;14—目镜;15—读数显微镜目镜;16—照准部水准管;17—复测扳手;18—脚螺旋;19—望远镜制动扳钮;20—望远镜微动螺旋;21—轴座固定螺旋

图 3-2　DJ6 光学经纬仪的构造

(1) 照准部。

照准部主要部件有望远镜、管水准器、竖直度盘、读数设备等。望远镜由物镜、目镜、十字丝分划板、调焦透镜组成。

望远镜的主要作用是照准目标,望远镜与横轴固连在一起,由望远镜制动扳钮和微动螺旋控制其上下转动。照准部可绕竖轴在水平方向上转动,由照准部制动螺旋和微动螺旋控制其水平转动。

管水准器用于精确整平仪器。

竖直度盘是为了测竖直角设置的,可随望远镜一起转动。另设竖盘指标自动补偿器装置和开关,借助自动补偿器使读数指标处于正确位置。

读数设备通过一系列光学棱镜将水平度盘和竖直度盘及测微器的分划都显示在读数显微镜内,通过仪器反光镜将光线反射到仪器内部,以便读取度盘读数。

另外,为了能将竖轴中心线安置在过测站点的铅垂线上,在经纬仪上都设有对点装置。一般光学经纬仪都设置有垂球对点装置或光学对点装置。垂球对点装置是指在中心螺旋下面装有垂

第三章　角度测量

球挂钩,将垂球挂在钩上即可;光学对点装置通过安装在旋转轴中心的转向棱镜,将地面点成像在对点分划板上,通过对中目镜放大,同时看到地面点和对点分划板的影像,若地面点位于对点分划板刻画中心,并且水准管气泡居中,则说明仪器中心与地面点位于同一铅垂线上。

(2) 水平度盘。

水平度盘是一个光学玻璃圆环,圆环上按顺时针刻画注记0°～360°分划线,主要用来测量水平角。观测水平角时,经常需要将某个起始方向的读数配置为预先指定的数值,称为水平度盘的配置。水平度盘的配置机构有复测机构和拨盘机构两种类型。北光仪器采用的是拨盘机构,当转动拨盘机构变换手轮时,水平度盘随之转动,水平读数发生变化,而照准部不动,压住度盘变换手轮下的保险手柄,可将度盘变换手轮向里推进并转动,从而将度盘转动到所需的读数位置上。

(3) 基座。

基座主要由轴座、圆水准器、脚螺旋和连接板组成,轴座是支撑仪器的底座,照准部同水平度盘一起插入轴座,用固定螺丝固定。圆水准器用于粗略整平仪器,三个脚螺旋用于整平仪器,从而使竖轴竖直、水平度盘水平。连接板用于将仪器稳固地连接在三脚架上。

2. 分微尺装置的读数方法

如图 3-3 所示,DJ6 光学经纬仪一般采用分微尺读数。在读数显微镜内,可以同时看到水平度盘和竖直度盘的像。注有"H"字样的是水平度盘,注有"V"字样的是竖直度盘,在水平度盘和竖直度盘上,相邻两分划线间的弧长所对的圆心角称为度盘的分划值。DJ6 光学经纬仪的分划值为 1°,按顺时针方向每度注有度数,小于 1°的读数在分微尺上读取。图 3-4 所示的读数窗内的分微尺有 60 小格,其长度等于度盘上间隔为 1°的两根分划线在读数窗中的影像长度。因此,测微尺上一小格的分划值为 1′,可估读到 0.1′。分微尺上的零分划线为读数指标线。

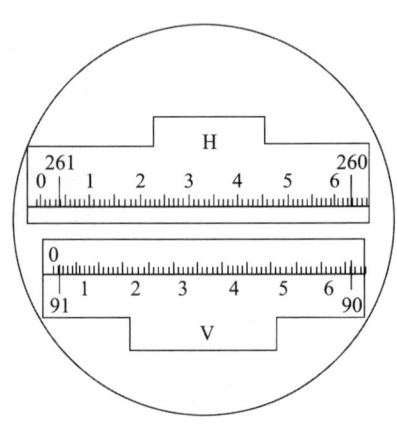

图 3-3 望远镜读数窗

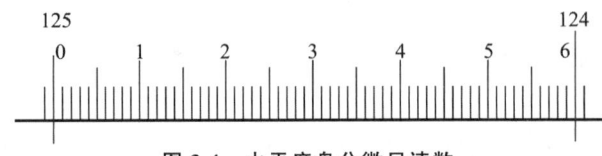

图 3-4 水平度盘分微尺读数

读数方法:瞄准目标后,将反光镜掀开,使读数显微镜内光线适中,然后转动、调节读数窗口的目镜调焦螺旋,使分划线清晰,并消除视差,直接读取度盘分划线注记读数及分微尺上 0 指标线到度盘分划线读数,两数相加,即得该目标方向的度盘读数。采用分微尺读数方法简单、直观。如图 3-5 所示,水平度盘读数为 125°13′12″。

图 3-5 水平度盘读数

(二) DJ2 光学经纬仪

1. 构造

如图 3-6 所示，DJ2 光学经纬仪与 DJ6 光学经纬仪相比，增加了测微轮（用于读数时，使对径分划线影像附合）、换像手轮（用于水平读数和竖直读数间的互换）、竖直度盘照明反光镜（竖直读数时反光）。

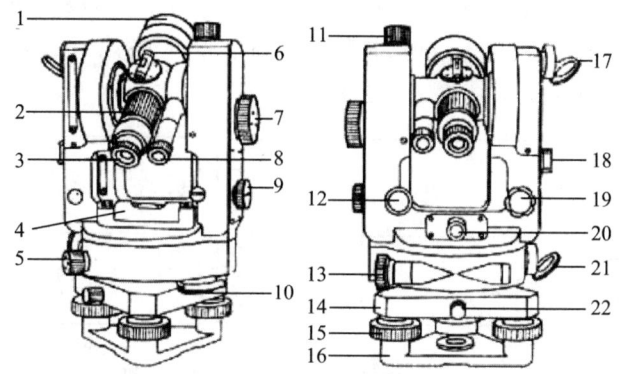

1—物镜；2—望远镜调焦筒；3—目镜；4—照准部水准管；5—照准部制动螺旋；6—粗瞄准器；7—测微轮；8—读数显微镜；9—度盘换像旋钮；10—水平度盘变换手轮；11—望远镜制动螺旋；12—望远镜微动螺旋；13—照准部微动螺旋；14—基座；15—脚螺旋；16—基座底板；17—竖直度盘照明反光镜；18—竖盘指标水准器观察镜；19—竖盘指标水准器微动螺旋；20—光学对中器；21—水平度盘照明反光镜；22—轴座固定螺旋

图 3-6　DJ2 光学经纬仪的构造

2. DJ2 光学经纬仪的读数方法

在读数窗内一次只能看到一个度盘的影像。读数时，可通过转动度盘换像旋钮，转换所需要的度盘影像，以免读错度盘。当手轮面上刻线处于水平位置时，显示水平度盘影像；当刻线处于竖直位置时，显示竖直度盘影像。采用数字式读数装置使读数简化，上窗数字为度数，读数窗上突出小方框中所注数字为整 10′，中间的小窗为分划线附合窗，下方的小窗为测微器读数窗口。读数时瞄准目标后，转动测微轮，使度盘对径分划线重合，度数由上窗读取，整 10′数由小方框中数字读取，小于 10′的数由下方小窗中读取，如图 3-7 所示，读数为 120°24′54.8″。

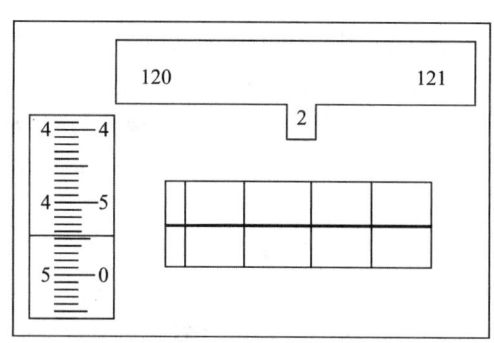

图 3-7　DJ2 光学经纬仪数字读数

一般采用对径重合读数法，即转动测微轮，使上下分划线精确重合后读数。如图 3-8 所示，读数为 30°23′3.8″。

有的 DJ2 光学经纬仪读数装置为对径重合读数法，当望远镜瞄准目标时，在读数显微

第三章　角度测量

镜窗口中可看到。如图3-8(a)所示,该读数装置分为左右两部分:右侧为度盘刻画;左侧为测微尺。右侧度盘刻画又分上下两部分,上部为目标方向所对应的度盘刻画;下部为目标相反方向所对应的度盘刻画。左侧测微尺分为左右两部分,左侧标注为分(如标注8,就代表8′),右侧标注为秒(如标注4,就代表40″,最小刻画为1″)。转动测微轮,使读数显微镜窗口右侧上下分划线精确重合,与此同时,左侧测微轮也在对应转动。如图3-8(b)所示,读数时先读右侧上部左侧的度数30°,再读与30°对径的下部210°相差格数,相差一格为10′,右侧读取30°20′;然后再读测微尺读数,测微尺指标线对应左侧为3′,右侧为3.8″,测微尺读数为3′3.8″,所对目标完整度数为:30°20′+3′3.8″=30°23′3.8″。

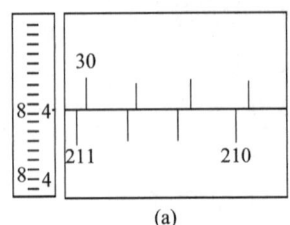
(a)

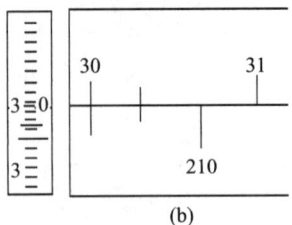
(b)

图3-8　DJ2光学经纬仪对径重合读数

三、光学经纬仪的安置

(一) 对中

对中的目的是使仪器的中心与测站点的中心位于同一铅垂线上。对中时可以使用垂球或光学对点器对中。

(二) 整平

整平的目的是使仪器的竖轴处于铅垂位置,水平度盘处于水平状态,经纬仪的整平是通过调节脚螺旋,以照准部水准管为标准来进行的。

(三) 光学对点器的经纬仪安置

对于具有光学对点器的经纬仪,其对中和整平是互相影响的,应交替进行,直至对中、整平均满足要求为止。

具体操作方法如下:

(1) 将三脚架安置于测站点上,目估使架头大致水平,同时注意仪器高度要适中,安上仪器,拧紧中心螺旋,转动对中器目镜调整螺旋,使对点器中心圈清晰,再拉伸镜筒,使测站点成像清晰,然后将一个架腿插入地面固定,用两手把握住另外两个架腿,并移动这两个架腿,直至测站点的中心位于圆圈的内边缘处或中心,停止转动脚架并将其踩实。注意基座面要基本水平。

(2) 调节脚螺旋,使测站点中心处于圆圈中心位置。

(3) 伸缩架腿,使圆气泡居中。

(4) 调节脚螺旋,使水准管气泡居中。具体调节方法如图3-9所示。

整平是利用基座上的三个脚螺旋,使照准部水准管在相互垂直的两个方向上气泡都居中。具体做法如下:转动仪器照准部,使水准管平行于任意两个脚螺旋的连线方向,两手同时向内或向外旋转这两个脚螺旋,使气泡居中,然后将照准部旋转90°,调节第三个脚螺旋,使气泡居中。如此反复进行,直至照准部水准管在任意位置气泡均居中为止。

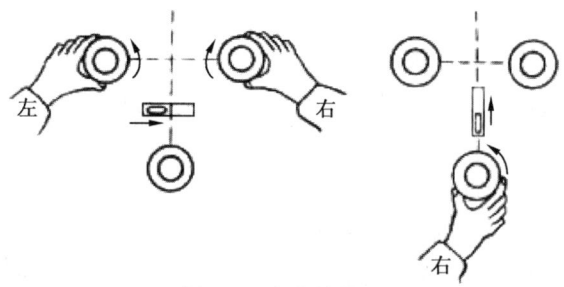

图 3-9 水准管整平

(5) 检查测站点是否位于圆圈中心,若相差很小,可轻轻平移基座,使其精确对中(注意仪器不可在基座面上转动),如此反复操作,直到仪器对中和整平均满足要求为止。

精度要求:对中≤3 mm,整平≤1 格。

(四) 照准和读数

测角时要照准目标,目标一般是竖立于地面上的标杆、测钎或觇牌。测水平角时,以望远镜十字丝的纵丝照准目标,操作方法是:用光学瞄准器粗略瞄准目标,进行目镜对光,使十字丝清晰,调节物镜对光螺旋,使成像清晰,并注意消除视差的影响。准确照准目标的方法如图 3-10 所示,使十字丝的单丝和垂线重合,用垂线平分十字丝双丝。若为标杆、测钎等粗目标,用十字丝的单丝平分目标,目标位于双丝中央。最后按照前面所述的读数方法进行读数。

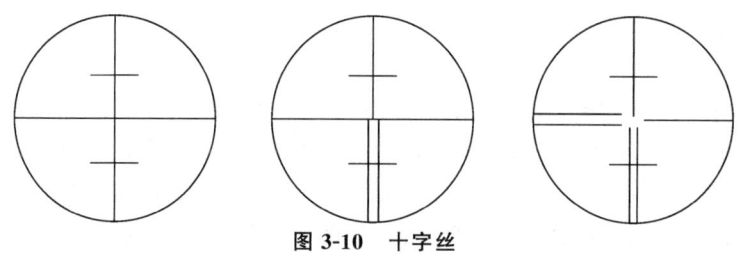

图 3-10 十字丝

四、对点

测点通常以打入地面木桩上的小钉作为标志,测量时,由于距离远、地面起伏及植被的遮挡,不能直接从望远镜中观看到小钉,需要用线铊、测钎、花杆、铅笔竖立在小钉的铅垂线上供仪器照准,这项工作称为对点。对点的方法一般有三种:花杆对点法、测钎或铅笔尖对点法和线锤对点法。应根据距离远近选用合适的方法。

(一) 花杆对点法

花杆对点法一般用于远距离对点(经验数据约为 500 m),对点时花杆应竖直,对点者端正地面向司镜者,两脚分开与肩平齐,手握花杆上半截,这样可使花杆依靠自重直立于桩上测点,并使花杆铁尖离开铁钉少许,以保证对点正确。

(二) 测钎或铅笔尖对点法

测钎或铅笔尖对点法一般在地面平坦,没有杂草阻碍视线,从望远镜中能直接看到测钎或铅笔尖时使用,测钎或铅笔尖要竖直。因目标为深色,在光线较暗、距离较远时往往模糊不清,可在测钎后方用白纸衬托,以便使照准目标清晰。

(三) 线锤对点法

线锤对点法是施工现场最常用、最准确的方法。以下介绍几种常用方法。

1. 使用线锤对点

简易线锤制作方法：将三根细竹竿上端用细绳捆扎，叉开下端即成，中间吊一线铊，移动竹竿使线铊尖对准测点。此法准确、平稳，用于对点次数较多的点。

2. 单手吊挂线铊对点

将花杆斜插在测站与测点连线方向的一侧（左或右）约 30～50 cm 的地上，使花杆与地面约成 45°交角，用手的四指夹握在花杆上，用拇指吊挂线铊，使线铊尖对准桩上小钉。对点时思想要集中，身体要站稳。为了防止线铊摆动，照准垂线一刹那，应全神贯注，暂屏呼吸，司镜者迅速照准垂线。

3. 两手合执线铊对点

面对仪器坐在测点后方，两肘放在两膝上，两手合执线铊弦线，使线铊尖对准桩上小钉，对准测点中心的瞬间应全神贯注，暂屏呼吸，防止垂线摆动。

第二节　角度测量

根据测量工作的精度要求、观测目标的多少及所用的仪器，确定水平角的测量方法一般有测回法和方向观测法两种。

一、测回法

测回法适用于在一个测站有两个观测方向的水平角观测，如图 3-11 所示。设要观测的水平角为∠AOB，先在目标点 A、B 设置观测标志，在测站点 O 安置经纬仪，然后分别瞄准 A、B 两目标点进行读数，水平度盘两个读数之差即为要测的水平角。为了消除水平角观测中的某些误差，通常对同一角度要进行盘左、盘右两个盘位观测（当观测者对着望远镜目镜时，竖盘位于望远镜左侧，称盘左，又称正镜；竖盘位于望远镜右侧，称盘右，又称倒镜）。盘左位置观测，称为上半测回；盘右位置观测，称为下半测回；上下两个半测回合称为一个测回。

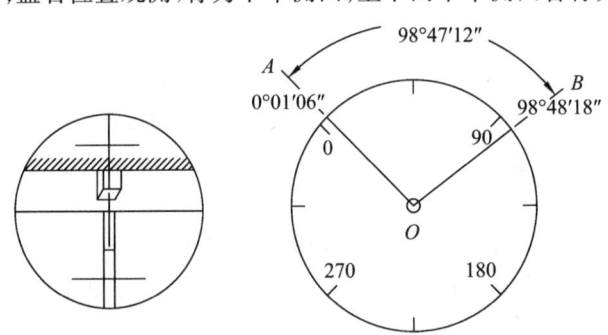

图 3-11　用光学经纬仪瞄准目标及测回法观测水平角

具体步骤如下：

（1）安置仪器于测站点 O 上，对中、整平。

（2）盘左位置瞄准 A 目标，读取水平度盘读数为 a_1，设为 0°04′30″并记入记录手簿表 3-1 盘左 A 目标"水平度盘读数"一栏。

（3）松开制动螺旋，顺时针方向转动照准部，瞄准 B 点，读取水平度盘读数为 b_1，设为

95°22′48″,记入记录手簿表 3-1 盘左 B 目标"水平度盘读数"一栏,此时完成上半个测回的观测,即

$$\beta_左 = b_1 - a_1 \tag{3-1}$$

(4)松开制动螺旋,倒转望远镜成盘右位置,瞄准 B 点,读取水平度盘的读数为 b_2,设为 275°22′42″,记入记录手簿表 3-1 盘右 B 目标"水平度盘读数"一栏。

(5)松开制动螺旋,顺时针方向转动照准部,瞄准 A 点,读取水平度盘读数为 a_2,设为 180°04′12″,记入记录手簿表 3-1 盘右 A 目标"水平度盘读数"一栏,此时完成下半个测回观测,即

$$\beta_右 = b_2 - a_2 \tag{3-2}$$

上下两个半测回合称为一个测回。取盘左、盘右所得角值的算术平均值作为该角的一测回角值,即

$$\beta = \frac{\beta_左 + \beta_右}{2} \tag{3-3}$$

测回法的限差规定:一是两个半测回角值之差;二是各测回角值之差。对于精度要求不同的水平角,有不同的规定限差。当要求提高测角精度时,往往要观测 n 个测回,每个测回可按变动值概略公式 $\frac{180°}{n}$ 的差数改变度盘起始读数,其中 n 为测回数。例如,测回数 $n=4$,则各测回的起始方向读数应等于或略大于 0°、45°、90°、135°,这样做的主要目的是减弱度盘刻画不均匀造成的误差。

(6)记录格式。

记录格式见表 3-1。

表 3-1　水平角观测记录(测回法)

测站	盘位	目标	水平度盘读数 /(° ′ ″)	水平角	
				半测回角值/(° ′ ″)	测回角值/(° ′ ″)
O	左	A	0 04 30	95 18 18	95 18 24
		B	95 22 48		
	右	B	275 22 42	95 18 30	
		A	180 04 12		

若要观测 n 个测回,为减少度盘分划误差,各测回间应按 $\frac{180°}{n}$ 的差值来配置水平度盘。

二、方向观测法

当一个测站有三个或三个以上的观测方向时,应采用方向观测法进行水平角观测。方向观测法是以所选定的起始方向(零方向)开始,依次观测各方向相对于起始方向的水平角值,也称方向值。两任意方向值之差,就是这两个方向之间的水平角值。如图 3-12 所示,有三个

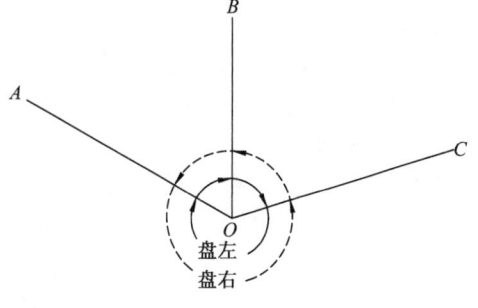

图 3-12　方向观测法

第三章　角度测量

观测方向,需采用方向观测法进行观测,现就其观测、记录、计算及精度要求做如下介绍。

(一) 观测

(1) 安置经纬仪于测站点 O,对中、整平。

(2) 盘左位置瞄准起始方向(也称零方向)A 点,并配置水平度盘读数,使其略大于零。转动测微轮,使对径分划线影像重合,读取 A 方向水平度盘读数。同样以顺时针方向转动照准部,依次瞄准 B、C 点读数。为了检查水平度盘在观测过程中有无被带动,最后再一次瞄准 A 点读数,称为归零。

每一次照准要求测微器两次重合读数,将方向读数按观测顺序自上而下记入观测记录手簿(表 3-2)。以上称为上半个测回。

(3) 盘右位置瞄准 A 点,读取水平度盘读数,逆时针方向转动照准部,依次瞄准 B、C、A 点,将方向读数按观测顺序自下而上记入观测记录手簿(表 3-2)。以上称为下半个测回。

表 3-2 水平角观测记录(方向观测法)

测站	测回数	目标	水平度盘读数 盘左 /(° ′ ″)	水平度盘读数 盘右 /(° ′ ″)	平均读数 /(° ′ ″)	归零方向值 /(° ′ ″)	角值 /(° ′ ″)
M	1	A	00 01 06	180 01 24	(00 01 14) 00 01 15	00 00 00	69 19 13
		B	69 20 30	249 20 24	69 20 27	69 19 13	55 31 00
		C	124 51 24	304 51 30	124 51 27	124 50 13	
		A	00 01 12	180 01 14	00 01 13		

上、下两个半测回合称为一个测回。需要观测多个测回时,各测回间应按 $\dfrac{180°}{n}$ 变换度盘位置。精密测角时,每个测回照准起始方向,应改变度盘和测微盘位置的读数,使读数均匀分布在整个度盘和测微盘上。安置方法:照准目标后,用测微轮安置分、秒数,转动拨盘手轮安置整度及整 $10'$ 的数,然后将拨盘手轮弹起即可。例如,用 DJ2 光学经纬仪时,各测回起始方向的安置读数按下式计算:

$$R = \frac{180°}{n}(i-1) + 10'(i-1) - \frac{600''}{n}\left(i-\frac{1}{2}\right) \tag{3-4}$$

式中,n 为总测回数,i 为该测回序数。

(二) 计算

(1) 半测回归零差的计算。

每半测回零方向有两个读数,它们的差值称为归零差。表 3-2 中第一测回上、下半测回归零差分别为盘左 $12''-06''=+6''$,盘右 $14''-24''=-10''$。

(2) 计算一个测回各方向的平均读数:

$$平均值 = \frac{盘左读数 + (盘右读数 \pm 180°)}{2}$$

例如,B 方向平均读数 $= \dfrac{69°20'30'' + (249°20'24'' - 180°)}{2} = 69°20'27''$,填入第 6 栏。

(3) 计算起始方向值。两个 A 方向的平均值 $=\dfrac{00°01'15''+00°01'13''}{2}=00°01'14''$，填入"平均读数"列并加"（ ）"。

(4) 计算归零后方向值：将各方向平均值分别减去零方向平均值，即得各方向归零方向值。例如：

$$B\ 方向归零后方向值 = 69°20'27'' - 00°01'14'' = 69°19'13''$$

注意：零方向观测两次，应将平均值再取平均。

(5) 水平角角值计算。目标点 B 的归零方向值减去目标 A 的归零方向值即为 A、B 两点水平角角值。B、C 两点水平角角值依此类推。

第三节　竖直角观测方法

一、竖直角的测量原理

1. 竖直角的概念

竖直角是指某一方向与其在同一铅垂面内的水平线所夹的角度。由图 3-13 可知，同一铅垂面上，空间方向线 AB 和水平线所夹的角 α 就是 AB 方向与水平线的竖直角。若方向线在水平线之上，竖直角为仰角，用"$+α$"表示；若方向线在水平线之下，竖直角为俯角，用"$-α$"表示。其角值范围为 $0°\sim90°$。

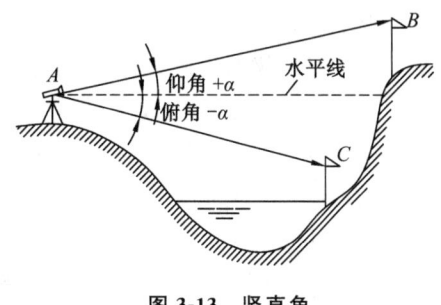

图 3-13　竖直角

2. 竖直角测量的原理

在望远镜横轴的一端竖直设置一个刻度盘（竖直度盘），竖直度盘中心与望远镜横轴中心重合，度盘平面与横轴轴线垂直，视线水平时指标线为一固定读数，当望远镜瞄准目标时，竖盘随之转动，则望远镜照准目标的方向线读数与水平方向上的固定读数之差为竖直角。

根据上述测量水平角和竖直角的要求，而设计制造的一种测角仪器称为光学经纬仪。

二、竖直度盘的构造

竖直度盘固定安装在望远镜旋转轴（横轴）的一端，其刻画中心与横轴的旋转中心重合，所以在望远镜做竖直方向的旋转时，度盘也随之转动。分微尺的零分划线作为读数指标线相对于转动的竖盘是固定不动的。根据竖直角的测量原理，竖直角 α 是视线读数与水平线的读数之差，水平方向线的读数是固定数值，所以当竖盘转动在不同位置时用读数指标读取视线读数，就可以计算出竖直角。

竖直度盘的刻画有全圆顺时针和全圆逆时针两种，图 3-14(a) 为全圆逆时针方向注字，图 3-14(b) 为全圆顺时针方向注字。当视线水平时指标线所指的盘左读数为 90°，盘右为 270°。对于竖直度盘指标的要求是，始终能够读出与竖盘刻画中心在同一铅垂线上的竖直度盘读数。为了满足这一要求，早期的光学经纬仪多采用竖盘水准管结构，这种结构将读数指标与竖盘水准管固连在一起，转动竖盘水准管定平螺旋，使气泡居中，读数指标处于正确位置,此时就可以读数。现代的仪器则采用自动补偿器竖盘结构,这种结构借助一组棱镜的折射原理,自动使读数指标处于正确位置,也称为自动归零装置。整平和瞄准目标后,能立即读数,因此操作简便,读数准确,速度快。

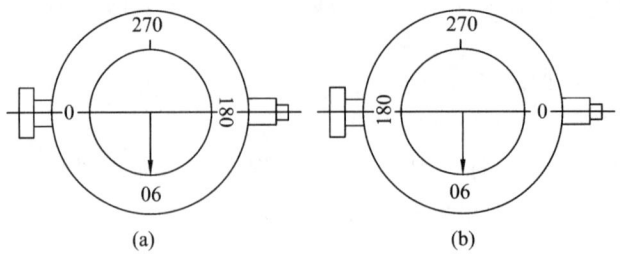

图 3-14 竖直度盘的注记形式

三、竖直角的观测

竖直角的观测步骤如下:

(1) 安置仪器于测站点 O,对中、整平后,打开竖直度盘自动归零装置。

(2) 盘左位置瞄准 A 点,用十字丝横丝照准或相切目标点,读取竖直度盘的读数 L,设为 $48°17'36''$,记入观测记录手簿(表3-3),这样就完成了上半个测回的观测。

(3) 将望远镜倒镜变成盘右,瞄准 A 点,读取竖直度盘的读数 R,设为 $311°42'48''$,记入观测记录手簿(表3-3),这样就完成了下半个测回的观测。

上下半测回合称为一个测回,根据需要可进行多个测回的观测。

表 3-3 竖直角观测记录

测站	目标	盘位	竖直度盘读数/(° ′ ″)	半测回竖直角/(° ′ ″)	指标差/″	一测回竖直角/(° ′ ″)
O	A	左	48 17 36	41 42 24	12	41 42 36
		右	311 42 48	41 42 48		
	B	左	98 28 40	−8 28 40	−13	−8 28 53
		右	261 30 54	−8 29 06		

四、竖直角的计算

前面已介绍,竖直角是指某一方向与其在同一铅垂面内的水平线所夹的角度,则视线方向读数与水平线读数之差即为竖直角值。其水平线读数为一固定值,实际只需观测目标方向的竖直度盘读数。因度盘的刻画注记形式不同,用不同盘位进行观测,视线水平时读数不相同,因此,计算竖直角时应根据不同度盘的刻画注记形式相对应的计算公式计算所测目标的竖直角。下面以顺时针方向注字形式说明竖直角的计算方法及如何确定计算式。

如图 3-15 所示,盘左位置,视线水平时读数为 $90°$。望远镜上仰,视线向上倾斜,指标处读数减小,根据竖直角定义,仰角为正,则盘左时竖直角计算公式为式(3-5),如果 $L>90°$,竖直角为负值,表示是俯角。盘右位置,视线水平时读数为 $270°$。望远镜上仰,视线向上倾斜,指标处读数增大,根据竖直角定义,仰角为正,则盘右时竖直角计算公式为式(3-6),如果 $R<270°$,竖直角为负值,表示是俯角。

$$\alpha_L = 90° - L \tag{3-5}$$

$$\alpha_R = R - 270° \tag{3-6}$$

式中,L 为盘左竖直度盘读数,R 为盘右竖直度盘读数。

为了提高竖直角精度,取盘左、盘右的平均值作为最后结果:

$$\alpha = \frac{\alpha_L + \alpha_R}{2} = \frac{1}{2}(R - L - 180°) \tag{3-7}$$

同理,可推出全圆逆时针注记形式的竖直角计算式(3-8)、式(3-9)。

$$\alpha_L = L - 90° \tag{3-8}$$

$$\alpha_R = 270° - R \tag{3-9}$$

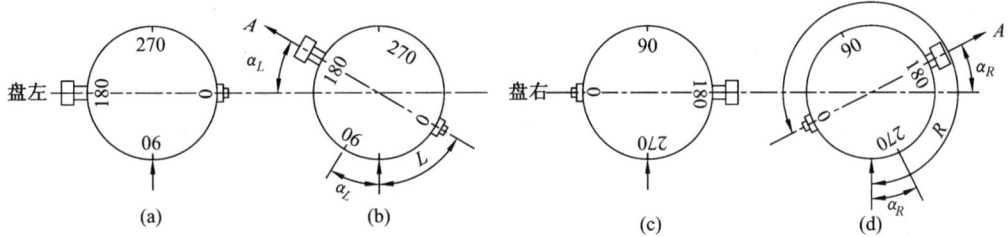

图 3-15　DJ6 光学经纬仪竖直角的计算法则

五、竖直度盘指标差的计算

上述竖直角计算公式是依据竖直度盘的构造和注记特点,即视线水平,竖直度盘自动归零时,竖直度盘指标线应指在正确的读数 90°或 270°上。但因仪器在使用过程中受到震动或者制造上不严密,使指标线位置偏移,导致视线水平时的读数与正确读数有一差值,此差值称为竖直度盘指标差,用 x 表示。由于指标差存在,盘左读数和盘右读数都差了一个 x 值。要得到正确的竖直角,应对竖直度盘读数进行指标差改正。由图 3-15 可知,竖直角计算公式为式(3-10)、(3-11)。

盘左竖直角值:

$$\alpha = 90° - (L - x) = \alpha_L + x \tag{3-10}$$

盘右竖直角值:

$$\alpha = (R - x) - 270° = \alpha_R - x \tag{3-11}$$

将式(3-10)与式(3-11)相加并除以 2,得

$$\alpha = \frac{\alpha_L + \alpha_R}{2} = \frac{R - L - 180°}{2} \tag{3-12}$$

用盘左、盘右测得竖直角,并取平均值,可以消除指标差的影响。

将式(3-10)与式(3-11)相减,得指标差计算公式:

$$x = \frac{\alpha_R - \alpha_L}{2} = \frac{1}{2}(L + R - 360°) \tag{3-13}$$

用单盘位观测时,应加指标差改正,可以得到正确的竖直角。当指标偏移方向与竖直度盘注记的方向相同时指标差为正,反之为负。

以上各公式是按顺时针方向注字形式推导的;同理,可推出逆时针方向注字形式的计算公式。

由上述可知,测量竖直角时,盘左、盘右观测取平均值,可以消除指标差对竖直角的影响。对同一台仪器的指标差,在短时间段内理论上为定值,即使受外界条件变化和观测误差的影响,也不会有大的变化,因此在精度要求不高时,先测定 x 值,以后观测时可以用单盘位观测,加指标差改正得正确的竖直角。

在测量竖直角时,常以指标差检验观测成果的质量,即在观测不同的测回中或不同的目标时,指标差的互差不应超过规定的限制。例如,用 DJ6 光学经纬仪做一般工作时指标差互差不超过 25″。

【例 3-1】 用 DJ6 光学经纬仪观测一点 A,盘左、盘右测得的竖盘读数如表 3-3"竖直度盘读数"一栏,计算观测点 A 的竖直角和竖直度盘指标差。

解:由式(3-5)、式(3-6)得半测回角值为

$$\alpha_L = 90° - L = 90° - 48°17'36'' = 41°42'24''$$
$$\alpha_R = R - 270° = 311°42'48'' - 270° = 41°42'48''$$

由式(3-12)得一测回角值为

$$\alpha = \frac{\alpha_L + \alpha_R}{2} = \frac{41°42'24'' + 41°42'48''}{2} = 41°42'36''$$

由式(3-13)得竖直度盘指标差为

$$x = \frac{\alpha_R - \alpha_L}{2} = \frac{41°42'48'' - 41°42'24''}{2} = 12''$$

一般规范规定,指标差的变动范围为 DJ6≤25″、DJ2≤15″。

第四节 光学经纬仪的检验与校正

水平角测量

一、光学经纬仪各轴线间应满足的几何关系

光学经纬仪是根据水平角和竖直角的测角原理制造的,当水准管气泡居中时,仪器旋转轴竖直、水平度盘水平,则要求水准管轴垂直竖轴。测水平角要求望远镜绕横轴旋转轨迹面为一个竖直面,就必须保证视准轴垂直于横轴。另外,要保证竖轴竖直时横轴水平,则要求横轴垂直于竖轴。照准目标使用竖丝,只有横轴水平时竖丝竖直,要求十字丝竖丝垂直于横轴。为使测角达到一定精度,仪器其他几何关系也应达到一定标准。综上所述,经纬仪应满足的基本几何关系如图 3-16 所示。

(1)照准部水准管轴垂直于仪器竖轴($LL \perp VV$)。
(2)望远镜视准轴垂直于仪器横轴($CC \perp HH$)。
(3)仪器横轴垂直于仪器竖轴($HH \perp VV$)。
(4)望远镜十字丝竖丝垂直于仪器横轴。

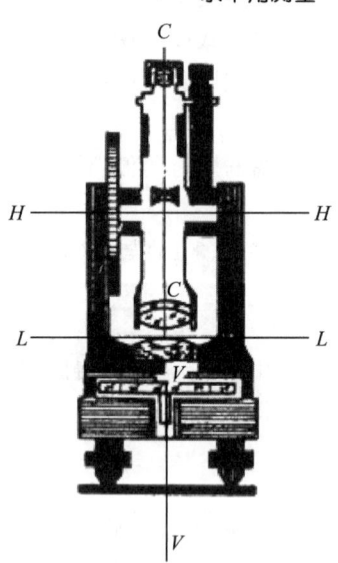

图 3-16 光学经纬仪主要轴线关系

二、光学经纬仪的检验与校正

(一) 照准部水准管轴垂直于仪器竖轴的检验与校正

目的：使水准管轴垂直于竖轴。

检验方法：

(1) 调节脚螺旋，使水准管气泡居中。

(2) 将照准部旋转180°，看气泡是否居中，如果仍然居中，说明满足条件，无须校正；否则，需要进行校正。

校正方法：

(1) 在检验的基础上调节脚螺旋，使气泡向中心移动偏移量的一半。

(2) 用拨针拨动水准管一端的校正螺旋(图3-17)，使气泡居中。

此项检验和校正需反复进行，直到气泡在任何方向的偏离值在1/2格以内。另外，光学经纬仪上若有圆水准器，也应对其进行检验与校正，当管水准器校正完毕并对仪器精确整平后，圆水准器的气泡也应该居中，如果不居中，应拨动其校正螺旋使其居中。

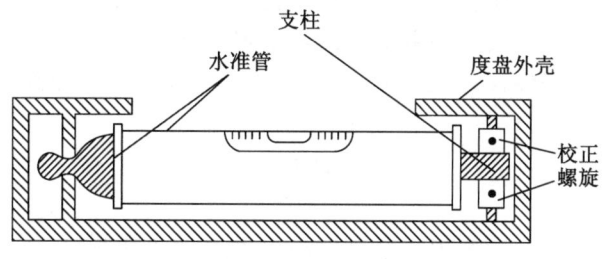

图 3-17 照准部水准管

(二) 十字丝的检验与校正

目的：使十字丝的竖丝垂直于仪器横轴。

检验方法：

(1) 精确整平仪器，用竖丝的一端瞄准一个固定点，旋紧水平制动螺旋和望远镜制动螺旋。

(2) 转动望远镜微动螺旋，观察"·"点是否始终在竖丝上移动，若始终在竖丝上移动，说明满足条件；否则，需要进行校正。

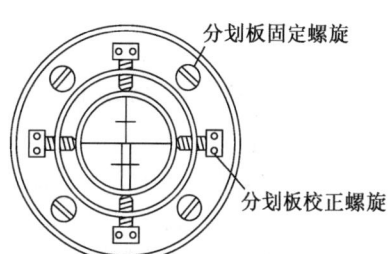

图 3-18 十字丝分划板

校正方法(图3-18)：

(1) 拧下目镜前面的十字丝的护盖，松开十字丝环的压环螺丝。

(2) 转动十字丝环，使竖丝到达竖直位置，然后将松开的螺丝拧紧。此项检验和校正工作需反复进行。

(三) 视准轴垂直于仪器横轴的检验与校正

目的：使视准轴垂直于仪器横轴，若视准轴不垂直于仪器横轴，则偏差角为C，称之为视准轴误差。视准轴误差的检验与校正方法通常有度盘读数法和标尺法两种。

1. 度盘读数法

检验方法：

① 安置仪器，用盘左瞄准远处与仪器大致同高的一点 A，读水平度盘读数为 b_1。

② 倒转望远镜，用盘右再瞄准 A 点，读水平度盘读数为 b_2。

③ 若 $b_1-b_2=\pm180°$，则满足条件，无须校正；否则，需要进行校正。

校正方法：

① 转动水平微动螺旋，使度盘读数对准正确的读数。有

$$b=\frac{1}{2}[b_1+(b_2\pm180°)] \tag{3-14}$$

② 用拨针拨动十字丝环左右校正螺旋，使十字丝竖丝瞄准 A 点。上述方法简便，在任何场地都可以进行，但对于单指标读数 DJ6 光学经纬仪，仅在水平度盘无偏心或偏心差影响小于估读误差时才有效，否则将得不到正确结果。

2. 标尺法

(1) 检验方法：如图 3-19 所示，在平坦地面上选择一条直线 AB，长约 60～100 m，在 AB 中点 O 架仪，并在 B 点垂直横置一小尺。用盘左瞄准 A，倒转望远镜，在 B 点小尺上读取 B_1；再用盘右瞄准 A，倒转望远镜，在 B 点小尺上读取 B_2。对于 DJ6 光学经纬仪，当 $2c\geqslant60''$ 时；对 DJ2 光学经纬仪，当 $2c\geqslant30''$ 时，均需校正，其中 c 为照准误差。由三角函数关系，可得

$$c''=\frac{B_1B_2}{4OB}\times\rho''$$

式中，B_1B_2 为两次读数差的绝对值，OB 为中点 O 到 B 点的距离，$\rho''=206\,265''$。

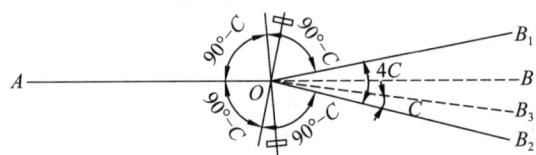

图 3-19 视准轴垂直于横轴的检校

(2) 校正方法：拨动十字丝左右两个校正螺旋，使十字丝交点由 B_2 点移至 BB_2 的中点 B_3。

(四) 仪器横轴垂直于仪器竖轴的检验与校正

(1) 检验方法：如图 3-20 所示，在 20～30 m 处的墙上选一仰角大于 30°的目标点 P，先用盘左瞄准 P 点，放平望远镜，在墙上定出 P_1 点；再用盘右瞄准 P 点，放平望远镜，在墙上定出 P_2 点。则

$$i=\frac{P_1P_2}{2D\cdot\tan\alpha}\cdot\rho''$$

对 DJ6 光学经纬仪，当 $i>20''$ 时，则需校正。

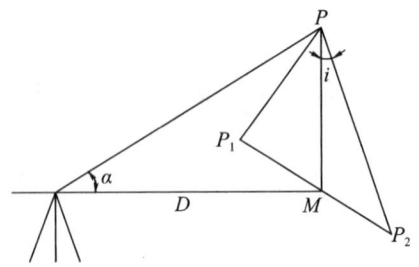

图 3-20 横轴垂直于竖轴的检验

(2) 校正方法：如图 3-21 所示，用十字丝交点瞄准 P_1P_2 的中点 M，抬高望远镜，并打开横轴一端的护盖，调整支承横轴的偏心轴环，抬高或降低横轴一端，直至交点瞄准 P 点。此项校正一般由仪器检修人员进行。

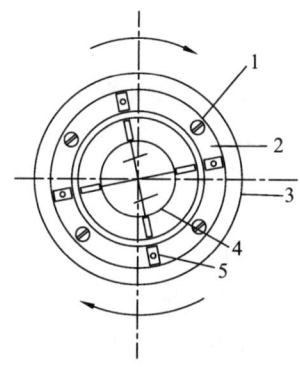

1—分划板固定螺旋；2—固定外套；3—望远镜外套；4—分划板；5—分划板校正螺旋

图 3-21 十字丝分划板的校正

（五）竖直度盘指标差的检验与校正

目的：使竖直度盘指标处于正确位置。

检验方法：

(1) 仪器整平后，盘左瞄准 A 目标，读取竖直度盘读数为 L，并计算竖直角 $α_L$。

(2) 盘右瞄准 A 目标，读取竖直度盘读数为 R，并计算竖直角 $α_R$。

如果 $α_L = α_R$，无须校正；否则，需要进行校正。由于现在的光学经纬仪都具有自动归零补偿器，此项校正应由仪器检修人员进行。

（六）光学对中器的检验与校正

目的：使光学对中器的视准轴与仪器的竖轴中心线重合。

检验方法：

(1) 严格整平仪器，在脚架的中央地面上放置一张白纸，在白纸上画一"＋"字形标志 a_1。

(2) 移动白纸，使对中器视场中的小圆圈对准标志。

(3) 将照准部在水平方向转动 180°。

如果小圆圈中心仍对准标志，说明满足条件，无须校正；如果小圆圈中心偏离标志，而得到另一点 a_2，则说明不满足条件，需要进行校正。

校正方法：定出 a_1、a_2 两点的中点 a_0，用拨针拨对中器的校正螺旋，使小圆圈中心对准 a_0 点，这项校正工作一般由仪器检修人员进行。

必须注意，这六项检验与校正的顺序不能颠倒，而且水准管轴应垂直于竖轴，这是其他几项检验与校正的基础，若这一条件不满足，其他几项的检验与校正就不能进行。竖轴倾斜而引起的测角误差，不能用盘左、盘右观测加以消除，所以这项检验、校正工作必须认真执行。

第五节 角度测量的误差来源及注意事项

角度测量的精度受各方面的影响，误差主要来自三个方面：仪器误差、观测误差及外界环境产生的误差。

一、仪器误差

仪器虽经过检验及校正,但总会有残余的误差存在。仪器误差的影响,一般都是系统性的,可以在工作中通过一定的方法予以消除或减小。

主要的仪器误差有:照准部水准管轴不垂直于仪器竖轴,视准轴不垂直于仪器横轴,仪器横轴不垂直于仪器竖轴,照准部偏心,光学对中器视线不与竖轴旋转中心线重合,竖直度盘指标差,等等。

(一) 照准部水准管轴不垂直于仪器竖轴

这项误差影响仪器的整平,即竖轴不严格垂直,横轴也不水平。但安置好仪器后,它的倾斜方向是固定不变的,不能用盘左、盘右位置测量消除。如果存在这一误差,可在整平时于一个方向上使气泡居中后,再将照准部平转$180°$,这时气泡必然偏离中央。然后用脚螺旋使气泡移回偏离值的一半,则竖轴即可垂直。这项操作要在互相垂直的两个方向上进行,直至照准部旋转至任何位置时,气泡虽不居中,但偏移量不变为止。

(二) 视准轴不垂直于仪器横轴

如图 3-22 所示,如果视线与横轴垂直时的照准方向为 AO,当两者不垂直而存在一个误差角 c 时,则照准点为 O_1。如要照准 O,则照准部需旋转 c' 角。这个 c' 角就是由于这项误差在一个方向上对水平度盘读数的影响。

由于 c' 是 c 在水平面上的投影,从图 3-22 可知:

$$c' = \frac{BB_1}{AB} \cdot \rho \quad (3-15)$$

而
$$AB = AO\cos\alpha, \quad BB_1 = OO_1 \quad (3-16)$$

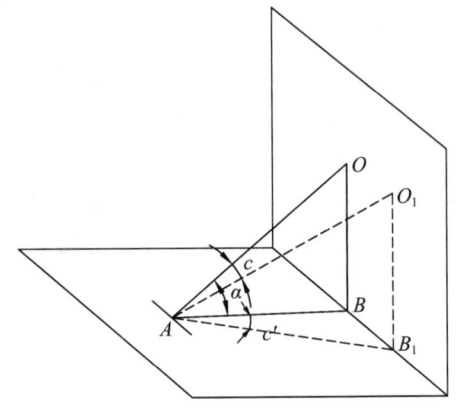

图 3-22 视准轴不垂直于横轴

所以
$$c' = \frac{OO_1}{AO\cos\alpha} \cdot \rho = \frac{c}{\cos\alpha} = c \cdot \sec\alpha \quad (3-17)$$

由于一个角度是由两个方向构成的,则它对角度的影响为

$$\Delta c = c_2' - c_1' = c(\sec\alpha_2 - \sec\alpha_1) \quad (3-18)$$

式中,α_1、α_2 为两个方向的竖直角。

由上式可知,它在一个方向上的影响与误差角 c 及竖直角 α 的正割的大小成正比;对一个角度而言,其影响则与误差角 c 及两方向竖直角正割之差的大小成正比,如两方向的竖直角相同,则影响为零。

因为在用盘左、盘右观测同一点时,其影响的大小相同而符号相反,所以在取盘左、盘右的平均值时,可自然抵消。

(三) 仪器横轴不垂直于仪器竖轴

因为横轴不垂直于竖轴,则仪器整平后竖轴居于铅垂位置,横轴必发生倾斜。视线绕横轴旋转所形成的不是铅垂面,而是一个倾斜平面,如图 3-23 所示。过目标点 O 作一垂直于视线方向的铅垂面,O' 点位于过点 O 的铅垂线上。如果存在这项误差,则仪器照准 O 点,将视线放平后,照准的不是 O' 点,而是 O_1 点。如果照准 O',则需将照准部转动 ε 角。这就是在一个方向上,由于仪器横轴不垂直于仪器竖轴,而对水平度盘读数的影响。倾斜直线 OO_1 与铅垂线之间的夹角 i 与横轴的倾角相同,从图 3-23 可知:

$$\varepsilon = \frac{O'O_1}{AO'} \cdot \rho \quad (3-19)$$

因为
$$O'O_1 = \frac{i}{\rho} \cdot OO' \quad (3-20)$$

所以
$$\varepsilon = i \cdot \frac{OO'}{AO'} = i \cdot \tan\alpha \quad (3-21)$$

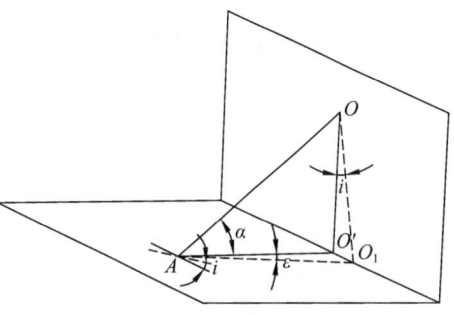

图 3-23 横轴不垂直于竖轴

式中,i 为横轴的倾角,α 为视线的竖直角。它对角度的影响为

$$\Delta\varepsilon = \varepsilon_2 - \varepsilon_1 = i(\tan\alpha_2 - \tan\alpha_1) \quad (3-22)$$

由上式可见,它在一个方向上对水平度盘读数的影响,与横轴的倾角及目标点竖直角的正切成正比;它对角度的影响,则与横轴的倾角及两个目标点的竖直角正切之差成正比,当两方向的竖直角相等时,其影响为零。

由于对同一目标观测时,盘左、盘右的影响大小相同而符号相反,所以取平均值,可以抵消此影响。

(四) 照准部偏心

所谓照准部偏心,即照准部的旋转中心与水平盘的刻画中心不相重合。这项误差只有对在直径一端有读数的仪器才有影响,而采用对径附合读法的仪器,可将这项误差自动消除。

如图 3-24 所示,设度盘的刻画中心为 O,而照准部的旋转中心为 O_1。当仪器的照准方向为 A 时,其度盘的正确读数应为 a。但由于偏心的存在,实际的读数为 a_1。$a-a_1$ 即为这项误差的影响。

照准部偏心影响的大小及符号依偏心方向与照准方向的关系而变化。如果照准方向与偏心方向一致,其影响为零;如果两者互相垂直,则影响最大。在图 3-24 中,照准方向为 A 时,读数偏大;照准方向为 B 时,则读数偏小。

当用盘左、盘右位置观测同一方向时,是取了对径读数,其影响值大小相等而符号相反,在取读数平均值时,可以抵消此影响。

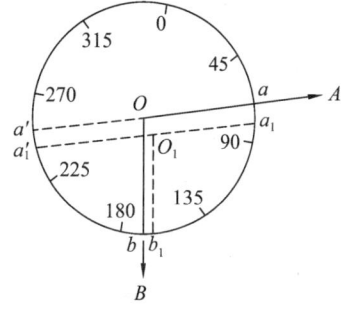

图 3-24 照准部偏心

(五) 光学对中器视线不与仪器竖轴旋转中心线重合

这项误差影响测站偏心,将在后边详细说明。如果对中器附在基座上,在观测测回数的一半时,可将基座平转 180°再进行对中,以减少其影响。

(六) 竖直度盘指标差

这项误差会影响竖直角的观测精度。如果工作时预先测出,在用半测回测角计算时予以考虑,或者用盘左、盘右位置观测取其平均值,则可抵消此影响。

二、观测误差

（一）对中误差

安置光学经纬仪时没有严格对中,使仪器中心与测站中心不在同一铅垂线上引起的角度误差,称为对中误差。在安置仪器时仪器中心 O 偏离测站点中心,对中误差与距离、角度大小有关,观测方向与偏心方向越接近 90°,距离越短,偏心距 e 越大,对水平角的影响也越大。为了减少此项误差的影响,在测角时,应提高对中精度。

（二）目标偏心误差

在照准目标时往往不是直接瞄准地面上标志点本身,而是瞄准标志点上的目标,要求照准点的目标应严格位于点的铅垂线上。若安置目标偏离地面点中心或目标倾斜,照准目标的部位偏离照准点中心的大小,称为目标偏心误差。目标偏心误差对观测方向的影响与偏心距和边长有关,偏心距越大,边长越短,影响也就越大。因此,照准花杆目标时,应尽可能照准花杆底部,当测角边长较短时,应当用线铊对点。

（三）照准误差和读数误差

照准误差与望远镜的放大率、人眼的分辨能力、目标形状、光亮程度、对光时是否消除视差等因素有关。测量时选择的观测目标要清晰,要仔细操作,以消除视差。读数误差与读数设备、照明及观测者判断准确性有关。读数时,要仔细调节读数显微镜,调节读数窗的光亮要适中。要掌握估读小数的方法。

三、外界环境产生的误差

外界条件影响因素很多,也很复杂,如温度、风力、大气折光等因素均会对角度观测产生影响。为了减少误差的影响,应选择有利的观测时间,避开不利因素。例如,在晴天观测时应撑伞遮阳,防止仪器被暴晒,最好不要在中午观测。

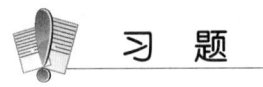

1. 何谓水平角？何谓竖直角？
2. 何谓方位角？
3. 光学经纬仪的主要轴线应满足哪几项条件？为什么？
4. 用光学经纬仪测量水平角时为什么要用盘左和盘右两个位置观测？它能消除哪些误差？
5. 当仪器存在视准轴误差或横轴误差时,望远镜视准轴画出来的是什么面？
6. 如何进行照准部水准管的检验与校正？
7. 何谓竖直度盘指标差？怎样消除其影响？
8. 利用光学对中器如何进行仪器的对中、整平？

第四章 距离测量与直线定向

距离测量就是测量地面上两点之间的水平距离。常用的方法有如下几种：钢尺量距、电磁波测距和视距测量。

第一节　钢尺量距

钢尺量距是用钢卷尺沿地面直接丈量两地面点间的距离。钢尺量距方法简单，经济实惠，但工作量大，受地形条件限制，适合于平坦地区的距离测量。

一、量距工具

主要量距工具为钢尺，还有测钎、垂球等辅助工具。

钢尺又称钢卷尺，由带状薄钢条制成，有手柄式、盒式两种。钢尺长度有 20 m、30 m、50 m 几种。尺的最小刻画为 1 cm、5 cm 或 10 cm，在分米和米的刻画处，分别注记数字。

按尺的零点位置可分为刻线尺和端点尺两种。刻线尺是将尺上里端刻的一条横线作为零点。端点尺以尺的端点为零开始刻画。使用钢尺时必须注意钢尺的零点位置，以免发生错误。

测钎是用粗铁丝制成的，长为 30 cm 或 40 cm，上部弯一小圈，可套入环中，在小圈上系一醒目的红布条，在丈量时用它标定尺终端地面位置。垂球由金属制成，似圆锥形，上端系有细线，是对点的工具。

二、尺长方程式

由于钢尺制造误差、温度变化的影响，致使钢尺的名义长度(尺上注明的长度)不等于该尺的实际长度，用这样的钢尺量距，其结果含有一定的误差。因此，在精密量距工作中必须对使用的钢尺进行检定，求出钢尺在标准拉力、温度条件下的实际长度。钢尺可送到国家计量机构去检定，经检定的钢尺，在鉴定书中给出钢尺的尺长方程式，即钢尺尺长与温度变化的函数关系式。其形式如下：

$$l_t = l_0 + \Delta l + \alpha \cdot l_0 (t - t_0) \tag{4-1}$$

式中，l_t 为钢尺在温度 t 时的实长；l_0 为钢尺的名义长度；Δl 为钢尺在温度 t_0 时检定所得的尺长改正数；α 为钢尺的膨胀系数，其值常取 $0.0000125 \, ℃^{-1}$；t 为钢尺量距时的温度；t_0 为钢尺检定时的温度，一般为 20 ℃。

上式未考虑由于拉力变化产生的误差，测量时应施加与检定时相同的拉力，30 m 钢尺为 98 N。

三、量距方法

(一) 钢尺一般量距方法

根据丈量的环境,丈量地形一般有平坦地面的丈量(图 4-1)和倾斜地面的丈量(图 4-2)两种情况。

(1) 在地面上所需测量的 A、B 两点插测钎作为标志,用目估法定向。

(2) 往测:后尺手持钢尺零点端对准 A 点,前尺手持尺盒和一个花杆向 AB 方向前进,至一尺段钢尺全部拉出时停下,由后尺手根据 A 点的标杆指挥前尺手将钢尺定向,前、后尺手拉紧钢尺,由前尺手喊"预备",后尺手对准零点喊"好",前尺手在钢尺末端整刻画处记下标志,完成一尺段的丈量。依次向前丈量各整尺段。到最后一段不足一尺段时为余长,后尺手对准零点后,前尺手在尺上根据 B 点测钎读数(读至毫米)。记下整尺段数及余长,得往测总长。

(3) 返测:由 B 点向 A 点用同样的方法丈量。

(4) 根据往测和返测的总长计算往返差数、相对精度,最后取往、返总长的平均数。

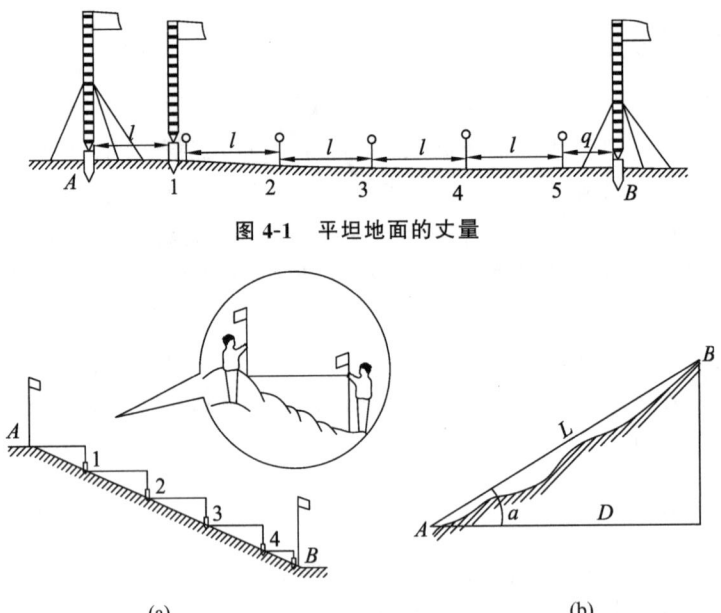

图 4-1 平坦地面的丈量

图 4-2 倾斜地面的丈量

(二) 钢尺精密量距方法

1. 量距方法

(1) 如图 4-3 所示,安置经纬仪于直线一端点,照准另一端点进行定线。首先沿直线标定一系列木桩,要求相邻木桩间距略小于钢尺全长。桩顶高出地面的高度应保证钢尺悬空丈量时不接触地面。桩顶画"+",以交点作为丈量尺段的依据。

(2) 用水准仪测量两点的高差 $2\sim3$ 次,相互间误差小于 5 mm,取平均值即可。

(3) 用温度计实测丈量时的温度,估读至 0.5 ℃。

(4) 丈量时要在钢尺始端用拉力器施加标准拉力(30 m 时拉力为 98 N)。

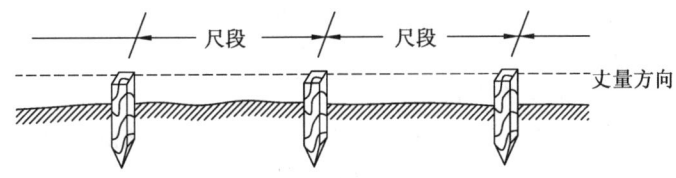

图 4-3 精密丈量

(5) 在标准拉力下终端和始端同时读数,估读至 0.5 mm,终端减始端等于两点实际倾斜距离。一般丈量三次,每次应顺丈量方向移动钢尺若干厘米后再开始丈量。三次丈量结果之差在 2 mm 以内取平均值作为两点实测斜距的结果。

2．成果计算与精度评定

当地面倾斜、高低不平、距离较长时,需要分段丈量。因每一段地面倾斜不同,或丈量时的温度不同,所以应分段改正。

【例 4-1】 某尺段两点的斜距取三次丈量的平均值为 24.786 m,量距时的温度为 25.5 ℃,测得的两点高差为 0.460 m,该钢尺尺长方程式为

$$l_t = [30 + 0.007 + 12.5 \times 10^{-6} \times 30(t - 20\ ℃)]\ \text{m}$$

求该尺段实际水平距离。

解:(1) 尺长改正数。

由于量距时钢尺不标准,故量出的距离存在误差,必须加以改正,尺长改正数按式(4-2)计算:

$$\Delta d_l = +\frac{\Delta l}{l_0} d \tag{4-2}$$

式中,d 为尺段长,l_0 为钢尺的名义长度,Δl 为尺长改正数。代入数据,得

$$\Delta d_l = \frac{0.007}{30} \times 24.786\ \text{m} = +0.006\ \text{m}$$

(2) 温度改正数。

温度的变化会引起钢尺长度的变化。钢尺检定是在标准温度 20 ℃下求得尺长改正值,丈量时的温度高于标准温度或低于标准温度会使尺长产生新的尺长误差,所以要对观测结果进行温度改正。温度改正数按式(4-3)计算:

$$\Delta d_t = +\alpha(t - 20\ ℃) \times d \tag{4-3}$$

式中,α 为钢尺的膨胀系数,一般取 12.5×10^{-6};d 为尺段长;t 为丈量时的温度。

$$\Delta d_t = 12.5 \times 10^{-6} \times 24.786 \times (25.5 - 20)\ \text{m} = +0.002\ \text{m}$$

(3) 倾斜改正数。

实测斜距 l 要转化为水平距离,根据两点的高差和距离求得倾斜改正数,对观测结果加以改正,其改正数为负数。倾斜改正数按式(4-4)计算:

$$\Delta l_h = \frac{h^2}{2l} - \frac{h^4}{8l^3} \tag{4-4}$$

式中,h 为尺段两端的高差。

$$\Delta d_h \approx \frac{h^2}{2d} = -\frac{0.460^2}{2 \times 24.786}\ \text{m} = -0.004\ \text{m}$$

实际水平距离为

$$D = d + \Delta d_l + \Delta d_t + \Delta d_h = 24.786 \text{ m} + 0.006 \text{ m} + 0.002 \text{ m} - 0.004 \text{ m} = 24.790 \text{ m}$$

(4) 全长与精度计算。

各尺段经改正后水平距离相加得总长度,丈量精度可用式(4-5)计算相对误差。若相对误差在限差范围内,取往返测平均值为最后结果。丈量精度用"相对误差"来衡量。

$$K = \frac{|D_{\text{往}} - D_{\text{返}}|}{\frac{1}{2}(D_{\text{往}} + D_{\text{返}})} = \frac{1}{\text{X XXX}} \quad (4-5)$$

该式表示相对误差 K 把分子化为 1 的分数形式,如 $\frac{1}{3254}$。要求:一般的量距 $\leqslant \frac{1}{3\,000}$ (平坦)或 $\leqslant \frac{1}{1\,000}$ (山区)。

第二节 电磁波测距

与钢尺量距的烦琐和视距测量的低精度相比,电磁波测距具有测程长、精度高、操作简便、自动化程度高的特点。电磁波测距按精度可分为Ⅰ级($m_D \leqslant 5$ mm)、Ⅱ级(5 mm $< m_D \leqslant$ 10 mm)和Ⅲ级($m_D >$ 10 mm)。按测程可分为短程(<3 km)、中程(3~5 km)和远程(>15 km)。按采用的载波不同,可分为利用微波做载波的微波测距仪和利用光波做载波的光电测距仪。光电测距仪所使用的光源一般有激光和红外光。下面将简要介绍光电测距的原理及测距成果整理等内容。

一、光电测距的基本原理

光电测距是通过测量光波在待测距离上往返一次所经历的时间来确定两点之间的距离。如图 4-4 所示,在 A 点安置测距仪,在 B 点安置反射棱镜,测距仪发射的调制光波到达反射棱镜后又返回到测距仪。设光速 c 已知,如果调制光波在待测距离 D 上的往返传播时间为 t,则距离 D 为

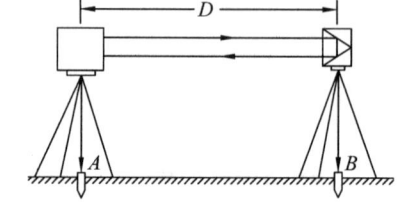

图 4-4 光电测距

$$D = \frac{1}{2} c \cdot t \quad (4-6)$$

式中,$c = \frac{c_0}{n}$。其中 c_0 为真空中的光速,其值为 299 792 458 m/s;n 为大气折射率,它与光波波长 λ、测线上的气温 T、气压 p 和湿度 e 有关。因此,测距时还需测定气象元素,对距离进行气象改正。

由式(4-6)可知,测定距离的精度主要取决于时间 t 的测定精度,即 $\mathrm{d}D = \frac{1}{2} c \mathrm{d}t$。当要求测距误差 $\mathrm{d}D$ 小于 1 cm 时,时间测定精度 $\mathrm{d}t$ 要求准确到 6.7×10^{-11} s,这是难以做到的。因此,时间的测定一般采用间接的方式来实现。间接测定时间的方法有两种。

1. 脉冲法测距

由测距仪发出的光脉冲经反射棱镜反射后,又回到测距仪而被接收系统接收,测出这一光脉冲往返所需时间间隔 t 的钟脉冲的个数,进而求得距离 D。由于钟脉冲计数器的频率

所限,所以测距精度只能达到 0.5～1 m。故此法常用在激光雷达等远程测距上。

2. 相位法测距

相位法测距是通过测量连续的调制光波在待测距离上往返传播所产生的相位变化来间接测定传播时间,从而求得被测距离的。红外光电测距仪就是典型的相位式测距仪。

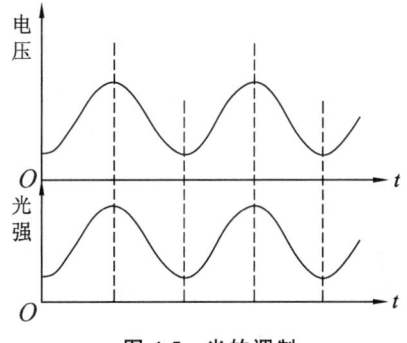

图 4-5 光的调制

红外光电测距仪的红外光源是由砷化镓(GaAs)发光二极管产生的。如果在发光二极管上注入一恒定电流,它发出的红外光光强则恒定不变。若在其上注入频率为 f 的高变电流(高变电压),则发出的光强随着注入的高变电流呈正弦变化,如图 4-5 所示,这种光称为调制光。

测距仪在 A 点发射的调制光在待测距离上传播,被 B 点的反射棱镜反射后又回到 A 点而被接收机接收,然后由相位计将发射信号与接收信号进行相位比较,得到调制光在待测距离上往返传播所引起的相位移 φ,其相应的往返传播时间为 t。如果将调制波的往程和返程展开,则有如图 4-6 所示的波形。

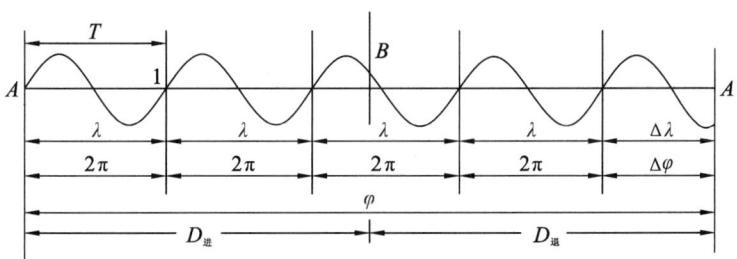

图 4-6 相位法测距原理

设调制光的频率为 f(每秒振荡次数),其周期 $T=\dfrac{1}{f}$,则调制光的波长为

$$\lambda = c \cdot T = \dfrac{c}{f} \tag{4-7}$$

从图 4-6 中可看出,在调制光往返的时间 t 内,其相位变化了 N 个整周(2π)及不足一周的余数 $\Delta\varphi$,而对应 $\Delta\varphi$ 的时间为 Δt,距离为 $\Delta\lambda$,则

$$t = NT + \Delta t \tag{4-8}$$

由于变化一周的相位差为 2π,则不足一周的相位差 $\Delta\varphi$ 与时间 Δt 的对应关系为

$$\Delta t = \dfrac{\Delta\varphi}{2\pi} \cdot T \tag{4-9}$$

于是得到相位法测距的基本公式:

$$\begin{aligned} D &= \dfrac{1}{2} c \cdot t = \dfrac{1}{2} c \cdot \left(NT + \dfrac{\Delta\varphi}{2\pi} T \right) \\ &= \dfrac{1}{2} c \cdot T \left(N + \dfrac{\Delta\varphi}{2\pi} \right) = \dfrac{\lambda}{2}(N + \Delta N) \end{aligned} \tag{4-10}$$

式中,$\Delta N = \dfrac{\Delta\varphi}{2\pi}$,为不足一整周的小数。

在相位法测距基本公式(4-10)中,常将$\frac{\lambda}{2}$看作一把"光尺"的尺长,测距仪就是用这把"光尺"去丈量距离的。N为整尺段数,ΔN为不足一整尺段之余数。两点间的距离D就等于整尺段总长$\frac{\lambda}{2}N$和余尺段长度$\frac{\lambda}{2}\Delta N$之和。

测距仪的测相装置(相位计)只能测出不足整周(2π)的尾数$\Delta\varphi$,而不能测定整周数N,因此使式(4-10)产生多值解,只有当所测距离小于光尺长度时,才能有确定的数值。例如,"光尺"为10 m,只能测出小于10 m的距离;"光尺"为1 000 m,则可测出小于1 000 m的距离。又由于仪器测相装置的测相精度一般为$\frac{1}{1\,000}$,故测尺越长,测距误差越大,其关系可参见表4-1。为了解决扩大测程与提高精度的矛盾,目前的测距仪一般采用两个调制频率,即用两把"光尺"进行测距。用长测尺(称为粗尺)测定距离的大数,以满足测程的需要;用短测尺(称为精尺)测定距离的尾数,以保证测距的精度。将两者结果衔接组合起来,就是最后的距离值,并自动显示出来。例如:

粗测尺结果　　0324
精测尺结果　　3.817
显示距离值323.817 m

表4-1　测尺长度与测距精度

测尺长度$\left(\frac{\lambda}{2}\right)$	10 m	100 m	1 km	2 km	10 km
测尺频率(f)	15 MHz	1.5 MHz	150 kHz	75 kHz	15 kHz
测距精度	1 cm	10 cm	1 m	2 m	10 m

若想进一步扩大测距仪器的测程,可以多设几个测尺。

二、测距成果整理

在用测距仪测得初始斜距值后,还需加上仪器常数改正、气象改正和倾斜改正等,最后求得水平距离。

1. 仪器常数改正

仪器常数有加常数K和乘常数R两项。

由于仪器的发射中心、接收中心与仪器旋转竖轴不一致而引起的测距偏差值,称为仪器加常数。实际上仪器加常数还包括由于反射棱镜的组装(制造)偏心或棱镜等效反射面与棱镜安置中心不一致引起的测距偏差,称为棱镜加常数。仪器加常数改正值δ_K与距离无关,并可预置于机内做自动改正。

仪器乘常数主要是由于测距频率偏移而产生的。乘常数改正值δ_R与所测距离成正比。在有些测距仪中可预置乘常数做自动改正。

仪器常数改正的最终式可写成如下形式:

$$\Delta s = \delta_K + \delta_R = K + R \cdot s \tag{4-11}$$

2. 气象改正

仪器的测尺长度是在一定的气象条件下推算出来的。野外实际测距时的气象条件不同于制造仪器时确定仪器测尺频率所选取的基准(参考)气象条件,故测距时的实际测尺长度就不等于标称的测尺长度,使测距值产生与距离长度成正比的系统误差。所以在测距时应同时测定当时的气象元素:温度和气压,利用厂家提供的气象改正公式计算距离改正值。如某测距仪的气象改正公式为

$$\Delta s = \left(283.37 - \frac{106.2833p}{273.15+t}\right) \cdot s \text{ mm}$$

式中,p 为气压(kPa),t 为温度(℃),s 为距离测量值(km)。

目前,所有的测距仪都可将气象参数预置于机内,在测距时自动进行气象改正。

3. 倾斜改正

距离的倾斜观测值经过仪器常数改正和气象改正后得到改正后的斜距。

当测得斜距的竖角 δ 后,可按下式计算水平距离:

$$D = s\cos\delta \tag{4-12}$$

三、测距仪标称精度

当顾及仪器加常数 K,并将 $c = \frac{c_0}{n}$ 代入式(4-10),相位测距的基本公式可写成:

$$s = \frac{c_0}{2nf}\left(N + \frac{\Delta\varphi}{2\pi}\right) + K$$

式中,c_0、n、f、$\Delta\varphi$ 和 K 的误差都会使距离产生误差。若对上式作全微分,并应用误差传播定律,则测距误差可表示成:

$$M_s^2 = \left(\frac{m_{c_0}^2}{c_0^2} + \frac{m_n^2}{n^2} + \frac{m_f^2}{f^2}\right)s + \left(\frac{\lambda}{4\pi}\right)m_{\Delta\varphi}^2 + m_K^2 \tag{4-13}$$

式(4-13)中的测距误差可分成两部分:前一项误差与距离成正比,称为比例误差;而后两项与距离无关,称为固定误差。因此,常将上式写成如下形式,作为仪器的标称精度:

$$M_s = \pm(a_0 + b_0 \cdot s) \tag{4-14}$$

例如,某测距仪的标称精度为

$$\pm(3 \text{ mm} + 2 \text{ mm/km} \cdot s)$$

说明该测距仪的常量误差 $a_0 = 3$ mm,比例误差 $b_0 = 2$ mm/km,s 的单位为 km。

第三节 直线定向及方位角测量

为了确定地面两点在平面位置的相对关系,仅测得两点间水平距离是不够的,还必须确定该直线的方向。在测量上,直线方向是以该直线与基本方向线之间的夹角来确定的。确定直线方向与基本方向之间的关系,称为直线定向。

直线定向

一、基本方向的种类

(一) 真子午线方向

通过地球表面某点的真子午线的切线方向,称为该点的真子午线方向。真子午线方向可用天文观测方法或陀螺经纬仪来确定。

(二) 磁子午线方向

磁针在地球磁场的作用下自由静止时所指的方向，即为磁子午线方向。

由于地磁南北极与地理南北极不重合，因此地面上某点的磁子午线与真子午线也并不一致，它们之间的夹角称为磁偏角，用符号 δ 表示，如图 4-7(a)所示。磁子午线方向偏于真子午线方向以东为东偏，偏于真子午线方向以西称为西偏，并规定东偏为正、西偏为负。磁偏角的大小随地点的不同而异，即使在同一地点，由于地球磁场经常变化，磁偏角的大小也有变化。我国境内磁偏角值在 $+6°$（西北地区）和 $-10°$（东北地区）之间。磁子午线方向可用罗盘仪来测定。由于地球磁极的变化，磁针受磁性物质的影响，定向精度不高，所以不适合作为精确定向的基本方向，可作为小区域独立测区的基本方向。

(三) 坐标纵轴方向

以通过测区内坐标原点的坐标纵轴 OX 轴正方向为基本方向，测区内其他各点的子午线均与过坐标原点的坐标纵轴平行。这种基本方向称为坐标纵轴方向。

通过地面某点的真子午线方向与坐标纵轴方向之间的夹角，称为子午线收敛角 γ。坐标纵轴方向偏于真子午线方向以东为东偏，γ 角为正；偏于真子午线方向以西为西偏，γ 角为负，如图 4-7(b)所示。某点的子午线收敛角值，可根据该点的高斯平面直角坐标在有关计算表中查得。

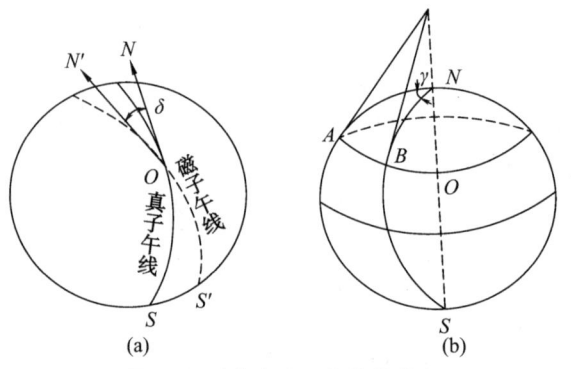

图 4-7 磁偏角和子午线收敛角

二、直线方向的表示方法

(一) 方位角

从过直线段一端的基本方向线的北端起，以顺时针方向旋转到该直线，该水平角度被称为该直线的方位角。方位角的角值可为 $0°\sim360°$。因基本方向有三种，所以方位角也有三种：真方位角、磁方位角、坐标方位角。

以真子午线为基本方向线，所得方位角称为真方位角，一般以 A 表示；以磁子午线为基本方向线，所得方位角称为磁方位角，一般以 A_m 来表示；以坐标纵轴为基本方向线，所得方位角称为坐标方位角（有时简称方位角），通常以 α 来表示。

(二) 象限角

对于直线定向，有时也用小于 $90°$ 的角度来确定。从过直线一端的基本方向线的北端或南端，依顺时针（或逆时针）方向量至直线的锐角，称为该直线的象限角，一般以"R"表示。象限角的角值为 $0°\sim90°$。以经过 O 点的基本方向线 $O1$、$O2$、$O3$、$O4$ 为地面直线，则 R_1、R_2、R_3、R_4 分别为四条直线的象限角。若基本方向线为真子午线，则相应的象限角为真象限角;若基本方向线为磁子午线,则相应的象限角为磁象限角。仅有象限角的角值还不能完全确定直线的位置。因为具有某一角值(如 50°)的象限角,可以从不同的线端(北端或南端)和不同的方向(向东或向西)来度量。所以在用象限角确定直线的方向时,除写出角度的大小外,还应注明该直线所在象限名称:北东、南东、南西、北西等。在图 4-8 中,直线 $O1$、$O2$、$O3$、$O4$ 的象限角相应地要写为北东 R_1、南东 R_2、南西 R_3、北西 R_4,它们顺次相应等于第一、二、三、四象限中的象限角。象限角也有正反之分,正反象限角值相等,象限名称相反。

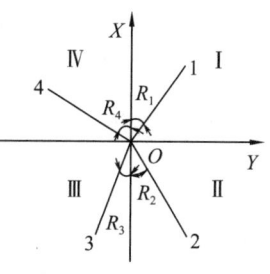

图 4-8 象限角

(三) 坐标方位角与象限角的关系

同一直线 AB 的坐标方位角与象限角之间的关系如表 4-2 所示。

表 4-2 同一直线 AB 的坐标方位角与象限角的关系

象限	R_{AB} 与 α_{AB} 的关系	象限	R_{AB} 与 α_{AB} 的关系
I	$R_{AB} = \alpha_{AB}$	III	$R_{AB} = \alpha_{AB} - 180°$
II	$R_{AB} = 180° - \alpha_{AB}$	IV	$R_{AB} = 360° - \alpha_{AB}$

(四) 正反坐标方位角的关系

相对来说,一条直线有正、反两个方向。直线的两端可以按正、反方位角进行定向。若设定直线的正方向为 12,则直线 12 的方位角为正方位角,而直线 21 的方位角就是直线 12 的反方位角;反之,也是一样,如图 4-9 所示。

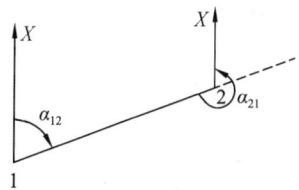

图 4-9 正反方位角

若以 α_{12} 为直线正坐标方位角,则 α_{21} 为反坐标方位角,两者有如下关系:

若 $\alpha_{12} < 180°$,则 $\alpha_{21} = \alpha_{12} + 180°$;若 $\alpha_{12} > 180°$,则 $\alpha_{21} = \alpha_{12} - 180°$,即 $\alpha_{12} = \alpha_{21} \pm 180°$。即

$$\alpha_{正} = \alpha_{反} \pm 180° \tag{4-15}$$

三、方位角测量

(1) 真方位角。可用天文观测方法或用陀螺经纬仪来测定。

(2) 磁方位角。可用罗盘仪来测定。不宜作精密定向。

(3) 坐标方位角。由 2 个已知点坐标经"坐标反算"求得。

(4) 坐标方位角的推算。

如图 4-10 所示,α_{12} 已知,通过联测求得 12 边与 23 边的连接角为 β_2(右角)、23 边与 34 边的连接角为 β_3(左角),现推算 α_{23}、α_{34} 的方位角。

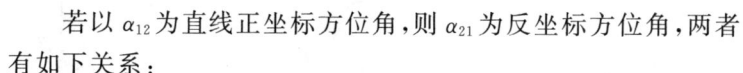

图 4-10 坐标方位角的推算

由图中分析可知:

$$\alpha_{23} = \alpha_{21} - \beta_2 = \alpha_{12} + 180° - \beta_2$$
$$\alpha_{34} = \alpha_{32} + \beta_3 = \alpha_{23} + 180° + \beta_3$$

推算坐标方位角的通用公式如下:

$$\alpha_{前} = \alpha_{后} + 180° \pm \beta \tag{4-16}$$

当 β 角为左角时,取"+";当 β 角为右角时,取"-"。计算中,若 $\alpha_{前}>360°$,减 $360°$;若 $\alpha_{前}<0°$,加 $360°$。

四、用罗盘仪测量直线的方向

罗盘仪是主要用来测量直线的磁方位角的仪器,也可以粗略地测量水平角和竖直角,还可以进行视距测量。

1．罗盘仪的构造

罗盘仪主要由罗盘、望远镜、水准器和安平机构组成,如图 4-11 所示。

2．直线磁方位角的测量

(1) 按图 4-12 所示安置仪器。

① 对中。

② 整平。

(2) 瞄准。

(3) 读数。

3．使用罗盘仪注意事项

使用罗盘仪测量时应注意使磁针能自由旋转,勿触及盒盖或盒底;测量时应避开钢轨、高压线等,仪器附近不得有铁器。

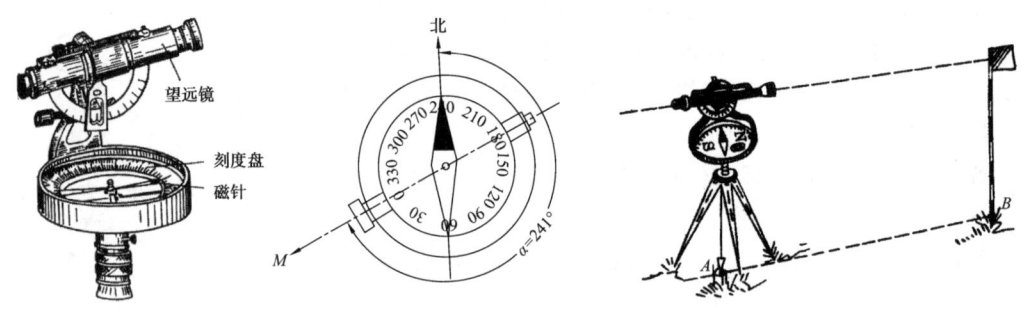

图 4-11 罗盘仪及其读数　　　　　　　图 4-12 罗盘仪定向

第四节　视距测量

视距测量是根据几何光学原理,利用仪器望远镜筒内的视距丝在标尺上截取读数,应用三角公式计算两点距离,同时测定地面上两点间水平距离和高差的测量方法。视距测量的优点是:操作方便,观测快捷,一般不受地形影响。其缺点是:测量视距和高差的精度较低,测距相对误差约为 $\frac{1}{200}\sim\frac{1}{300}$。尽管视距测量的精度较低,但还是能满足测量地形图碎部点的要求,所以在测绘地形图时,常采用视距测量的方法测量距离和高差。

一、视距测量的原理

(一) 视线水平时的距离与高差公式

由图 4-13 可知:

$$D=d+f+\delta, \quad \frac{d}{f}=\frac{l}{p}, \quad 设\frac{f}{p}=K, \quad f+\delta=c, \quad 则 D=Kl+c。式中 K 为视距乘常数,c 为视距加常数,p 为视距丝间距。$$

常用的内对光望远镜的视距常数,在设计时取 $K=100, c\approx0$。

在视线水平时,计算两点间的水平距离公式为:$D=Kl$。

(二) 视线倾斜时的距离与高差公式

由图 4-14 可知,倾斜距离为

$$D'=K \cdot l' = K \cdot l \cdot \cos\alpha$$

其中,l' 为 MG 长,l 为 M'G' 长。

高差为

$$h = D \cdot \tan\alpha + i - s$$

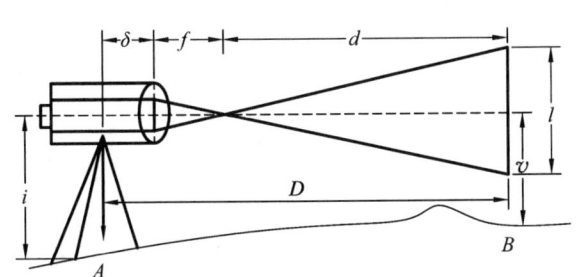

图 4-13 视线水平时的视距测量

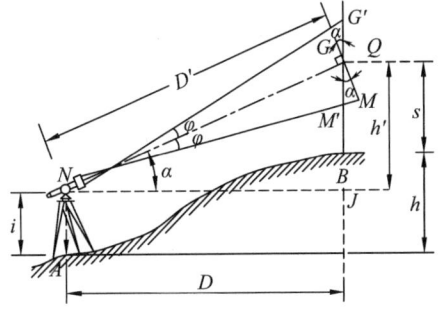

图 4-14 视线倾斜时的视距测量

二、视距测量的方法

(1) 在测站点安置仪器,量取仪器高 i(测站点至仪器横轴的高度,量至厘米)。
(2) 盘左位置瞄准视距尺,读取水准尺的下丝、上丝及中丝读数。
(3) 使竖盘水准管气泡居中,读取竖直度盘读数,然后计算竖直角。
(4) 计算水平距离。
(5) 计算高差和高程。

三、视距测量误差分析

视距测量主要存在以下误差:
(1) 视距尺分划误差。
(2) 视距乘常数 K 不准确导致的误差。
(3) 竖直角测角误差。
(4) 视距丝读数误差。
(5) 外界气象条件对视距测量的影响。

第四章 距离测量与直线定向

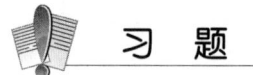

习 题

1. 距离测量方法主要有哪些？
2. 衡量距离测量的精度用什么指标？如何计算？
3. 钢尺精密量距的三项改正数是什么？如何计算？
4. 如何计算视距测量的水平距离和高差？
5. 什么是直线定向？标准方向有哪些？
6. 什么是坐标方位角？什么是象限角？象限角和坐标方位角有什么关系？
7. 正反坐标方位角有何关系？如何推算坐标方位角？

第五章 测量误差的基本知识

第一节 概 述

一、测量误差

测量工作的实践表明,在任何测量工作中,无论是测角、测高差或量距,当对同一量进行多次观测时,不论测量仪器多么精密,观测进行得多么仔细,测量结果总是存在着差异,彼此不相等。例如,反复观测某一角度,每次观测结果都不会一致,这是测量工作中普遍存在的现象。每次测量所得的观测值与该量客观存在的真值之间的差值,称为测量误差,即

$$测量误差 = 观测值 - 真值$$

用 Δ 表示测量误差,X 表示真值,l 表示观测值,则测量误差可用式(5-1)表示:

$$\Delta = l - X \tag{5-1}$$

二、测量误差的来源

产生测量误差的因素是多方面的,概括起来有以下三个因素:

1. 仪器精度的有限性

测量中使用的仪器和工具不可能十分完善,致使测量结果产生误差。例如,用普通水准尺进行水准测量时,最小分划为 5 mm,就难以保证毫米数的完全正确性。经纬仪、水准仪检校不完善也会产生残余误差,如水准仪视准轴不平行于水准管轴,水准尺的分划误差等。

2. 观测者感觉器官鉴别能力的局限性

观测者感觉器官鉴别能力的局限性会对测量结果产生一定的影响,如对中误差、观测者估读小数误差、瞄准目标误差等。

3. 观测过程中外界条件的不确定性

如温度、阳光、风等时刻都在变化,必将对观测结果产生影响。例如,温度变化使钢尺产生伸缩,阳光照射会使仪器发生微小变化,阴天会使目标不清楚,等等。

通常把以上三种因素综合起来称为观测条件。可想而知,观测条件好,观测中产生的误差就会小;反之,产生的误差就会大。但是不管观测条件如何,受上述因素的影响,测量中存在误差是不可避免的。应该指出,误差与粗差是不同的,粗差是指观测结果中出现的错误,如测错、读错、记错等。为杜绝粗差,除了加强作业人员的责任心,提高操作技术外,还应采取必要的检校措施。

三、测量误差的分类

测量误差按其性质不同可分为系统误差和偶然误差。

1. 系统误差

在相同的观测条件下,对某量进行一系列观测,若出现的误差在数值大小或符号上保持不变或按一定的规律变化,这种误差称为系统误差。例如,用名义长度为 30 m,而实际长度为 30.004 m 的钢尺量距,每量一尺就有 0.004 m 的系统误差,它是一个常数。又如水准测量中,视准轴与水准管轴不能严格平行,存在一个微小夹角 i,i 角一定时在尺上的读数随视线长度成比例变化,但大小和符号总保持一致。

系统误差具有累积性,对测量结果影响甚大,但它的大小和符号有一定的规律,可通过计算或观测方法加以消除,或者最大限度地减小其影响。例如,尺长误差,可通过尺长改正加以消除;水准测量中的 i 角误差,可以通过前后视线等长,消除其对高差的影响。

2. 偶然误差

在相同的观测条件下,对某量进行一系列观测,如出现的误差在数值大小和符号上均不一致,且从表面看没有任何规律,这种误差称为偶然误差。如水准标尺上毫米数的估读,有时偏大,有时偏小。大气的能见度和人眼的分辨能力等因素使照准目标有时偏左,有时偏右。

偶然误差亦称随机误差,其符号和大小在表面上无规律可循,找不到予以完全消除的方法,因此须对其进行研究。因为在表面上是偶然性在起作用,实际上却始终受其内部隐蔽着的规律所支配,问题是如何把这种隐蔽的规律揭示出来。

四、偶然误差的特性

偶然误差具有如下特性:

(1) 在一定的条件下,偶然误差的绝对值不会超过一定的限度。

(2) 绝对值小的误差比绝对值大的误差出现的机会多。

(3) 绝对值相等的正负误差出现的机会相等。

(4) 偶然误差的算术平均值趋近于零,即

$$\lim_{n \to \infty} \frac{\Delta_1 + \Delta_2 + \cdots + \Delta_n}{n} = \lim_{n \to \infty} \frac{\sum_{i=1}^{n} \Delta_i}{n} = 0$$

(5) 误差产生的原因。

① 仪器设备的原因。

② 观测者的原因。

③ 外界条件的原因。

五、误差的特点

(1) 同一性:误差的绝对值保持恒定或按一确定的规律变化。

(2) 单一性:误差符号不变,总朝一个方向偏离。

(3) 累积性:误差的绝对值随着单一观测值的倍数累积。

第二节 评定误差精度的标准

为了对测量成果的精确程度做出评定,有必要建立一种评定精度的标准,通常用中误差、相对误差和极限误差来表示。

一、中误差

设在相同观测条件下,对真值为 X 的一个未知量 l 进行 n 次观测,观测值结果为 l_1, l_2, $\cdots$, l_n,每个观测值相应的真误差(真值与观测值之差)为 Δ_1, Δ_2, $\cdots$, Δ_n。以各个真误差之平方和的平均数的平方根作为精度评定的标准,用 m 表示,称为观测值中误差。

$$m = \sqrt{\frac{\sum_{i=1}^{n}\Delta_i^2}{n}} \tag{5-2}$$

式中,n 为观测次数,m 为观测值中误差(又称均方误差),$\sum_{i=1}^{n}\Delta_i^2 = \Delta_1\Delta_1 + \Delta_2\Delta_2 + \cdots + \Delta_n\Delta_n$ 为各个真误差 Δ 的平方的总和。

上式表明了中误差与真误差的关系,中误差并不等于每个观测值的真误差,中误差仅是一组真误差的代表值,一组观测值的测量误差愈大,中误差也就愈大,其精度就愈低;测量误差愈小,中误差也就愈小,其精度就愈高。

【例 5-1】 甲、乙两个小组,各自在相同的观测条件下,对某三角形内角和分别进行了 7 次观测,每次三角形内角和的真误差分别如下:

甲组:$+2''$、$-2''$、$+3''$、$+5''$、$-5''$、$-8''$、$+9''$。

乙组:$-3''$、$+4''$、$0''$、$-9''$、$-4''$、$+1''$、$+13''$。

试比较两组的观测精度。

解:甲、乙两组观测值的中误差为

$$m_{甲} = \pm\sqrt{\frac{2''^2+(-2'')^2+3''^2+5''^2+(-5'')^2+(-8'')^2+9''^2}{7}} = \pm 5.5''$$

$$m_{乙} = \pm\sqrt{\frac{(-3'')^2+4''^2+(-9'')^2+(-4'')^2+1''^2+13''^2}{7}} = \pm 6.5''$$

由此可知,乙组观测精度低于甲组观测精度,这是因为乙组的观测值中有较大的误差出现,因中误差能明显反映出较大误差对测量成果可靠程度的影响,所以成为被广泛采用的一种评定精度的标准。

二、相对误差

测量工作中对于精度的评定,在很多情况下用中误差这个标准是不能完全描述对某量观测的精确度的。例如,用钢卷尺丈量了 100 m 和 1 000 m 两段距离,其观测值中误差均为 $+0.1$ m,若以中误差来评定精度,显然就要得出错误的结论,因为量距误差与其长度有关,为此,需要采取另一种评定精度的标准,即相对误差。相对误差是指绝对误差的绝对值与相应观测值之比,通常以分子为1、分母为整数形式表示。

$$相对误差 = \frac{误差的绝对值}{观测值} = \frac{1}{XXX} \tag{5-3}$$

上例前者相对中误差为 $\frac{0.1}{100} = \frac{1}{1\,000}$,后者为 $\frac{0.1}{1\,000} = \frac{1}{10\,000}$,很明显后者的精度高于前者。

相对误差常用于距离丈量的精度评定,而不能用于角度测量和水准测量的精度评定,这是因为后两者的误差大小与观测角度、高差的大小无关。

三、极限误差

由偶然误差第一个特性可知,在一定的观测条件下,偶然误差的绝对值不会超过一定的限值。根据误差理论和大量的实践证明,大于两倍中误差的偶然误差,出现的机会仅有5%;大于三倍中误差的偶然误差,出现的机会仅为3‰,即大约在3 000次观测中,才可能出现一个大于三倍中误差的偶然误差。因此,在观测次数不多的情况下,大于三倍中误差的偶然误差实际上是不太可能出现的。

故常以三倍中误差作为偶然误差的极限值,称为极限误差,用 $\Delta_{限}$ 表示。在实际工作中,一般常以两倍中误差作为极限值。如观测值中出现了超过两倍中误差的误差,可以认为该观测值不可靠,应舍去不用。

第三节　偶然算术平均值

一、算术平均值

在相同的观测条件下,对某一量进行 n 次观测,通常取其算术平均值作为未知量最可靠值。

例如,对某段距离丈量了6次,观测值分别为 $l_1, l_2, l_3, l_4, l_5, l_6$,则算术平均值 x 为

$$x = \frac{l_1 + l_2 + l_3 + l_4 + l_5 + l_6}{6} \tag{5-4}$$

若观测 n 次,则 $x = \dfrac{\sum\limits_{i=1}^{n} l_i}{n}$。下面简要论证为什么算术平均值是最可靠值。设某未知量的真值为 X,观测值为 $l_i (i=1,2,3,\cdots,n)$,其真误差为 Δ_i,则一组观测值的真误差为

$$\Delta_1 = l_1 - X$$
$$\Delta_2 = l_2 - X$$
$$\cdots\cdots$$
$$\Delta_n = l_n - X$$

以上各式两边求和并除以 n,得

$$\frac{\sum\limits_{i=1}^{n} \Delta_i}{n} = \frac{\sum\limits_{i=1}^{n} l_i}{n} - X$$

将式(5-4)代入上式,并移项,得

$$x = \frac{\sum_{i=1}^{n} \Delta_i}{n} + X$$

式中,$\dfrac{\sum_{i=1}^{n} \Delta_i}{n}$ 为各观测值真误差的平均值。

根据偶然误差的特性,当 $n \to \infty$ 时,$\dfrac{\sum_{i=1}^{n} \Delta_i}{n}$ 趋于 0,则有

$$\lim_{n \to \infty} x = X$$

由上式可看出,当观测次数 n 趋向无限多时,观测值的算术平均值就是该未知量的真值。但实际工作中,通常观测次数总是有限的,因而在有限次观测情况下,算术平均值与各个观测值比较,最接近于真值,故称为该量的最可靠值或最或然值。当然,其可靠程度不是绝对的,它随着观测值的精度和观测次数而变化。

二、观测值的改正数

设某量在相同的观测条件下,观测值为 $l_1, l_2, \cdots, l_n$,观测值的算术平均值为 x,则算术平均值与观测值之差称为观测值的改正数,用 v 表示,则有

$$v_1 = x - l_1$$
$$v_2 = x - l_2$$
$$\cdots\cdots$$
$$v_n = x - l_n \tag{5-5}$$

将等式两端分别求和,得

$$\sum_{i=1}^{n} v_i = nx - \sum_{i=1}^{n} l_i$$

将 $x = \dfrac{\sum_{i=1}^{n} l_i}{n}$ 代入上式,得

$$\sum_{i=1}^{n} v_i = 0 \tag{5-6}$$

式(5-6)说明,在相同观测条件下,一组观测值的改正数之和恒等于零,此式可以作为计算工作的校核。

三、用改正数求观测值的中误差

前述中误差的定义式是在已知真误差的条件下计算观测值的中误差,而实际工作中观测值的真值往往是不知道的,故真误差也无法求得,如未知量高差、距离等。因此,可用算术平均值代替真值,用观测值的改正数求观测值的中误差,即

$$m = \pm \sqrt{\frac{\sum_{i=1}^{n} v_i^2}{n-1}} \tag{5-7}$$

式中，$\sum\limits_{i=1}^{n} v_i^2 = v_1 v_1 + v_2 v_2 + \cdots + v_n v_n$，$n$ 为观测次数，m 为观测值的中误差（代表每一次观测值的精度）。

观测值的最可靠值是算术平均值，算术平均值的中误差用"M"表示，按下式计算：

$$M = \frac{m}{\sqrt{n}} = \pm\sqrt{\frac{\sum\limits_{i=1}^{n} v_i^2}{n(n-1)}} \tag{5-8}$$

式(5-8)表明，算术平均值的中误差等于观测值中误差的 $\frac{1}{\sqrt{n}}$ 倍，所以增加观测次数可以提高算术平均值的精度。根据分析，当观测达到一定的次数时，精度提高得非常缓慢。例如，水平角观测一般最多观测 12 次。若精度达不到要求，可提高仪器精度或改变观测方法等。

习 题

1. 应用测量误差理论可以解决测量工作中的哪些问题？
2. 测量误差的主要来源有哪些？偶然误差具有哪些特性？
3. 何谓中误差？何谓相对中误差？
4. 某圆形建筑物直径 $D=34.50$ m，$m_D=\pm 0.01$ m，求建筑物周长及中误差。
5. 用长 30 m 的钢尺丈量 310 整尺长，若整尺中误差为 ± 5 mm，求全长 L 及其中误差。
6. 对某一距离进行了 6 次等精度观测，其结果分别为：398.772 m，398.784 m，398.776 m，398.781 m，398.802 m，398.779 m。试求其算术平均值、一次丈量中误差、算术平均值中误差和相对中误差。
7. 测得一正方形的边长 $a=(65.37\pm 0.03)$ m。试求正方形的面积及其中误差。
8. 用同一台经纬仪分三次观测同一角度，其结果为 $\beta_1=30°24'36''$（6 测回），$\beta_2=30°24'34''$（4 测回），$\beta_3=30°24'38''$（8 测回）。试求一测回观测值的中误差。

第六章 控制测量

第一节 概　述

　　控制测量的作用是限制测量误差的传播和积累,保证必要的测量精度,使分区的测图能拼接成整体,整体设计的工程建筑物能分区施工放样。控制测量贯穿在工程建设的各阶段:在工程勘测的测图阶段,需要进行控制测量;在工程施工阶段,需要进行施工控制测量;在工程竣工后的营运阶段,为建筑物变形观测而需要进行专用控制测量。

　　控制测量分为平面控制测量和高程控制测量,平面控制测量确定控制点的平面位置$(X、Y)$,高程控制测量确定控制点的高程(H)。

　　平面控制网常规的布设方法有三角网、三边网和导线网。三角网是测定三角形的所有内角以及少量边,通过计算确定控制点的平面位置。三边网则是测定三角形的所有边长,各内角通过计算求得。导线网则是把控制点连成折线多边形,测定各边长和相邻边夹角,计算它们的相对平面位置。

　　在全国范围内布设的平面控制网,称为国家平面控制网。国家平面控制网采用逐级控制、分级布设的原则,分一、二、三、四等,主要由三角测量法布设,在困难地区采用导线测量法。一等三角锁沿经线和纬线布设成纵横交叉的三角锁系,锁长200～250 km,构成许多锁环。一等三角锁内由近于等边的三角形组成,边长为20～30 km。二等三角网如图6-1所示,有两种布网形式,一种是由纵横交叉的两条二等基本锁将一等锁环划分成4个大致相等的部分,这4个空白部分用二等补充网填充,称纵横锁系布网方案。另一种是在一等锁环内布设全面二等三角网,称全面布网方案。二等基本锁的边长为20～25 km,二等网的平均边长为13 km。一等锁的两端和二等网的中间都要测定起算边长、天文经纬度和方位角。所以国家一、二等网合称为天文大地网。我国天文大地网于1951年开始布设,1961年基本完成,1975年修补测工作全部结束,全网约有5万个大地点。

　　在城市地区为满足大比例尺测图和城市建设施工的需要,要布设城市平面控制网。城市平面控制网在国家控制网的控制下布设,按城市范围大小布设不同等级的平面控制网,分为二、三、四等三角网,一、二级及图根小三角网或三、四等三角网,一、二、三级和图根导线网。城市三角测量和导线测量的主要技术要求如表6-1、表6-2所示。

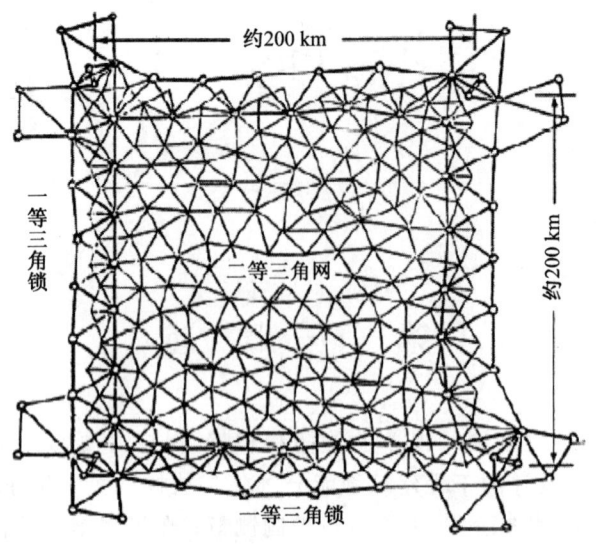

图 6-1 国家一、二等三角网

表 6-1 城市三角测量的主要技术参数

等级	平均边长/km	测角中误差/″	起始边相对中误差	最弱边边长相对中误差	测回数			三角形最大闭合差/″
					DJ1	DJ2	DJ6	
二等	9	±1	1/300 000 首级	1/120 000	12	—	—	±3.5
三等	5	±1.8	1/200 000 首级	1/80 000	6	9	—	±7
四等	2	±2.5	1/200 000	1/45 000	4	6	—	±9
一级小三角	1	±5	1/40 000	1/20 000	—	2	6	±15
二级小三角	0.5	±10	1/20 000	1/10 000		1	2	±30
图根小三角	最大视距1.7倍	±20	1/10 000					±60

注：① 当最大测图比例尺为1∶1 000时，一、二级小三角边长可适当放长，但最长不大于表中规定的2倍。② 图根小三角方位角闭合差为±40″$\sqrt{n}$，n 为测站数。

表 6-2 城市导线测量的主要技术参数

等级	导线长度/km	平均边长/km	测角中误差/″	测距中误差/mm	测回数			方位角闭合差/″	导线全长相对闭合差(1/M)
					DJ1	DJ2	DJ6		
三等	15	3	±1.5	±18	8	12	—	±3$\sqrt{n}$	1/60 000
四等	10	1.6	±2.5	±18	4	6	—	±5$\sqrt{n}$	1/40 000
一级	3.6	0.3	±5	±15	—	2	4	±10$\sqrt{n}$	1/14 000
二级	2.4	0.2	±8	±15	—	1	3	±16$\sqrt{n}$	1/10 000
三级	1.5	0.12	±12	±15	—	1	2	±24$\sqrt{n}$	1/6 000
图根	≤1.0		±30					±60$\sqrt{n}$	1/2 000

注：① n 为测站数，M 为测图比例尺分母。② 图根测角中误差为±30″，首级控制为±30″，方位角闭合差一般为±60″$\sqrt{n}$，首级控制为±40″$\sqrt{n}$。

在小于 10 km² 的范围内建立的控制网,称为小区域控制网。在这个范围内,水准面可视为水平面,不需要将测量成果归算到高斯平面上,而是采用直角坐标,直接在平面上计算坐标。在建立小区域控制网时,应尽量与已建立的国家或城市控制网联测,将国家或城市高级控制点的坐标作为小区域控制网的起算和校核数据。如果测区内或测区周围无高级控制点,或者不便于联测时,也可建立独立平面控制网。

20 世纪 80 年代末,全球定位系统(GPS)开始在我国用于建立平面控制网,目前已成为建立平面控制网的主要方法。应用 GPS 卫星定位技术建立的控制网称为 GPS 控制网,根据我国 1992 年颁布的 GPS 测量规范要求,GPS 相对定位的精度被划分为 A、B、C、D、E 五级,如表 6-3 所示。我国国家 A 级和 B 级 GPS 大地控制网分别由 30 个点和 800 个点构成,它们均匀地分布在中国大陆,平均边长相应为 650 km 和 150 km。它不仅在精度方面比以往的全国性大地控制网大体提高了两个量级,而且其三维坐标体系是建立在有严格动态定义的先进的国际公认的 ITRF 框架之内的。这一高精度三维空间大地坐标系的建成为我国 21 世纪前 10 年的经济和社会持续发展提供了基础测绘保障。

表 6-3 GPS 相对定位精度指标

测量分级	常量误差 a_0/mm	比例误差 b_0/(mm/km)	相邻点距离/km
A	≤5	≤0.1	100～2 000
B	≤8	≤1	15～250
C	≤10	≤5	5～40
D	≤10	≤10	2～15
E	≤10	≤20	1～10

高程控制测量就是在测区布设高程控制点,即水准点,用精确方法测定它们的高程,构成高程控制网。高程控制测量的主要方法有水准测量和三角高程测量。

国家高程控制网是用精密水准测量方法建立的,所以又称国家水准网。国家水准网的布设也是采用从整体到局部,由高级到低级,分级布设逐级控制的原则。国家水准网分为四个等级。一等水准网是沿平缓的交通路线布设成周长约 1 500 km 的环形路线。一等水准网是精度最高的高程控制网,它是国家高程控制的骨干,也是地学科研工作的主要依据。二等水准网布设在一等水准环线内,形成周长为 500～750 km 的环线,它是国家高程控制网的全面基础。三、四等水准网直接为地形测图或工程建设提供高程控制点。三等水准网一般布置成附合在高级点间的附合水准路线,长度不超过 200 km。四等水准网均为附合在高级点间的附合水准路线,长度不超过 80 km。

城市高程控制网是用水准测量方法建立的,称为城市水准测量。按其精度要求,分为二、三、四、五等水准和图根水准。根据测区的大小,各级水准均可采用首级控制。首级控制网应布设成环形路线,加密时宜布设成附合路线或结点网。水准测量的主要技术参数见表 6-4。

在丘陵或山区,高程控制量测边可采用三角高程测量。光电测距三角高程测量现已用于(代替)四、五等水准测量。

表 6-4　水准测量的主要技术参数

等级	每千米高差中误差/mm	路线长度/km	水准仪型号	水准尺	观测次数		往返较差、附合路线或环线闭合差	
					与已知点联测	附合路线或环线	平地/mm	山地/mm
二等	2	—	DS1	铟瓦尺	往返各一次	往返各一次	$4\sqrt{L}$	—
三等	6	≤50	DS1	铟瓦尺	往返各一次	往一次	$12\sqrt{L}$	$4\sqrt{n}$
			DS3	双面尺		往返各一次		
四等	10	≤16	DS3	双面尺	往返各一次	往一次	$20\sqrt{L}$	$6\sqrt{n}$
五等	15	—	DS3	单面尺	往返各一次	往一次	$30\sqrt{L}$	
图根	20	≤5	DS10		往返各一次	往一次	$40\sqrt{L}$	$12\sqrt{n}$

注：① 结点之间或结点与高级点之间，其路线的长度不应大于表中规定的 0.7 倍。② L 为往返测段，即附合路线或环线的水准路线长度，以 km 为单位；n 为测站数。

第二节　导线测量

前面已介绍过，测定控制点的坐标和高程的测量工作称为控制测量，它包括平面控制测量和高程控制测量。平面控制测量包括导线控制测量和小三角测量等；高程控制测量包括水准测量与三角高程测量等。

测量工作必须遵循"从整体到局部""先控制后碎部"的原则来组织实施。

一、导线测量的概念

导线测量是指测量各导线边的长度和各转折角，根据起算数据，推算各边的坐标方位角，从而求出各导线点的坐标。

二、常用的导线布设形式

导线是由若干条直线连成的折线，每条直线叫作导线边，相邻两直线之间的水平角叫作转折角。测定了转折角和导线边长之后，即可根据已知坐标方位角和已知坐标算出各导线点的坐标。按照测区的条件和需要，导线可以布置成下列几种形式：

(1) 闭合导线。如图 6-2 所示，由一个已知控制点出发，最后仍旧回到这一点，形成一个闭合多边形。在闭合导线的已知控制点上必须有一条边的坐标方位角是已知的。

(2) 附合导线。如图 6-3 所示，起始于一个已知控制点而终止于另一个已知控制点，控制点上可以有一条边或几条边是已知坐标方位角的边，也可以没有已知坐标方位角的边。

(3) 支导线。如图 6-3 所示，从一个已知控制点出发，既不附合到另一个控制点，也不回到原来的始点。由于支导线没有检核条件，故一般只限于地形测量的图根导线中采用。

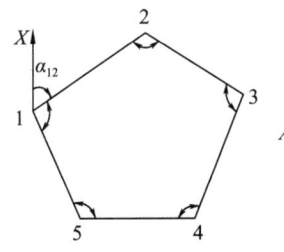
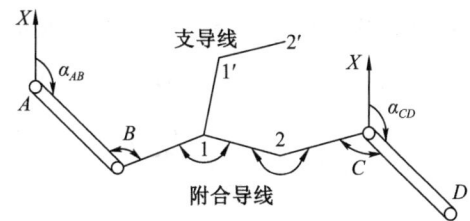

图 6-2 闭合导线示意图　　　　图 6-3 附合导线与支导线示意图

三、导线测量的外业工作

(一) 踏勘选点

选点就是在测区内选定控制点的位置。选点之前应收集测区已有地形图和高一级控制点的成果资料。根据测图要求,确定导线的等级、形式、布置方案。在地形图上拟订导线初步布设方案,再到实地踏勘,选定导线点的位置。若测区范围内无可供参考的地形图,通过踏勘,根据测区范围、地形条件直接在实地拟订导线布设方案,选定导线的位置。

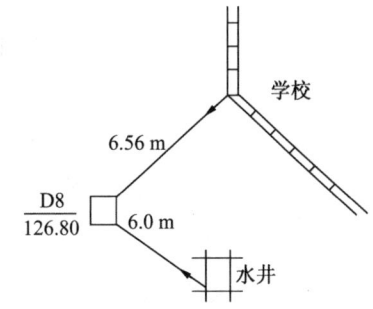

图 6-4 点之记的标记方法

导线点点位选择必须注意以下几个方面:

(1) 为了方便测角,相邻导线点间要通视良好,视线远离障碍物,保证成像清晰。

(2) 采用光电测距仪测边长,导线边应避免强电磁场和发热体的干扰,测线上不应有树枝、电线等障碍物。四等级以上的测线,应离开地面或障碍物 1.3 m 以上。

(3) 导线点应埋在地面坚实、不易被破坏处,一般应埋设标石。

(4) 导线点要有一定的密度,以便控制整个测区。

(5) 导线边长要大致相等,差距不能过大。

埋设导线点后,要在桩上用红油漆写明点名、编号,用红油漆在固定地物上画一箭头指向导线点并绘制"点之记",如图 6-4 所示,以方便寻找导线点。

(二) 边长测量

导线边长是指相邻导线点间的水平距离。导线边长测量可采用光电测距仪、普通钢卷尺。采用光电测距仪测量边长的导线又称为光电测距导线,是目前最常用的方法。采用普通钢卷尺量距时,必须使用经国家测绘机构鉴定的钢尺并对丈量长度进行尺长改正、温度改正和倾斜改正。

(三) 角度测量

导线水平角测量主要是导线转折角测量。导线水平角的观测:附合导线按导线前进方向可观测左角或右角;对闭合导线一般是观测多边形内角;支导线无校核条件,要求既观测左角,也观测右角,以便进行校核。导线水平角的观测方法一般采用测回法和方向观测法。

(四) 导线定向

导线与高级控制点连接角的测量称为导线定向。其目的是获得起始方位角和坐标起算数据,并能使导线精度得到可靠的校核。如图 6-5 所示,β_B、β_C 为连接角。若测区无高级控制点联测时,可假定起始点的坐标,用罗盘仪测定起始边的方位角。

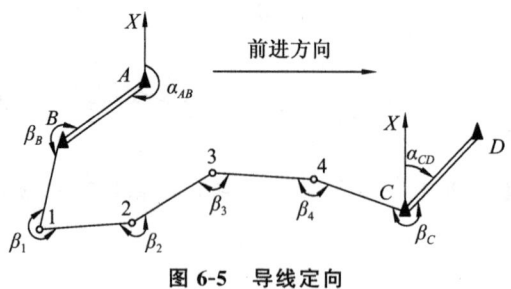

图 6-5 导线定向

第三节 导线测量的内业计算

导线计算的目的是要计算出导线点的坐标,计算导线测量的精度是否满足要求。首先要查实起算点的坐标、起始边的方位角,然后校核外业观测资料,最后确保外业资料的计算正确、合格无误。

一、坐标正算

根据已知点的坐标、已知边长和该边的坐标方位角计算出未知点的坐标,称为坐标正算。

如图 6-6 所示,设 A 点为已知点,B 点为未知点,A 点的坐标为 (x_A, y_A),AB 的边长为 D_{AB},AB 的坐标方位角为 α_{AB},则 B 点的坐标 (x_B, y_B) 为

$$x_B = x_A + \Delta x_{AB}$$
$$y_B = y_A + \Delta y_{AB} \qquad (6-1)$$

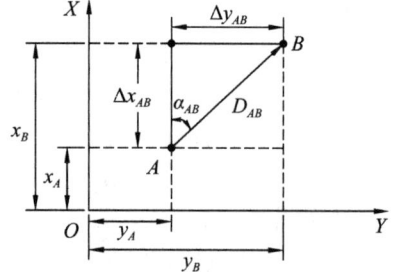

图 6-6 坐标正算示意图

式中,

$$\Delta x_{AB} = x_B - x_A = D_{AB} \cos\alpha_{AB}$$
$$\Delta y_{AB} = y_B - y_A = D_{AB} \sin\alpha_{AB}$$

上式中的 Δx_{AB}、Δy_{AB} 均为坐标的增量。

坐标方位角和坐标的增量均带有方向性,当方位角位于第一象限时,坐标的增量均为正值;当坐标方位角位于第二象限时,Δx_{AB} 为负值,Δy_{AB} 为正值;当坐标方位角位于第三象限时,Δx_{AB} 为负值,Δy_{AB} 为负值;当坐标方位角位于第四象限时,Δx_{AB} 为正值,Δy_{AB} 为负值。

【例 6-1】 已知 A 点的坐标为 $(50, 50)$,AB 的距离为 50 m,AB 的坐标方位角为 $\alpha_{AB} = 45°$,试求 B 点的坐标。

解:将已知数据代入式(6-1)中,得

$$x_B = x_A + \Delta x_{AB} = x_A + D_{AB} \cos\alpha_{AB} = 50 \text{ m} + 50 \times \cos 45° \text{ m} = 85.355 \text{ m}$$
$$y_B = y_A + \Delta y_{AB} = y_A + D_{AB} \sin\alpha_{AB} = 50 \text{ m} + 50 \times \sin 45° \text{ m} = 85.355 \text{ m}$$

二、坐标反算

根据两个已知点的坐标,求该两点间的距离和坐标方位角,称为坐标反算。在点的平面位置放样中利用到这部分知识。

如图 6-6 所示,设 A、B 两点为已知点,其坐标分别为(x_A, y_A)、(x_B, y_B),则

$$\tan\alpha_{AB} = \frac{\Delta y_{AB}}{\Delta x_{AB}}$$

$$\alpha_{AB} = \arctan\frac{\Delta y_{AB}}{\Delta x_{AB}}$$

因此,

$$D_{AB} = \sqrt{\Delta x_{AB}^2 + \Delta y_{AB}^2}$$

$$D_{AB} = \frac{\Delta y_{AB}}{\sin\alpha_{AB}} = \frac{\Delta x_{AB}}{\cos\alpha_{AB}}$$

因为反正切函数的值域是$-90°\sim+90°$,而坐标方位角的取值范围为$0°\sim360°$,因此坐标方位角的值,可根据 x 和 y 坐标改变量 Δx_{AB}、Δy_{AB} 的正负号确定导线边所在象限,将反正切角值即象限角换算为坐标方位角。根据所在的象限,求得其方位角 α_{AB},具体讨论如下:

(1) 当 $\Delta x_{AB}>0$,$\Delta y_{AB}=0$ 时,导线边 AB 在 x 轴上,且指向正方向,$\alpha_{AB}=0°$。

(2) 当 $\Delta x_{AB}=0$,$\Delta y_{AB}>0$ 时,导线边 AB 在 y 轴上,且指向正方向,$\alpha_{AB}=90°$。

(3) 当 $\Delta x_{AB}<0$,$\Delta y_{AB}=0$ 时,导线边 AB 在 x 轴上,且指向正方向,$\alpha_{AB}=180°$。

(4) 当 $\Delta x_{AB}=0$,$\Delta y_{AB}<0$ 时,导线边 AB 在 y 轴上,且指向正方向,$\alpha_{AB}=270°$。

(5) 当 $\Delta x_{AB}=0$,$\Delta y_{AB}=0$ 时,A、B 两点缩成一点,没有坐标方位角。

(6) 当 $\Delta x_{AB}>0$,$\Delta y_{AB}>0$ 时,导线边 AB 在第一象限,$\alpha_{AB}=\arctan\dfrac{\Delta y_{AB}}{\Delta x_{AB}}$。

(7) 当 $\Delta x_{AB}<0$,$\Delta y_{AB}>0$ 时,导线边 AB 在第二象限,$\alpha_{AB}=\arctan\dfrac{\Delta y_{AB}}{\Delta x_{AB}}+180°$。

(8) 当 $\Delta x_{AB}<0$,$\Delta y_{AB}<0$ 时,导线边 AB 在第三象限,$\alpha_{AB}=\arctan\dfrac{\Delta y_{AB}}{\Delta x_{AB}}+180°$。

(9) 当 $\Delta x_{AB}>0$,$\Delta y_{AB}<0$ 时,导线边 AB 在第四象限,$\alpha_{AB}=\arctan\dfrac{\Delta y_{AB}}{\Delta x_{AB}}+360°$。

【例 6-2】 已知 A、B 两点的坐标分别为$(3\,558.124, 4\,945.451)$、$(3\,842.489, 4\,529.126)$,试求直线 AB 的坐标方位角 α_{AB} 与边长 D_{AB}。

解:
$$\Delta x_{AB} = 3\,842.489 - 3\,558.124 = 284.365$$
$$\Delta y_{AB} = 4\,529.126 - 4\,945.451 = -416.325$$
$$\alpha_{AB} = \arctan\frac{\Delta y_{AB}}{\Delta x_{AB}} = \arctan\frac{-416.325}{284.365} = -55°39'56''$$

因 $\Delta x_{AB}>0$,$\Delta y_{AB}<0$,故知 AB 导线为第四象限上的直线,代入上述讨论的(9),得

$$\alpha_{AB} = \arctan\frac{\Delta y_{AB}}{\Delta x_{AB}} + 360° = (-55°39'56'') + 360° = 304°20'04''$$

$$D_{AB} = \sqrt{284.365^2 + (-416.325)^2} = 504.173$$

注意:一直线有两个方向,存在两个方位角。若所求坐标方位角为 α_{BA},则应是 A 点坐标减 B 点坐标。

坐标正算与反算,可以利用普通科学电子计算器的极坐标和直角坐标相互转换功能计算。

三、闭合导线的计算

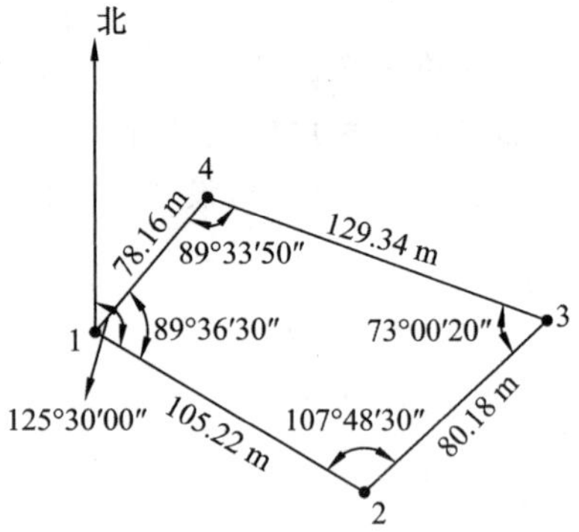

图 6-7 所示是实测图根闭合导线示意图,图中各项数据是从外业观测手簿中获得的已知数据。12 边的坐标方位角：$\alpha_{12} = 125°30'00''$。1 点的坐标：$x_1 = 500.00$,$y_1 = 500.00$。现结合本例说明闭合导线的计算步骤。

准备工作：在表 6-5 中填入已知数据和观测数据。

1. 角度闭合差的计算与调整

如图 6-7 所示,各角的内角分别依次填入表 6-5 中的"观测角"那一栏,计算的内角的总和填入最下方。

图 6-7 闭合导线计算图

n 边形闭合导线的内角和理论值：

$$\sum \beta_{\text{理}} = (n-2) \times 180°$$

(1) 角度闭合差的计算：

$$f_\beta = \sum \beta_{\text{测}} - \sum \beta_{\text{理}} = \sum \beta_{\text{测}} - (n-2) \times 180°$$

例如,

$$f_\beta = \sum \beta_{\text{测}} - \sum \beta_{\text{理}} = \sum \beta_{\text{测}} - (n-2) \times 180 = 359°59'10'' - 360° = -50''$$

(2) 角度容许闭合差的计算：

$$f_{\beta\text{容}} = \pm 60'' \sqrt{n}$$

若 $f_{\text{测}} \leqslant f_{\beta\text{容}}$,则角度测量符合要求；否则角度测量不合格,需对计算过程及结果进行全面检查,若计算过程及结果没有问题,则应对角度进行重测。

本例的 $f_\beta = -50''$,根据表 6-5 可知,$f_{\beta\text{容}} = \pm 60'' \sqrt{n} = \pm 120''$,则 $f_\beta < f_{\beta\text{容}}$,角度测量符合要求。

(3) 角度闭合差 f_β 的调整。调整的前提是假定所有角的观测误差是相等的。

角度改正数：

$$\Delta \beta = -\frac{f_\beta}{n}$$

式中,n 为测角个数。

角度改正数计算,按角度闭合差反号平均分配,余数分给短边构成的角。其检核公式为：$\sum_i \Delta \beta_i = -f_\beta$。改正后的角度值检核：$\beta_{\text{改}} = \beta_{\text{测}} + \Delta \beta_i$,$\sum \beta_{\text{理}} = (n-2) \times 180°$,$\sum \beta_{\text{改}} - \sum \beta_{\text{理}} = 0$。

2. 导线各边坐标方位角的计算

根据已知边坐标方位角和改正后的角值,可推算导线各边的坐标方位角,式(4-16)中,$\alpha_{\text{前}}$、$\alpha_{\text{后}}$ 表示导线前进方向的前一条边的坐标方位角和与之相连的后一条边的坐标方位角。$\beta_{\text{左}}$ 为前后两条边所夹的左角,$\beta_{\text{右}}$ 为前后两条边所夹的右角,据此求得：

$$\alpha_{12} = 125°30'00''$$
$$\alpha_{23} = \alpha_{12} - 180° + 107°48'43'' + 360° = 53°18'43''$$

$$\alpha_{34}=\alpha_{23}-180°+73°00'32''+360°=306°19'15''$$
$$\alpha_{41}=\alpha_{34}-180°+89°34'02''=215°53'17''$$
$$\alpha'_{12}=\alpha_{41}-180°+89°36'43''=125°30'00''=\alpha_{12}$$

将以上数据填入表 6-5 中相应的列中。

3．导线各边的坐标增量 Δx、Δy 的计算

导线各边的坐标增量 Δx、Δy 为

$$\Delta x_i = D_i \cos\alpha_i , \quad \Delta y_i = D_i \sin\alpha_i$$

如图 6-8 所示，$\Delta x_{AB}=D_{AB}\cos\alpha_{AB}$，$\Delta y_{AB}=D_{AB}\sin\alpha_{AB}$，坐标增量的符号取决于 AB 边的坐标方位角的大小。

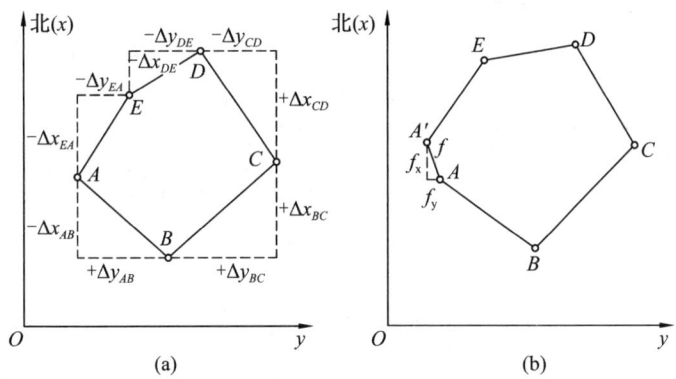

图 6-8 坐标增量闭合差的计算

4．坐标增量闭合差的计算

如表 6-5 所示，根据闭合导线本身的特点：理论上 $\sum\Delta x_{理}=0$，$\sum\Delta y_{理}=0$；坐标增量闭合差 $f_x = \sum\Delta x_{测} - \sum\Delta x_{理}$，$f_y = \sum\Delta y_{测} - \sum\Delta y_{理}$。实际上：$f_x = \sum\Delta x_{测}$，$f_y = \sum\Delta y_{测}$。坐标增量闭合差可以认为是由导线边长测量误差引起的。

5．导线边长精度的评定

由于 f_x、f_y 的存在，使导线不能闭合，产生了导线全长闭合差 0.11，即 f_D：

$$f_D = \sqrt{f_x^2 + f_y^2}$$

导线全长相对闭合差为

$$K = \frac{f_D}{\sum D} = \frac{1}{\dfrac{\sum D}{f_D}} = \frac{1}{3\,572}$$

式中，D 为导线全长。限差用 $K_{容}$ 表示，当 $K \leqslant K_{容}$ 时，导线边长丈量符合要求。

6．坐标增量闭合差的调整

调整：将坐标增量闭合差按边长成正比例、反号进行调整。

坐标增量改正数：$v_{xi} = -\dfrac{f_x}{\sum D} \times D_i$，$v_{yi} = -\dfrac{f_y}{\sum D} \times D_i$。

检核条件：$\sum v_x = -f_x$，$\sum v_y = -f_y$，1—2 边增量改正数计算如下：

$$f_x = +0.09, \quad f_y = -0.06, \quad \sum D = 392.90$$

$$v_{x12} = -\frac{0.09}{392.90} \times 105.22 = -0.024 = -0.02$$

$$v_{y12} = -\frac{-0.06}{392.90} \times 105.22 = 0.019 = +0.02$$

将以上数据填入表 6-5 中的相应位置。

7．改正后的坐标增量的计算

计算改正后的坐标增量，见表 6-5。

$$\Delta x_{i改} = \Delta x_i + v_{xi}, \Delta y_{i改} = \Delta y_i + v_{yi}$$

检核条件：$\sum \Delta x = 0, \sum \Delta y = 0$。

8．各导线点的坐标值的计算

依次计算各导线点坐标，最后推算出的终点 1 的坐标，应和 1 点已知坐标相同。

表 6-5 闭合导线成果计算表

点号	观测角 /(° ′ ″)	改正数 /″	改正角 /(° ′ ″)	坐标方位角 α/(° ′ ″)	距离 D/m	坐标增量计算值 Δx/m	坐标增量计算值 Δy/m	改正后增量 Δx改/m	改正后增量 Δy改/m	坐标值 x/m	坐标值 y/m
1										500.00	500.00
2	107 48 30	13	107 48 43	125 30 00	105.22	−0.02 −61.10	+0.02 85.66	−61.12	85.68	438.88	585.68
3	73 00 20	12	73 00 32	53 18 43	80.18	−0.02 47.90	+0.02 64.30	47.88	64.32	486.76	650.00
4	89 33 50	12	89 34 02	306 19 15	129.34	−0.03 76.61	+0.01 −104.20	76.58	−104.19	563.34	545.81
1	89 36 30	13	89 36 43	215 53 17	78.16	−0.02 −63.32	+0.01 −45.82	−63.34	−45.81	500.00	500.00
2				125 30 00							
∑	359 59 10	50	360 00 00		392.90	−0.09	+0.06	0.00	0.00		
计算检核	$f_\beta = -50'', f_{\beta容} = \pm 60''\sqrt{n} = \pm 120'', f_x = +0.09, f_y = -0.06, f_D = 0.11, K = \dfrac{1}{3\,572}$											

四、附合导线的计算

附合导线的计算方法和计算步骤与闭合导线的计算方法和计算步骤基本相同，只是由于已知条件的不同，有以下几点不同之处：

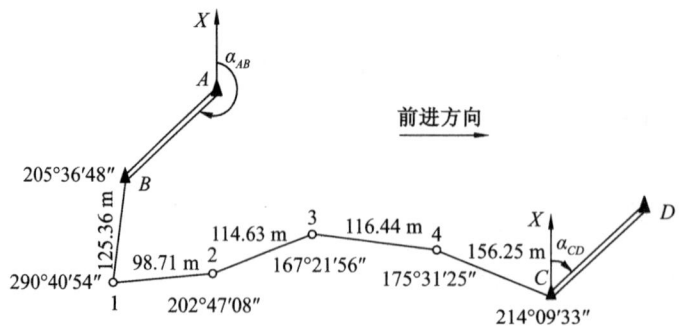

图 6-9 附合导线示意图

图 6-9 中的 A、B、C、D 是已知点,起始边的方位角 α_{AB}($\alpha_{始}$)和终止边的方位角 α_{CD}($\alpha_{终}$)为已知。外业观测资料为导线边距离和各转折角。

1. 角度闭合差的计算

角度闭合差的计算公式如下：$f_\beta = \alpha'_{终} - \alpha_{终}$,其中, $\alpha'_{终}$ 为终边用观测的水平角推算的方位角；$\alpha_{终}$ 为终边已知的方位角。终边 α 推算的一般公式如下：

当 β 为左角时 $\qquad \alpha'_{终} = \alpha_{始} - n \times 180° + \sum \beta_{测}$

当 β 为右角时 $\qquad \alpha'_{终} = \alpha_{始} + n \times 180° - \sum \beta_{测}$

终边方位角的推算过程如下：

$$\alpha_{B1} = \alpha_{AB} + 180° - \beta_B$$
$$\alpha_{12} = \alpha_{B1} + 180° - \beta_1$$
$$\alpha_{23} = \alpha_{12} + 180° - \beta_2$$
$$\alpha_{34} = \alpha_{23} + 180° - \beta_3$$
$$\alpha_{4C} = \alpha_{34} + 180° - \beta_4$$
$$+)\alpha'_{CD} = \alpha_{4C} + 180° - \beta_C$$

$$\overline{\alpha'_{CD} = \alpha_{AB} + 6 \times 180° - \sum \beta_{测}}$$

以上推算是以右侧夹角为例,用观测的水平角推算的终边方位角。

2. 测角精度的评定

$$f_\beta = \alpha'_{终} - \alpha_{终}$$

其中, $\alpha'_{终}$ 为根据实测数量计算出的坐标方位角, $\alpha_{终}$ 为已知坐标方位角。

检核：$f_\beta \leqslant f_{\beta容}$（各级导线的限差见表 6-2）。

3. 闭合差的分配（计算角度改正数）

$$\Delta\beta = \pm \frac{f_\beta}{n}$$

式中, n 为包括连接角在内的导线转折角数。当附合导线测左角时,取"－"号；当附合导线测右角时,取"＋"号。

4. 坐标增量闭合差的计算

坐标增量闭合差为

$$f_x = \sum \Delta x - (x_{终} - x_{始})$$
$$f_y = \sum \Delta y - (y_{终} - y_{始})$$

如图 6-9 所示,起始点是 B 点,终点是 C 点。由于 f_x、f_y 的存在,使导线不能和 CD 连接,存在导线全长闭合差 f_D,即 $f_D = \sqrt{f_x^2 + f_y^2}$。

导线全长相对闭合差为

$$K = \frac{f_D}{\sum D} = \frac{1}{\dfrac{\sum D}{f_D}}$$

5. 计算改正后的坐标增量的检核条件

检核条件：

$$\sum \Delta x_{改} = x_C - x_B, \quad \sum \Delta y_{改} = y_C - y_B$$

6．各导线点的坐标值的计算

$$x_{前} = x_{后} + \Delta x_{i改}, \quad y_{前} = y_{后} + \Delta y_{i改}$$

依次计算各导线点坐标，最后推算出的终点 C 的坐标，应和 C 点已知坐标相同。如图 6-9 所示，A、B、C、D 是已知点，外业观测资料为导线边距离和各相邻边的夹角，为右角。观测的数据在图 6-9 中已经标注出来。计算过程填入表 6-6 中。

表 6-6　附合导线成果计算表

点号	观测角 /(° ′ ″)	改正数 /″	改正角 /(° ′ ″)	坐标方位角 α/(° ′ ″)	距离 D/m	坐标增量计算值 Δx/m	坐标增量计算值 Δy/m	改正后增量 $\Delta x_{改}$/m	改正后增量 $\Delta y_{改}$/m	坐标值 x/m	坐标值 y/m
A											
B	205 36 48	−13	205 36 35	236 44 29	125.36	+0.04 −107.31	−0.02 −64.81	−107.27	−64.83	1 536.86	837.54
1	290 40 54	−12	290 40 42	211 07 53	98.71	+0.03 −17.92	−0.02 97.12	−17.89	97.10	1 429.59	772.71
2	202 47 08	−13	202 46 55	100 27 11	114.63	+0.04 30.88	−0.02 141.29	30.92	141.27	1 411.70	869.81
3	167 21 56	−13	167 21 43	77 40 16	116.44	+0.03 −0.63	−0.02 116.44	−0.60	116.42	1 442.62	1 011.08
4	175 31 25	−13	175 31 12	90 18 33	156.25	+0.05 −13.05	−0.03 155.70	−13.00	155.67	1 442.02	1 127.5
C	214 09 33	−13	214 09 20	94 47 21						1 429.02	1 283.17
D				60 38 01							
Σ	1256 07 44	−77	1256 06 27		611.39	−108.03	445.74	−107.84	445.63		
计算检核	\multicolumn{11}{l}{$f_\beta = \alpha_{终}' - \alpha_{终} = +77''$，$f_{\beta容} = \pm 60''\sqrt{n} = \pm 120''$，$f_\beta \leqslant f_{\beta容}$，$f_x = -0.19$，$f_y = +0.11$，$f_D = \sqrt{f_x^2 + f_y^2} = 0.22$　$K = \dfrac{1}{2\,779}$}

第四节　高程控制测量

四等水准测量

高程控制测量主要有两种方法：一种是直接测量高程，在精度上又区分为四等水准测量与等外水准测量（又称图根水准测量）；另一种是间接测量高程，即三角高程测量。

（1）四等水准测量：方法较繁，但精度较高，适用于高程控制测量。

（2）图根水准测量：方法较简单，精度较低，适用于一般高程测量。

（3）三角高程测量：精度可达到四等水准测量，适用于山区测量。

高程控制测量主要是确定控制点的高程。如图 6-10 所示，由于高程控制点的高程一般都是用水准测量方法测定的，所以高程控制网一般称为水准网，高程点亦称为水准点。

为满足地形图测绘和工程施工的需要，高程控制可分别采用三、四等水准测量。小地区高程控制测量包括三、四等水准测量，图根水准测量和三角高程测量。

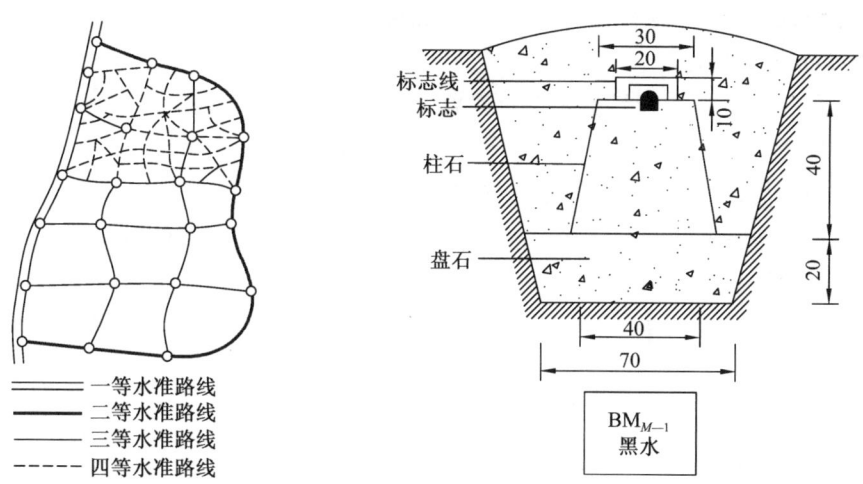

———— 一等水准路线
———— 二等水准路线
———— 三等水准路线
-------- 四等水准路线

图 6-10 水准网及水准点的埋设

一、三、四等水准测量的观测方法

(一) 适用条件

三、四等水准测量适用于平坦地区的高程控制测量。

(二) 精度要求和技术要求

三、四等水准测量的技术参数如表 6-7 所示。

表 6-7 三、四等水准测量的技术参数

等级	视线长度 /m	前、后视距离差 /m	前、后视距离累积差 /m	红、黑面读数差 /m	红、黑面高差之差 /m
三等	≤65	≤3	≤6	≤2	≤3
四等	≤80	≤5	≤10	≤3	≤5

(三) 作业方法

1. 每站观测程序

(1) 顺序:后前前后(黑黑红红)。一般一对尺子交替使用(图 6-11)。

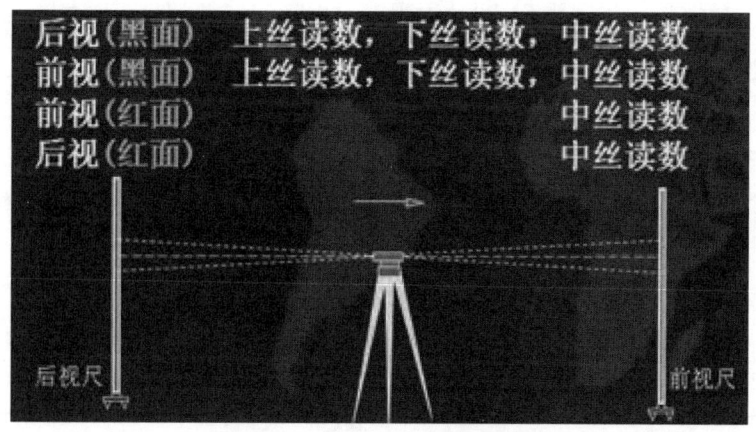

图 6-11 三、四等水准读数顺序

(2) 读数:黑面按"三丝法"(上、中、下丝)读数,红面仅读中丝。

2. 计算与记录格式

(1) 视距 = 100×|上丝读数－下丝读数|。

(2) 前后视距差 d_i = 后视距－前视距。

(3) 视距差累积值 $\sum d_i$ = 前站的视距差累积值 $\sum d_{i-1}$ + 本站的前后视距差 d_i。

(4) 黑红面读数差=黑面读数+K－红面读数(K = 4 787 mm 或 4 687 mm)。

(5) 黑面高差 $h_黑$ = 黑面后视中丝读数－黑面前视中丝读数。

(6) 红面高差 $h_红$ = 红面后视中丝读数－红面前视中丝读数。

(7) 黑红面高差之差 = $h_黑 - (h_红 \pm 0.100 \text{ m})$。

(8) 高差中数(平均高差) = $[h_黑 + (h_红 \pm 0.100 \text{ m})]/2$。

(9) 水准路线总长 $L = \sum$后视距 + $\sum$前视距。

三、四等水准测量记录表如表 6-8 所示。

表 6-8 三、四等水准测量记录表

测站编号	视准点	后视 上丝/下丝 后视距 视距差/m	前视 上丝/下丝 前视距 视距差/m	方向及尺号	水准尺读数 黑面读数/m	水准尺读数 红面读数/m	黑红面读数差/mm	平均高差/m
1	BM1 — TP1	1 426 / 0 995 / 43.1 / +0.1	0 801 / 0 371 / 43.0 / +0.1	后 106 / 前 107 / 后－前	1 211 / 0 586 / +0.625	5 998 / 5 273 / +0.725	0 / 0 / 0	+0.625 0
2	TP1 — TP2	1 812 / 1 296 / 51.6 / −0.2	0 570 / 0 052 / 51.8 / −0.1	后 107 / 前 106 / 后－前	1 554 / 0 311 / +1.243	6 241 / 5 097 / +1.144	0 / +1 / −1	+1.243 5
3	TP2 — TP3	0 889 / 0 507 / 38.2 / +0.2	1 713 / 1 333 / 38.0 / +0.1	后 106 / 前 107 / 后－前	0 698 / 1 523 / −0.825	5 486 / 6 210 / −0.724	−1 / 0 / −1	−0.824 5
4	TP3 — BM2	1 891 / 1 525 / 36.6 / −0.2	0 758 / 0 390 / 36.8 / −0.1	后 107 / 前 106 / 后－前	1 708 / 0 574 / +1.134	6 395 / 5 361 / +1.034	0 / 0 / 0	+1.134 0
计算检核		$\sum(9)$=169.5 $\sum(10)$=169.6 $\sum(9)-\sum(10)$=−0.1 $\sum(9)+\sum(10)$=339.1			$\sum(3)$=5.171 $\sum(6)$=2.994 $\sum(15)$=+2.177 $\sum(15)+\sum(16)$=+4.356	$\sum(8)$=24.120 $\sum(7)$=21.941 $\sum(16)$=+2.179 $\sum(18)$=+4.356		

二、三角高程测量

(一) 适用条件

三角高程测量适用于地形起伏大的地区进行高程控制。实践证明,电磁波三角高程的精度可以达到四等水准的要求。

(二) 测量原理

如图 6-12 所示,有

$$H_B = H_A + i + D\tan\alpha - l \text{ 或 } H_B = H_A + i + s\sin\alpha - l$$

$$h_{AB} = H_B - H_A = i + D\tan\alpha - l = i + s\sin\alpha - l$$

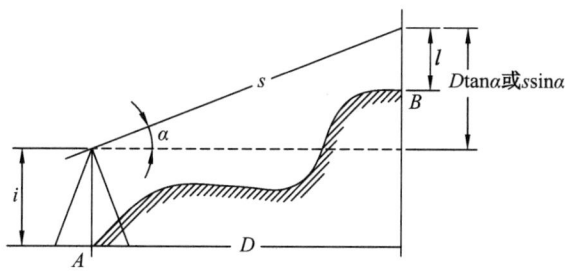

图 6-12 三角高程测量

注意:当两点间距离较大(大于 300 m)时,要加球气差改正数或进行对向观测。

(1) 球气差改正数:

$$f = 0.43 \frac{D^2}{R}$$

即

$$h_{AB} = i + D\tan\alpha - l + f$$

(2) 可采用对向观测后取平均的方法,抵消球气差的影响。

(三) 观测与计算

三角高程测量要进行测竖直角、量仪器高、量觇标高(棱镜高)几项工作。其技术要求见各种规范,其记录计算如表 6-9 所示。

表 6-9 三角高程测量记录表

起算点	A		B	
待定点	B		C	
往返测	往	返	往	返
斜距 s	593.391	593.400	491.360	491.301
竖直角 α	$+11°32'49''$	$-11°33'06''$	$+6°41'48''$	$-6°42'04''$
$s\sin\alpha$	118.780	-118.829	57.299	-57.330
仪器高 i	1.440	1.491	1.491	1.502
觇标高 v	1.502	1.400	1.522	1.441
球气差改正 f	0.022	0.022	0.016	0.016
单向高差 h	$+118.740$	-118.716	$+57.284$	-57.253
往返平均高差 $\bar{h}$	$+118.728$		$+57.268$	

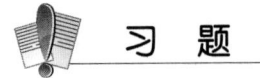

习 题

1. 对下列名词进行解释：坐标正算、坐标反算、坐标增量、球气差、对向观测。
2. 为什么要建立控制网？控制网可分为哪几种？
3. 四等水准在一个测站上的观测程序是什么？有哪些限差要求？
4. 坐标增量的正负号与坐标象限角和坐标方位角有何关系？

第七章 地形图的测绘

第一节 地形图的基本知识

一、地形图

地面上自然形成或人工修建的有明显轮廓的物体称为地物,如道路、桥梁、房屋、耕地、河流、湖泊等。地面上高低起伏变化的地势,称为地貌,如平原、丘陵、山头、洼地等。地物和地貌合称为地形。

地形图是把地面上的地物和地貌形状、大小和位置,采用正射投影方法,运用特定符号、注记、等高线,按一定比例尺缩绘于平面的图形(图 7-1)。它既表示了地物的平面位置,也表示了地貌的形态。如果图上只反映地物的平面位置,不反映地貌的形态,则称为平面图。

地形图详细地反映了地面的真实面貌,人们可以在地形图上获得所需要的地面信息,如某一区域高低起伏、坡度变化、地物的相对位置、道路交通等状况,可以通过地形图量算距离、方位、高程,了解地物属性。

(1) 地物:房、路、桥、河、湖……人工形成。

(2) 地貌:山岭、洼地、河谷、平原……高低起伏、自然形成。

(3) 比例尺:图上长度与实际长度之比。

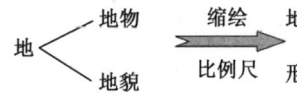

图 7-1 地形图的形成

二、比例尺的种类

地形图上某一直线段的长度 d 与地面相应距离的水平投影长度 D 之比,称为地形图比例尺。地形图比例尺可分为数字比例尺和直线比例尺(图示比例尺)。

(一) 数字比例尺

数字比例尺以分子为1、分母为正数的分数表示,即

$$\frac{d}{D}=\frac{1}{D/d}=\frac{1}{M}$$

式中,d 为图上长度,D 为实地距离,M 为比例尺分母。比例尺一般书写为比例式形式,如 1∶500、1∶1 000、1∶2 000。

当图上两点距离为 1 cm 时,实地距离为 10 m,该图比例尺为 1∶1 000;若图上 1 cm 代表实地距离为 5 m,该图比例尺为 1∶500。分母愈大,比例尺愈小;反之,分母愈小,比例尺愈大。比例尺的分母代表了实际水平距离缩绘在图上的倍数。

【例 7-1】 在比例尺为 1∶1 000 的图上,量得两点间的长度为 2.8 cm,求其相应的水平距离。

解: $D=Md=1\ 000\times0.028\ \text{m}=28\ \text{m}$

【例 7-2】 实地水平距离为 88.6 m,试求其在比例尺为 1∶2 000 的图上的相应长度。

解：
$$d=\frac{D}{M}=\frac{88.6\ \text{m}}{2\ 000}=0.044\ \text{m}$$

(二) 直线比例尺

使用中的地形图,经长时间存放,将会产生伸缩变形,如果用数字比例尺进行换算,其结果包含着一定的误差。因此,绘制地形图时,用图上线段长度表示实际水平距离的比例尺,称为直线比例尺。如图 7-2 所示,直线比例尺由两条平行线构成,在直线上 0 点右端为若干个 2 cm 长的线段,这些线段称为比例尺的基本单位。将最左端的一个基本单位分为十等份,以便量取不足整数部分的数。在右分点上注记的 0 向左及向右所注记数字表示按数字比例尺算出的相应实际水平距离。使用时,直接用图上的线段长度与直线比例尺对比,读出实际距离长度,不必要进行换算,还可以避免由图纸伸缩变形所产生的误差。

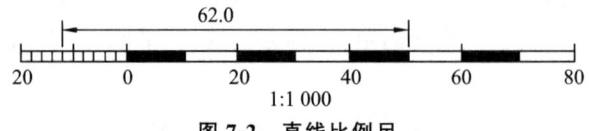

图 7-2 直线比例尺

【例 7-3】 直线比例尺的用法。

解：用分规的两个脚尖对准地形图上要量测的两点,再移至直线比例尺上,使分规的一个脚尖放在 0 点右面适当的分划线上,另一脚尖落在 0 点左面的基本单位上,如图 7-2 所示,实地水平距离为 62.0 m。

三、比例尺的精度

人们用肉眼在图上能分辨的最小距离为 0.1 mm,因此地形图上 0.1 mm 所代表的实地水平距离称为比例尺精度,即

$$比例尺精度 = 0.1\ \text{mm} \times M$$

式中,M 为比例尺分母。

比例尺大小不同,比例尺精度不同,常用大比例尺地形图的比例尺精度如表 7-1 所示。

表 7-1 大比例尺地形图的比例尺精度

比例尺	1∶500	1∶1 000	1∶2 000	1∶5 000	1∶10 000
比例尺精度/m	0.05	0.1	0.2	0.5	1

比例尺精度有两个作用：一是根据比例尺精度,确定实测距离应准确到什么程度。例如,选用 1∶2 000 比例尺测地形图时,比例尺精度为 0.1 mm × 2 000 = 0.2 m,测量实地距离最小为 0.2 m,小于 0.2 m 的长度,图上就无法表示出来。二是按照测图需要表示的最小长度来确定采用多大的比例尺地形图。例如,要在图上表示出 0.5 m 的实际长度,则选用的比例尺应不小于 $\frac{0.1}{0.5 \times 1\ 000} = \frac{1}{5\ 000}$。

四、比例尺的分类

地形图比例尺通常分为大、中、小三类。

通常把 1∶500～1∶10 000 比例尺的地形图,称为大比例尺;把 1∶25 000～1∶100 000

比例尺的地形图,称为中比例尺;把 1∶200 000～1∶1 000 000 比例尺的地形图,称为小比例尺。

五、地物符号

为了清晰、准确地反映地面的真实情况,便于读图和应用地形图,在地形图上,地物用国家统一的图式符号表示,地形图的比例尺不同,各种地物符号的大小详略各有不同。如表 7-2 所示为国家测绘总局颁布实施的统一比例尺地形图图式。另外,根据行业的特殊需要,各行业再补充图式符号。

归纳起来,表示地物的符号有依比例符号、非比例符号、半依比例符号和地物注记。

1. 依比例符号

地物的形状和大小,按测图比例尺进行缩绘,使图上的形状与实地形状相似,称为依比例符号。例如,房屋、居民地、森林、湖泊等。依比例符号能全面反映地物的主要特征、大小、形状、位置。

2. 非比例符号

当地物过小,不能按比例尺绘出时,必须在图上采用一种特定符号表示,这种符号称为非比例符号。例如,独立树、测量控制点、井、亭子、水塔等。非比例符号多表示独立地物,能反映地物的位置和属性,不能反映其形状和大小。

3. 半依比例符号

地物的长度按比例尺表示,而宽度不能按比例尺表示的狭长地物符号,称为半依比例符号或线形符号。例如,电线、管线、小路、铁路、围墙等。半依比例符号能反映地物的长度和位置。

4. 地物注记

地物除了应用以上符号表示外,还可用文字、数字和特定符号对地物加以说明和补充,称为地物注记。例如,道路、河流、学校的名称,楼房层数,点的高程,水深,坎的比高,等等。

表 7-2 地形图图示符号(一)

编号	符号名称	图　例	编号	符号名称	图　例
1	三角点	△ 梁山 / 383.27 / 3.0	7	医院	⊕ 3.0
2	导线点	2.0 ▫ 112 / 41.38	8	工厂	⊕ 3.0
3	普通房屋	1.5 ▨	9	坟地	2.0 / 2.0
4	水池	水	10	宝塔	⬡ 3.5 / 1.0
5	村庄	1.5 ▨ 李村	11	水塔	2.0 / 1.0 ⊡ 3.5 / 1.0
6	学校	⊗ 3.0	12	小三角点	3.0 ▽ 狮山 / 125.34

续表

编号	符号名称	图 例	编号	符号名称	图 例
13	水准点	2.0 ⊙ II 蓉石 8 / 328.903	25	小路	0.3 4.0 1.0
14	高压线	1.0	26	铁路	0.8
15	低压线	1.0	27	隧道	0.3 6.0 2.0 45°
16	通信线	1.0	28	挡土墙	0.3 5.0
17	砖石及混凝土围墙		29	车行桥	45°
18	土墙	0.15	30	人行桥	45°
19	等高线	首曲线 45 0.3 / 计曲线 6.0 0.15 / 间曲线 1.0	31	高架公路	1.0 0.5
20	梯田坎	未加固的 / 加固的 1.5 / 3.0	32	高架铁路	1.0 / 1.5
21	垄	0.2	33	路堑	0.8
22	独立树	阔叶 / 果树 / 针叶	34	路堤	0.3 / 1.5 3.0
23	公路	0.3 沥砾	35	土堤	45.3
24	大车路	0.15 2.0 8.0 / 0.15	36	人工沟渠	

续表

编号	符号名称	图例	编号	符号名称	图例
37	输水槽	(图例) 1.5 1.0 45°	41	地类界	0.25 1.5
38	水闸	(图例) 2.0 1.5	42	经济林	3.0 梨 1.5 10.0 10.0
39	河流溪流	0.15 清 河 7.0	43	水稻田	3.0 10.0 10.0
40	湖泊池塘	塘	44	旱地	1.0 2.0 10.0 10.0

六、地貌的表示方法

地面上各种高低起伏的自然形态,在图上常用等高线表示。

(一) 等高线的概念

地面上高程相等的相邻各点所连成的封闭曲线,称为等高线。如图 7-3 所示,用一组高差间隔(h)相同的水平面(p)与山头地面相截,其水平面与地面的截线就是等高线,按比例尺缩绘于图纸上,加上高程注记,就形成了表示地貌的等高线图。

用等高线来表示地貌,除能表示出地貌的形态外,还能反映出某地面点的平面位置及高程和地面坡度等信息。

(二) 等高距和等高线平距

如图 7-3 所示,地形图上相邻等高线的高差,称等高距,也称等高线间隔。同一幅图中等高距相同。相邻等高线之间的水平距离 d,称等高线平距。同一幅图中平距越小,说明地面坡度越陡;平距越大,说明地面坡度越平缓。

(三) 等高线的分类

为了更详细地反映地貌的特征和便于读图和用图,地形图常采用以下几种等高线,如图 7-4 所示。

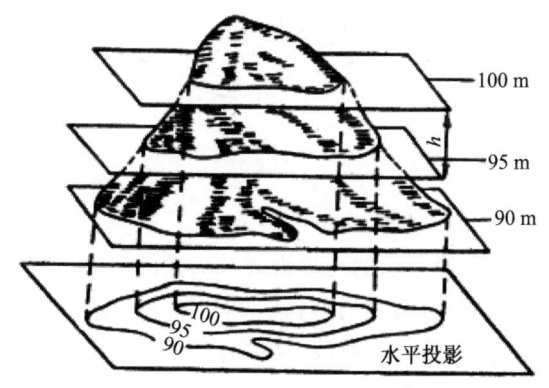

图 7-3 用等高线表示地貌的方法

1. 基本等高线

基本等高线又称首曲线,是按基本等高距绘制的等高线,用细实线表示。

2. 加粗等高线

加粗等高线又称计曲线,以高程起算面为 0 m 等高线计,每隔四根首曲线用粗实线描绘。计曲线标注高程,其高程应等于五倍的等高距的整倍数。

3. 半距等高线

半距等高线又称间曲线,是当首曲线不能显示地貌特征时,按二分之一等高距描绘的等高线。间曲线用长虚线描绘。

4. 辅助等高线

辅助等高线又称助曲线,是当首曲线和间曲线不能显示局部微小地形特征时,按四分之一等高距加绘的等高线。助曲线用短虚线描绘。

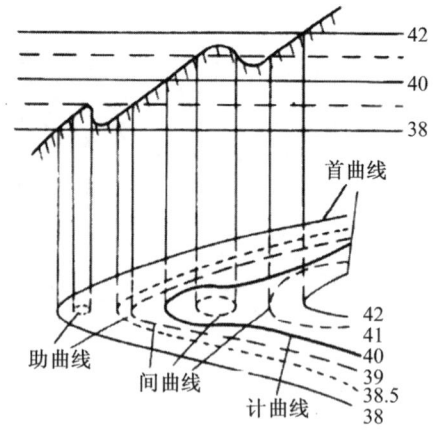

图 7-4 等高线

七、基本地貌的等高线

(一) 常见地貌等高线表示方法

1. 山头和洼地

图 7-5(a)是山头等高线的形状,图 7-5(b)是洼地等高线的形状,两种等高线均为一组闭合曲线,可根据等高线高程字头朝向高处的注记形式加以区别,也可以根据示坡线判断,示坡线是指向下坡的短线。

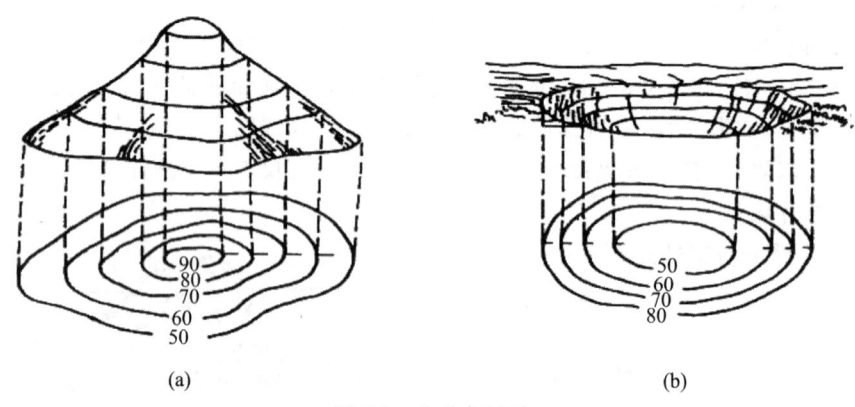

图 7-5 山头与洼地

2. 山脊和山谷

山脊是山的凸棱沿着一个方向延伸隆起的高地。山脊的最高棱线,称为山脊线,又称为分水线,等高线的形状如图 7-6(a)所示,凸向低处。山谷是两山脊之间的凹部,谷底最低点的连线,称为山谷线,又称集水线。等高线的形状如图 7-6(b)所示,凸向高处。山脊线和山谷线合称为地性线,是地貌形态的骨架线。

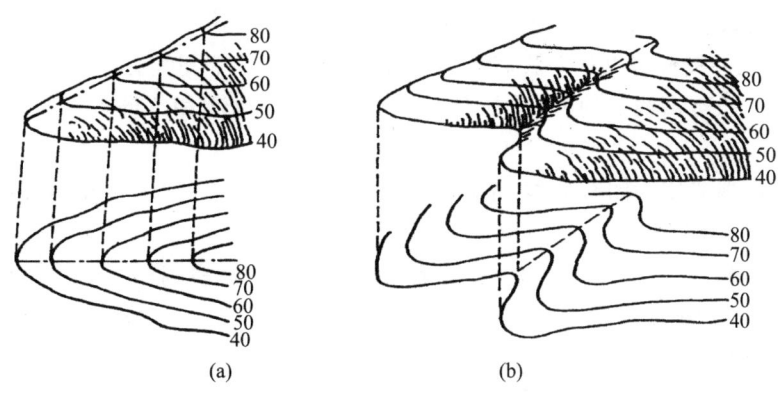

图 7-6 山脊与山谷

3. 鞍部

相邻两个山顶之间的低洼处形似马鞍状,称为鞍部,又称垭口。等高线的形状如图 7-7 所示,是一圈大的闭合曲线内套有两组相对称,且高程不同的闭合曲线。

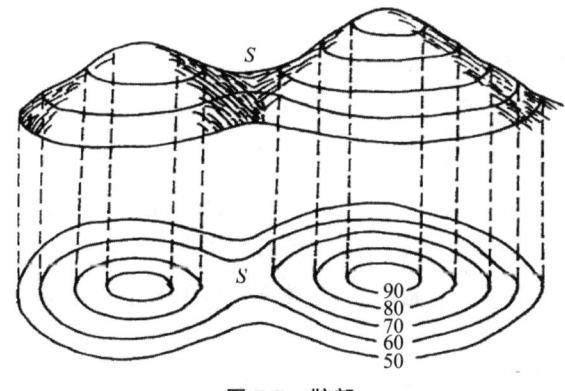

图 7-7 鞍部

4. 陡崖与悬崖

山坡坡度 70°以上,难于攀登的陡峭崖壁称为峭壁(也称为陡坎、陡崖)。由于等高线过于密集且不规则,因此,在陡崖处不再绘制等高线,改用陡崖符号表示,如图 7-8(a)所示。上部向外突出,中间凹进的陡崖称为悬崖。上部的等高线投影到水平面时与下部的等高线相交,下部凹进的等高线用虚线表示,如图 7-8(b)所示。

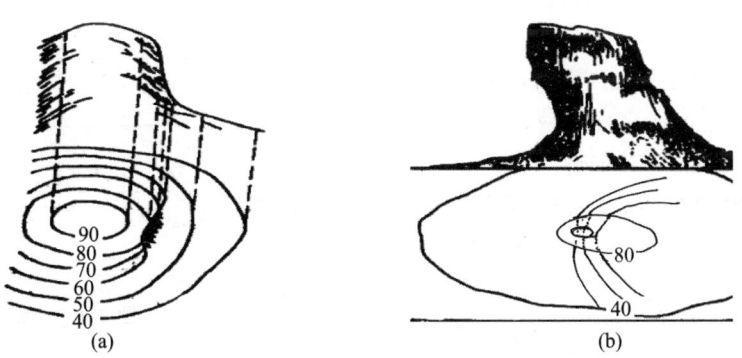

图 7-8 陡崖与悬崖

第七章 地形图的测绘

(二)等高线的特性

掌握等高线的特性可以帮助我们测绘、阅读等高线图。等高线有以下特性：

(1) 在同一条等高线上的各点，其高程必然相等。但高程相等的点不一定都在同一条等高线上。

(2) 凡等高线必定为闭合曲线，不能中断。闭合圈有大有小，若不在本幅图内闭合，则在相邻其他图幅内闭合。

(3) 在同一幅图内，等高线密集，表示地面的坡度陡；等高线稀疏，表示地面坡度缓；等高线平距相等，表示地面坡度均匀。

(4) 山脊、山谷的等高线与山脊线、山谷线正交。

(5) 同一条等高线不能分为两根，不同高程的等高线不能相交或合并为一根，在陡崖、悬崖等高线密集处用对应地物符号表示。

第二节　大比例尺地形图的测绘

一、测图前的准备工作

(一) 选用图纸

(1) 磅纸(机械制图用的图纸)。

(2) 聚酯薄膜：透明、不变形、可洗。聚酯薄膜是一面打毛的半透明图纸，其厚度约为 0.07～0.1 mm，伸缩率很小，且坚韧耐湿，沾污后可洗，在图纸上着墨后，可直接晒蓝图。但聚酯薄膜图纸易燃，有折痕后不能消除，在测图、使用、保管时要多加注意。

(二) 绘制坐标格网

为了准确地将控制点展绘在图纸上，首先要在图纸上绘制 10 cm×10 cm 的直角坐标格网。绘制坐标格网的工具和方法很多，如可用坐标仪或坐标格网尺等专用仪器工具。坐标仪是专门用于展绘控制点和绘制坐标格网的仪器；坐标格网尺是专门用于绘制格网的金属尺。下面介绍如何用对角线法绘制格网。

如图 7-9 所示，先用直尺在图纸上绘出两条对角线，以交点 O 为圆心沿对角线量取等长线段，得 a、b、c、d 四点，用直线顺序连接四点，得矩形 $abcd$。再从 a、d 两点起各沿 ab、dc 方向每隔 10 cm 定一点；从 d、c 两点起各沿 da、cb 方向每隔 10 cm 定一点，连接矩形对边上的相应点，即得坐标格网。坐标格网是测绘地形图的基础，每一个方格的边长都应该准确，纵横格网线应严格垂直。因此，坐标格网绘好后，要对格网边长和垂直度进行检查。小方格网的边长检查，可用比例尺量取，其值与 10 cm 的误差不应超过 0.2 mm；小方格网对角线长度与 14.14 cm 的误差不应超过 0.3 mm。方格网垂直度的检查，可用直尺检查格网的交点是否在同一直线上(图 7-9 中 mn 直线)，其偏离值不应超过 0.2 mm。若检查值超过限差，应重新绘制方格网。

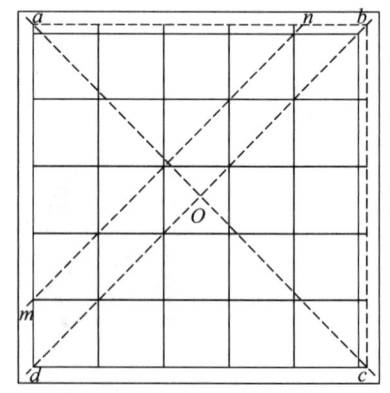

图 7-9　绘制坐标格网

(三) 检查和注记格网

检查合格后在内外廓线之间注记坐标。

(四) 展绘控制点

(1) 按分幅规定或实际需要确定图幅左下角坐标(图 7-10)。

(2) 根据测图比例尺标出对应方格网线坐标。

(3) 确定控制点所在方格。

(4) 精确确定控制点的位置,并标出"+"号。

最后量取相邻控制点之间的距离,并和已知的距离比较,作为展绘控制点的检核,其最大误差在图纸上应不超过±0.3 mm,否则控制点应重新展绘。经检查无误,按图式规定绘出导线点符号,并注上点号和高程,这样就完成了测图前的准备工作。

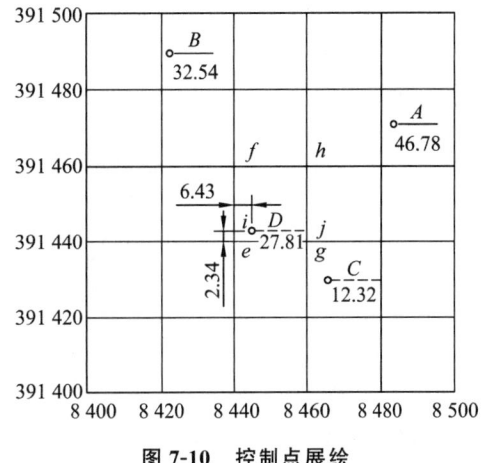

图 7-10 控制点展绘

测地形图分为模拟测图(analog map)与数字测图(digital map)。

二、视距测量原理及公式

视线水平时(图 7-11),有

$$D = K \cdot n$$
$$H_B = H_A + i - v$$

式中,K 取 100,n 为上、下丝读数之差,i 为仪器高,v 为中丝读数。

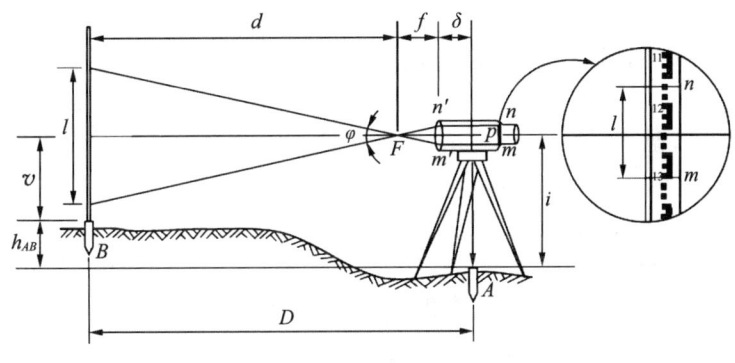

图 7-11 视线水平

视线倾斜时(图 7-12),已知点 A,经视距测量后,可得 AB 间平距 D 及 B 点的高程。即

$$D' = K \cdot M'N' = Kn\cos\alpha$$
$$D = D'\cos\alpha = Kn\cos^2\alpha$$
$$h_{AB} = D\tan\alpha + i - v$$

式中,α 为竖直角。

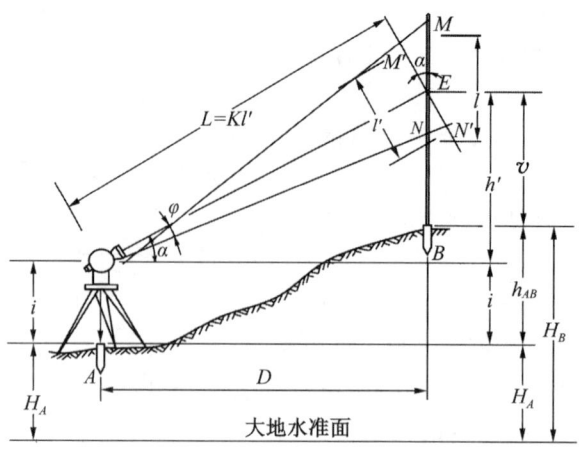

图 7-12 视线倾斜

【例 7-4】 在 A 点架设仪器对 B 点进行观测,读得上、下丝读数之差为 0.431,竖直角为 $-2°42'$,仪器高为 1.45 m,中丝读数为 1.211 m。求 AB 间的水平距离和高差。

解: $D_{AB} = 100 \times 0.431 \times \cos^2(-2°42')$ m $= 43.00$ m

$h_{AB} = 43 \times \tan(-2°42')$ m $+ 1.45$ m $- 1.211$ m $= -1.789$ m

三、经纬仪法测图

(一) 配置

工具:经纬仪、图板、塔尺、小钢尺、量角器、三棱尺、计算器、铅笔、橡皮等。

人员:一般观测员、记录计算员、绘图员各 1 人,立尺员 2 人。

(二) 步骤

1. 安置仪器

在控制点 A 安置经纬仪,量取仪器高。

2. 定向

后视(盘左位置瞄准)另一控制点 B,将度盘置于 0°00′00″。

3. 立尺

立尺员把塔尺立到地形、地貌特征点上。

(1) 地物取轮廓转折点。

(2) 地貌取地性线上坡度或方向变化点。

4. 观测

瞄准点 1 的塔尺,分别读取上、下丝读数之差,中丝读数,竖直度盘读数 L,水平角 β。

5. 记录、计算

记录上述观测值,按视距测量公式计算出点 1 的水平距离 D 和高程 H。

6. 展碎部点

在图纸上,按 β、D,定出点 1 的位置。

7. 绘制地形图(地物和等高线)

(1) 地物的描绘:按图式规定。

(2) 等高线的勾绘:首先描绘出地性线(山脊线、山谷线),再在相邻碎部点之间,按平距与高差成比例的关系,内插出等高线。

8．地形图的检查、拼接与整饰

(1) 检查：包括图面检查、野外巡视检查及设站检查(约占每幅图的10%)。

(2) 接边：当图边的拼接误差小于限差(中误差的$2\sqrt{2}$倍)时平均配赋,即在两幅图上各改一半。为接边方便,一般规定每幅图的图边应测出图幅外 1 cm(图7-13)。

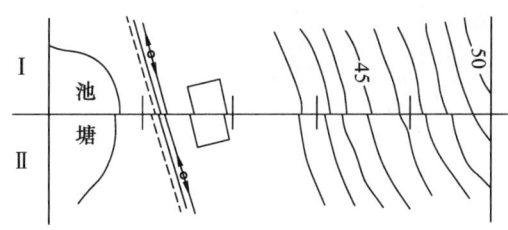

图7-13　地形图的拼接

(3) 整饰：擦掉不必要的点、线、高程、注记等,使图面整洁、规范,包括图内、图外整饰。整饰次序是：先图内,后图外；先注记,后符号；先地物,后地貌。

四、大比例尺数字地形图的测量方法简介

1．工具

全站仪、棱镜、小钢尺、电子手簿、电脑。

2．方法

(1) 用全站仪采集数据,自动记录在电子手簿中,再利用计算机处理,最后成图。

(2) GPS测量：观测点的视距、竖直角、水平角读数由电子系统自动记录存盘。记录内容、记录格式、平距、高差计算等可以编成程序,装入GPS电子系统。对观测点名、观测点地貌特征可设计按键输入,如按A表示水沟,按B表示陡坎等。现场可对道路、水沟、河流、电线、陡崖、冲沟、房屋、地貌分界线等人工绘草图。内业将外业获取的软盘数据作为入口数据。采用大比例尺数字测图软件成图,根据人工草图对道路、水系、电线、冲沟等进行充实和完善。

1．名词解释：比例尺精度、等高线、计曲线、示坡线、照准器、地形图。

2．怎样比较比例尺的大小,比例尺精度在测绘工作中有何用途？

3．等高线为何是连续闭合的曲线？

4．等高线是地面上相邻高程点的连线,是地面等高点的连线,是地面高程相同的连线,这三种说法错在哪里？

5．等高距与等高线平距有何关系？它们在识别地面坡度和勾绘等高线中有何用途？

6．在勾绘等高线时,如遇等高线与山脊线、山谷线相交,为何必须正交？

7．雨水落在山脊线上,为何会从山脊线上向两侧的山坡流？雨水落在山谷线上,为何不向两侧山坡流而沿山谷线向下流？

第八章 地形图的应用

在水利工程的规划与设计阶段,需要应用各种不同比例尺的地形图。用图时,应认真阅读,充分了解地物分布和地貌变化情况,才能根据地形与有关资料,作出合理而经济的规划与设计。

1. 比例尺

规划设计时常用的有 1∶50 000、1∶25 000、1∶10 000、1∶5 000、1∶2 000 等几种比例尺的地形图。应恰如其分地选用不同比例尺的地形图,以满足规划设计的需要。

2. 地形图图式

除应熟悉国家制定相应比例尺的图式外,还应了解有些单位习惯常用的图式。对显示地貌的等高线应能判别出山头与盆地、山脊和山谷等地貌。

3. 坐标系统与高程系统

我国大比例尺地形图一般采用全国统一规定的高斯平面直角坐标系统,某些工程建设也采用假定的独立坐标系统。国家于 1987 年 5 月启用新的"1985 年国家高程基准",凡仍用旧系统(1956 年黄海高程系)的高程资料,使用时应归算到新的高程系统。

4. 图的分幅与编号

测区较大,图幅多,必须根据拼接示意图,了解每幅图上、下、左、右相邻图幅的编号,便于拼接使用。

第一节 地形图的分幅与编号

地形图的分幅和编号有两种方法:一种是国际分幅法,另一种是正方形分幅法。

一、国际分幅法

地形图的分幅和编号是在比例尺为 1∶1 000 000 地形图的基础上按一定经差和纬差来划分的,每幅图构成一张梯形图幅。

(一) 1∶1 000 000 地形图的分幅和编号

1∶1 000 000 地形图的分幅从地球赤道向两极,以纬差 4°为一列,每列依次以拉丁字母 A,B,C,…表示;经度由 180°子午线起,从西向东,以经差 6°为一行,依次以数字 1,2,3,…,60 表示,如图 8-1 所示。

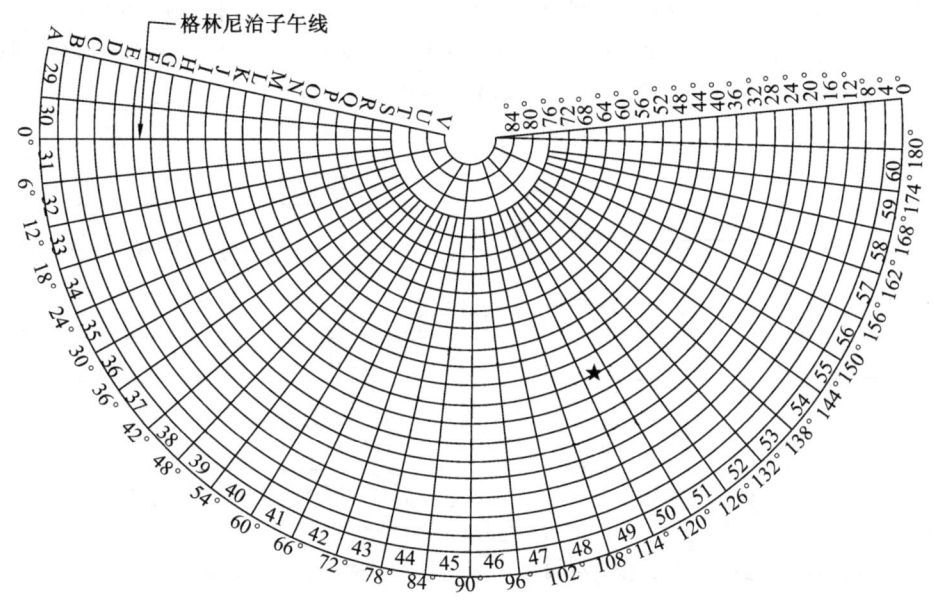

图 8-1 1∶1 000 000 地形图的分幅和编号

每幅 1∶1 000 000 的地形图图号,由该图的列数与行数组成,如北京所在的 1∶1 000 000 地形图的编号为 J-500。

由于南北半球的经度相同而纬度对称,为了区别南北半球对应图幅的编号,规定南半球的图号前加一个 S。如 SL-50 表示南半球的图幅,而 L-50 表示北半球的图幅。

(二) 1∶100 000 地形图的分幅和编号

将一幅 1∶1 000 000 的图分成 144 幅,分别以 1,2,3,…,144 表示,其纬差为 20′,经差为 30′,即为 1∶100 000 的图幅,如北京所在图幅的编号为 J-50-5,参见图 8-2。

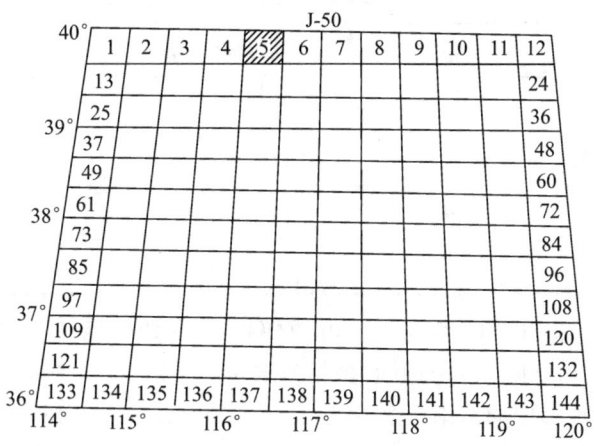

图 8-2 1∶100 000 地形图的分幅与编号

(三) 1∶50 000、1∶25 000、1∶10 000 地形图的分幅和编号

这三种比例尺的地形图是在 1∶100 000 图幅的基础上分幅和编号的。

如图 8-3 所示,一幅 1∶100 000 的地形图分成四幅 1∶50 000 的地形图,分别以甲、乙、

第八章 地形图的应用

丙、丁表示;一幅1∶50 000的地形图分成四幅1∶25 000的地形图,分别以1、2、3、4表示。

如图8-4所示,一幅1∶100 000的地形图分为64幅1∶10 000的地形图,分别以(1),(2),…,(64)表示。图中北京所在的1∶10 000图幅的编号为:J-50-5-(24)。

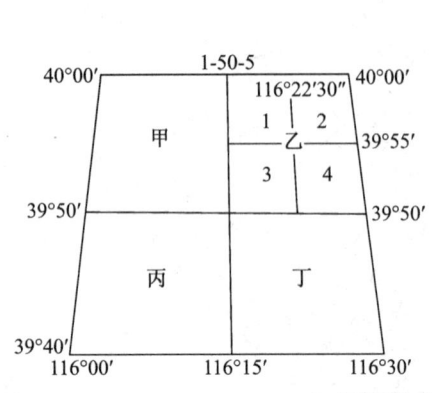 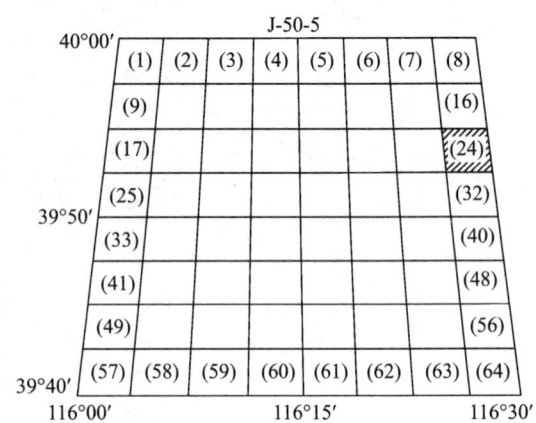

图8-3　1∶50 000、1∶25 000地形图的分幅　　　图8-4　1∶10 000地形图的分幅

(四) 1∶5 000、1∶2 000地形图的分幅和编号

这两种比例尺的地形图是以1∶10 000地形图的分幅和编号为基础的。将一幅1∶10 000的地形图分为4幅,在1∶10 000地形图图号后加a、b、c、d,即为1∶5 000的图幅。再将一幅1∶5 000的地形图分为9幅,即得1∶2 000的地形图。

二、正方形分幅法

国际分幅法主要应用于国家基本图,工程建设中使用的大比例尺地形图一般采用正方形分幅法。正方形图幅的大小及尺寸如表8-1所示。

表8-1　正方形分幅的图幅规格与面积大小

地形图比例尺	图幅大小/cm	实际面积/km²	1∶5 000图幅包含数
1∶5 000	40×40	4	1
1∶2 000	50×50	1	4
1∶1 000	50×50	0.25	16
1∶500	50×50	0.062 5	64

图幅的编号一般采用坐标编号法。由图幅西南角纵坐标 x 和横坐标 y 组成编号,1∶5 000坐标值取至0.5 km,1∶1 000坐标值取至0.1 km,1∶500坐标值取至0.01 km。例如,某幅1∶1 000地形图的西南角坐标为 $x=6\,230$ km,$y=10$ km,则其标号为6230.0 - 10.0。也可以采用基本图号法编号,即以1∶5 000地形图作为基础,较大比例尺的地形图幅编号是在它的编号后面加上罗马数字。例如,一幅1∶5 000地形图的编号为20 - 60,则其他图的编号见图8-5。

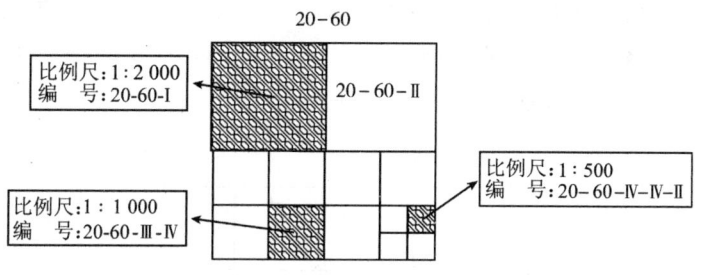

图 8-5　1∶5 000 基本图号法的分幅和编号

第二节　地形图应用的基本知识

一、地物判读

地物判读主要包括：测量控制点、居民地、工业建筑、公路、铁路、管道、管线、水系、地界等。在地形图上地物是用图例符号加以注记表示的，同一地物在不同比例尺地形图的图例符号可能会不同，为了正确使用地形图，应熟悉图例符号代表地物的名称、位置、方向等。

二、地貌判读

地面上地貌的变化虽然千差万别，形态不同，但不外乎由山头、洼地、山脊、山谷、鞍部等基本地貌组成，我们称这些基本地貌为地貌要素。判读地貌必须熟悉各地貌要素的等高线，另外，还要善于判读显示地貌轮廓的山脊线和山谷线。地貌复杂时，可在图上先勾绘出山脊线和山谷线形成地貌轮廓，这样就能很快地看出地形全貌。

三、地形图的基本用途

地形图的用途十分广泛，主要是利用地形图等高线解决工程中的实际问题。

(一) 确定一点的高程

(1) 当地面点位于等高线上时，点的高程等于等高线高程。

(2) 当地面点位于两等高线之间时，按高差与平距成比例的方法求得。

【例 8-1】　如图 8-6 所示，求 C 点的高程。

解： 过 C 点作近似垂直于相邻等高线的直线 ab，量取 ab 长度为 10 mm，ac 长度为 6 mm，则 C 点的高程按下式计算：

$$H_C = H_A + \frac{ac}{ab} \times h$$
$$= 18.0 \text{ m} + \frac{6}{10} \times 1.0 \text{ m} = 18.6 \text{ m}$$

式中，H_A 为 A 点的高程，h 为等高距。

(二) 在地形图上确定一点的平面位置

图上一点的位置，通常采用量取坐标的方法来确

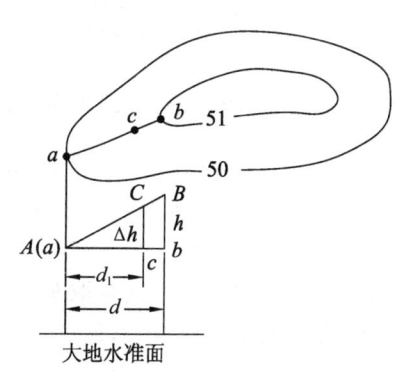

图 8-6　高程的求法

定,图框边线上所注的数字就是坐标格网的坐标值,它们是量取坐标的依据。

【例 8-2】 如图 8-7 所示,设地形图比例尺为 1∶1 000,求 A 点的平面直角坐标。

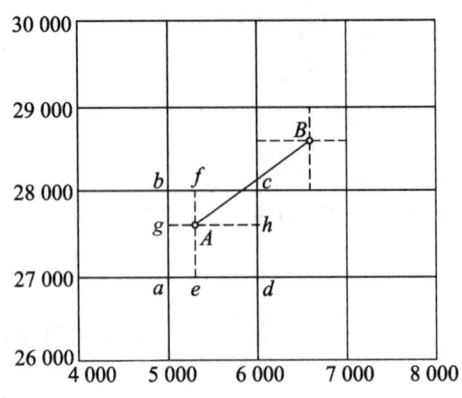

图 8-7 在地形图上确定一点的平面位置

解:(1)通过 A 点作平行于坐标格网的两条直线,交邻近的格网线于 f、g、h、e。
(2)用比例尺量取 eA 和 gA,得 $eA=63.5$ m,$gA=54.5$ m。

$$X_A = X_a + eA$$
$$Y_A = Y_a + gA$$
$$X_A = 27\ 000\ \text{m} + 63.5\ \text{m} = 27\ 063.5\ \text{m}$$
$$Y_A = 5\ 000\ \text{m} + 54.5\ \text{m} = 5\ 054.5\ \text{m}$$

当要求精度较高时,就要考虑图纸的伸缩误差,即方格网的长度不等于 10 cm,要按公式计算。

(三)在图上确定直线的长度和方位角

常用的方法有解析法、图解法。

用直尺量取 AB 的长度,过直线 AB 的端点 A 作纵轴 x 的平行线,然后用量角器直接量取该平行线的北端直线 AB 的交角,即方位角。

(四)在地形图上确定点的高程及坡度

如图 8-8 所示,坡度 $i = \dfrac{H_B - H_A}{D_{AB}}$,式中,$D_{AB}$ 为 A、B 两点的距离。坡度一般表示为百分数形式;当坡度比较小时,也可以用千分数表示。

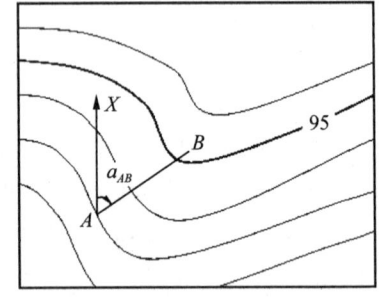

图 8-8 在地形图上的长度和方向

四、在地形图上绘制某方向的断面图

如图 8-9(a)所示,欲沿直线 AB 方向绘制断面图。先将直线 AB 与图上等高线的交点标出,如 b、c……等。

绘制断面图时,以横坐标 AQ 代表水平距离,纵坐标 AH 代表高程,如图 8-9(b)所示。然后在地形图上沿 AB 方向量取 b、c……p、B 各点至 A 点的水平距离;将这些距离按比例尺展绘在横坐标轴 AQ 线上,得 A、b、c……p、B 各点;通过这些点作 AQ 的垂线,在垂线上,按高程比例尺(一般大于距离比例尺)分别截取 a、b、c……p、B 等点的高程。将各垂线上的高程点连接起来,就得到直线 AB 方向上的断面图,如图 8-9(b)所示。

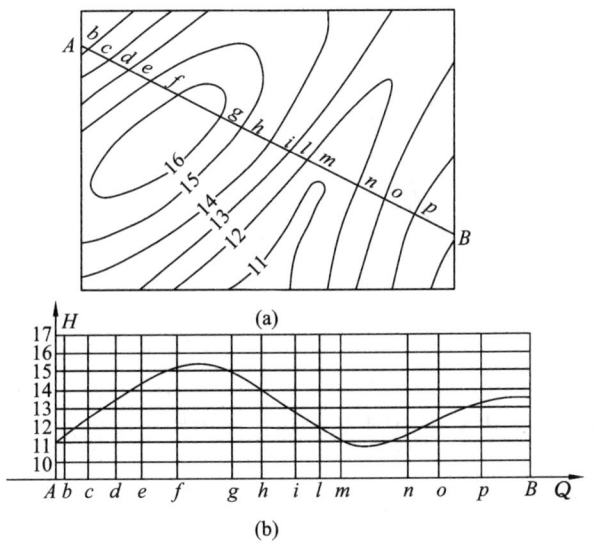

图 8-9　利用地形图绘制断面图

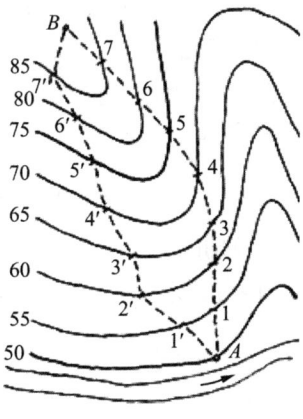

图 8-10　最短路线选择

五、按限制的坡度选定最短线路步骤

按坡度和比例尺计算相邻等高线间的最小平距,有 $D=\dfrac{h}{i}$,再按此距离画弧。

(1) 已知待选线路的坡度,从图上可读出等高距。

(2) 计算路线通过相邻等高线的平距 D。

(3) 从起点开始用半径为 D 的圆弧找出下一个等高线上的点,直至终点,如图 8-10 所示。

六、确定汇水面积

计算由山脊线围成的半闭合面积。确定汇水面积的边界线的方法:根据附近山岭的地形情况,确定有多大面积的雨水汇集在某个范围内,也就是由附近山岭的分水线围成的面积(图 8-11)。

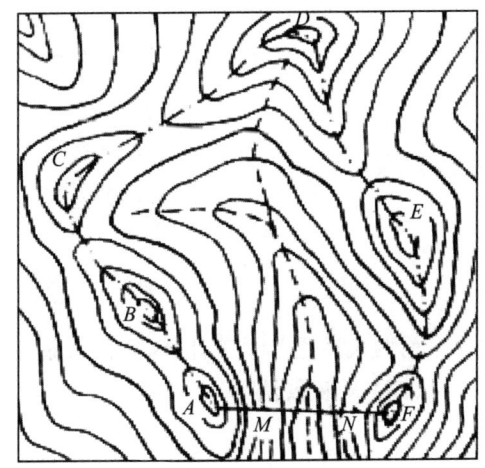

图 8-11　汇水区域

七、图形面积的量算

(一) 方格纸法

数方格的个数,计算面积(图 8-12)。

(二) 平行线法

分解成梯形,计算面积。

第八章　地形图的应用

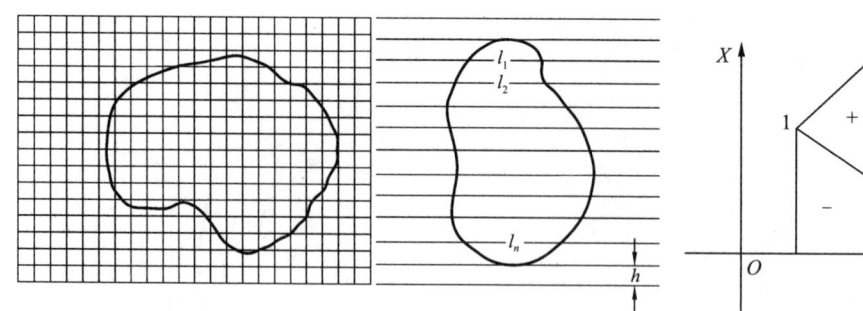

图 8-12 面积量算　　　　　　　图 8-13 解析法

（三）解析法

如图 8-13 所示，相邻顶点与坐标轴（X 或 Y）所围成的各梯形面积的代数和为

$$P = \frac{1}{2}[(x_1+x_2)(y_2-y_1)+(x_2+x_3)(y_3-y_2)-(x_3+x_4)(y_3-y_4)-(x_4+x_1)(y_4-y_1)]$$

整理得

$$P = \frac{1}{2}[x_1(y_2-y_4)+x_2(y_3-y_1)+x_3(y_4-y_2)+x_4(y_1-y_3)]$$

写成以下四种形式的通用公式：

$$P = \frac{1}{2}\sum_{i=1}^{n}x_i(y_{i+1}-y_{i-1})$$

$$P = \frac{1}{2}\sum_{i=1}^{n}y_i(x_{i+1}-x_{i-1})$$

$$P = \frac{1}{2}\sum_{i=1}^{n}(x_i+x_{i+1})(y_{i+1}-y_i)$$

$$P = \frac{1}{2}\sum_{i=1}^{n}(y_i+y_{i+1})(x_{i+1}-x_i)$$

前两式适用于手工计算，后两式适用于计算机计算，最后面积应取绝对值。

（四）求积仪法

图 8-14 求积仪

求积仪如图 8-14 所示,有机械求积仪(mechanical planimeter)和电子求积仪(electronic planimeter)。

如日本牛方商会的 X-PLAN360CⅡ,可量测面积、点的坐标、周长等项目。其使用方法如下:

(1) 在折线段,进入点方式,采集始、终点,共 2 点。
(2) 在圆弧段,进入圆弧方式,采集始、终点及圆弧上一点,共 3 点。
(3) 在曲线段,进入连续跟踪进入方式,描绘曲线形状。

特点:速度快、精度高、操作简便、适合复杂形状。

八、平整场地的土方量计算

(一)方格法——设计水平场地时的步骤(图 8-15)

(1) 打格网,方格边长为 10 m 或 20 m。
(2) 内插出格网点的实地高程。
(3) 计算出格网点的设计高程。
① 若设计高程由设计单位定出,则无须计算。
② 计算填挖方基本平衡时的设计高程。

把每一个方格四个顶点的高程相加,除以 4,得每一个方格的平均高程;再把 n 个方格的平均高程加起来,除以方格数 n,得设计高程。即

$$H_{设} = \frac{\sum H_{角} \times 1 + \sum H_{边} \times 2 + \sum H_{拐} \times 3 + \sum H_{中} \times 4}{4n}$$

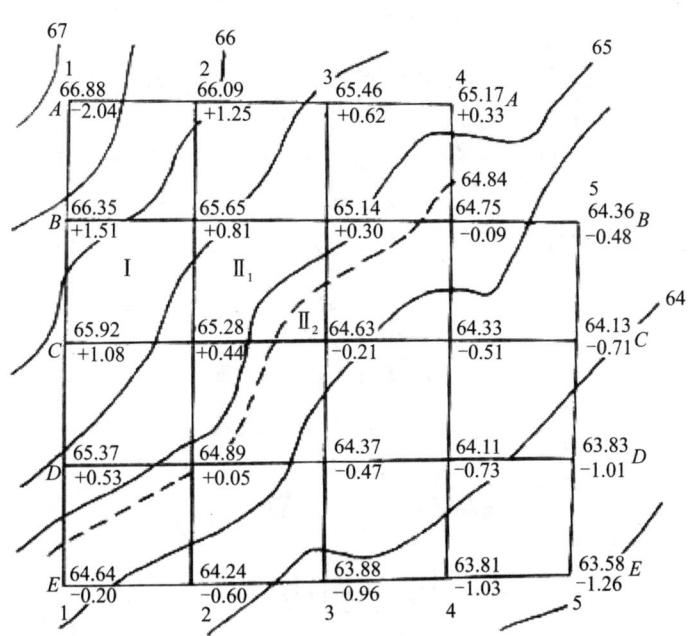

图 8-15 场地平整水平面

(4) 计算各点的填挖高度:

$$h = H_{地} - H_{设}$$

当 h 为正数时代表挖,当 h 为负数时代表填。

用加权平均值的方法计算平均填挖高度。

① 方法一(用公式 $V=S\times h$):

根据填挖界线,计算那些 4 个顶点均为正的各个方格的挖方量,计算那些 4 个顶点均为负的各个方格的填方量。再分别计算填挖界线上 4 个顶点有正有负的方格的挖方量和填方量,将挖方量和填方量分别相加,得总挖方量和总填方量。

② 方法二:

角点:$V=h\times A/4$(即角点权的取值为 0.25)。

边点:$V=h\times 2A/4$(即边点权的取值为 0.5)。

拐点:$V=h\times 3A/4$(即拐点权的取值为 0.75)。

中点:$V=h\times 4A/4$(即中点权的取值为 1)。

其中,A 为一方格的面积,再将填方量和挖方量分开求和,得总填方量和总挖方量。

(二) 设计成一定坡度的倾斜面

如图 8-16 所示,在场地区域以 2 cm 作平行线,各线上的设计高程一致,在各平行线上确定填挖分界点,连接成填挖分界线,绘制各平行线的填挖断面图,求出各平行线上的填挖面积及总填挖量。

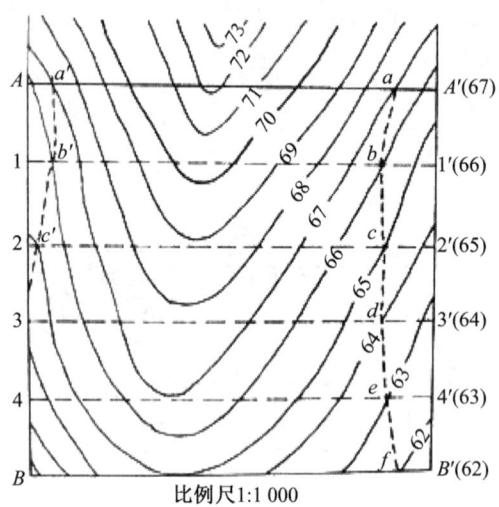

图 8-16 场地平整为倾斜面

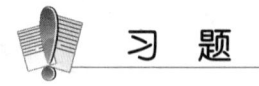

习 题

1. 名词解释:图幅、图名、图号、图廓线、公里格网、图示比例尺、最大坡度线、地形断面图、边界线。

2. 如何判读地物和地貌?

3. 在梯形图幅中,为什么公里格网线与内图廓线不平行?

4. 读图并完成下列各题:

（1）在图 8-17 中用▲标出山头，用△标出鞍部，用虚线标出山脊线，用实线标出山谷线。

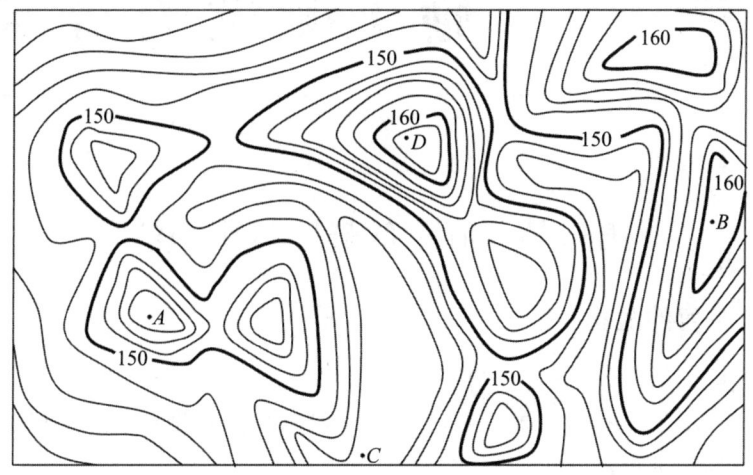

图 8-17　作业用图

（2）绘出 A、B 之间的地形断面图（平距比例尺为 1∶2 000，高程比例尺为 1∶200）。
（3）找出图内山坡最陡处，并求出该最陡坡度值。
（4）从 C 到 D 作出一条坡度不大于 10% 的最短路线。
（5）绘出过 C 点的汇水面积。
（6）判断 A 与 B 之间、B 与 C 之间是否通视。

第九章 施工测量的基本方法

第一节 施工放样的基本方法

一、已知距离的放样

1．一般方法

如图 9-1 所示,在已知的方向线 AB 上,从 A 点向 B 点测设水平距离 D,定出另一个点 C,使 AC 等于 D,放样方法如下：

(1) 在已知方向线 AB 上定线。

(2) 从 A 点开始沿 AB 方向用钢尺量出水平距离 D,定出 C' 点的位置。

(3) 再从 C' 点返测,回到 A 点。

(4) 若相对误差在容许范围内($1/3\,000 \sim 1/2\,000$),取其平均值。

(5) 计算出 $\Delta D = D' - D$。

(6) 当 ΔD 为正时,则将 C' 向 A 点方向移动 ΔD;反之,反移,定出 C 点。

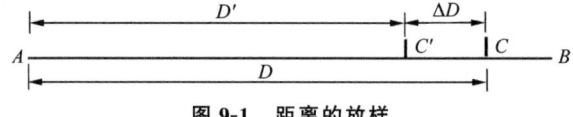

图 9-1 距离的放样

2．精密方法

精密方法即距离改正法,其步骤如下：

(1) 在 AB 直线上根据设计的水平距离 D 从 A 点开始沿 AB 方向用钢尺量出水平距离 D,概定出 C' 点。

(2) 精确测量 AC',并进行尺长、温度和倾斜改正,求出 AC' 的精确水平距离 D'。

(3) 如果 $\Delta D = D' - D = 0$,则 C' 点即为 C 点。

(4) 当 ΔD 为正时,则将 C' 点向 A 点方向移动 ΔD;反之,反移,定出 C 点。

3．全站仪放样

(1) 将全站仪安置在 A 点,瞄准 B 点,并将棱镜安置在 C 点的概略位置。

(2) 打开电源,输入各种改正数据,启动放样功能,输入放样距离 D 的值。

(3) 根据极差 dD,指挥棱镜前后移动,直到极差 $dD = 0$ 时为止。

(4) 在棱镜的位置处钉上木桩,即为 C 点的实际位置。

二、水平角的放样

1．一般方法

也即盘左盘右投点法,如图 9-2 所示,其步骤如下：

(1) 安置经纬仪于 O 点，盘左位置瞄准 A 点，将度盘置于 0°00′00″。
(2) 顺时针转动照准部，使度盘的读数为所要放样的角度值 β，制动并钉桩，在桩上以钉标出 B′ 点的位置。
(3) 倒转望远镜，瞄准 A 点，同时配置水平度盘读数为 180°。
(4) 顺时针转动照准部，使水平度盘变为 180°+β，制动并在木桩上沿视线方向定出 B″ 点。
(5) 若 B′ 与 B″ 重合，则为所测设之角 β；否则取其连线的中点，即为所测设之角 β。

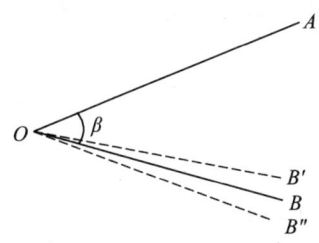 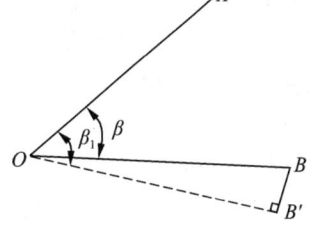

图 9-2　盘左盘右投点法　　　　图 9-3　投点测量法(精密方法)

2．精密方法

如图 9-3 所示，其步骤如下：
(1) 安置经纬仪于 O 点。
(2) 盘左位置测设 β 角，并在地面上定出 B′ 点。
(3) 用测回法实测 ∠AOB′ 多个测回，测出角值。设 ∠AOB′=$β_1$，并计算出 Δβ=$β_1$-β。
(4) 计算垂直支距 BB′：

$$BB'=OB'\tan\Delta\beta\approx OB'\frac{\Delta\beta}{\rho}。$$

式中，Δβ=$β_1$-β，ρ=206 265″。

(5) 过 B′ 点作 OB′ 的垂线，从 B′ 沿垂线方向向内或向外量取支距 BB′，定出 B 点，则 ∠AOB 即是所需测设的 β 角。

3．简易方法

(1) 测设直角。

① 勾股弦法。如图 9-4(a)所示，已知 OA 方向及 B 点，测设 C 点，利用勾股定理计算出 BC 和 OC 距离，同时用两把钢尺分别使零点对准 B、O，使两把钢尺的 BC 长刻度和 OC 长刻度交叉，拉平、拉直尺子，两把钢尺交叉点所对应的点即为 C 点。

② 等腰直角法。如图 9-4(b)所示，已知 EF 方向及 D 点，利用等腰直角三角形几何关系，分别在 A、B 两点测量 AC=BC，交点即为 C 点。

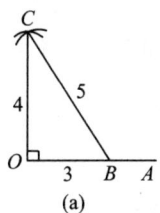 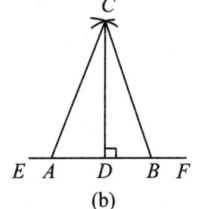 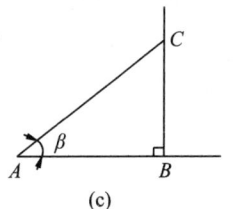

图 9-4　简易方法

(2) 测设任意角，见图 9-4(c)。

已知 A、B 两点,测设 C 点,则可利用下式计算出 BC 的距离,利用直角尺使直角顶点对准 B 点,一直角边对准 AC 边,沿另一直角边量取 BC 长,即可定出 C 点。

$$BC = AB \cdot \tan\beta$$

三、高程放样

高程放样主要分为几何水准测量和三角高程测量。当测设的高程精度要求较高或测设点与已知点的高差不大时,宜用几何水准测量;当测设的高程要求精度一般或测设点与已知点的高差较大时,宜用三角高程测量。

(一) 水准测量法直接测设高程点

1. 基本原理

如图 9-5 所示,设控制点 A 的高程为 H_A,待测设点 P 的设计高程为 H_P,在合适位置安置水准仪,测得 A 点水准尺上的读数为 a,则在 P 点处水准尺的测设读数应为

$$H_A + a = H_P + b$$
$$b = (H_A + a) - H_P \tag{9-1}$$

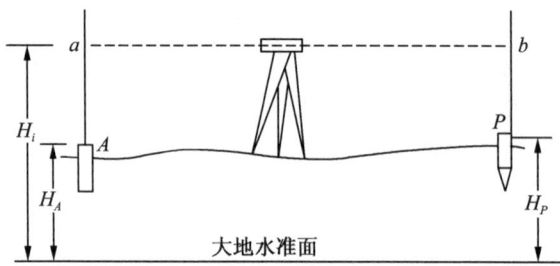

图 9-5 水准测量法高程放样

2. 测设步骤

(1) 在合适位置安置仪器,于 A 点立水准尺,读取后视读数 a。

(2) 按式(9-1)计算测设读数 b。

(3) 将水准尺紧靠在 P 点的木桩上,上下移动尺子,使读数变为前视读数 b 时(注意符号),在水准尺底端的位置处划线,即为点 P 的高程位置,并标记该位置。

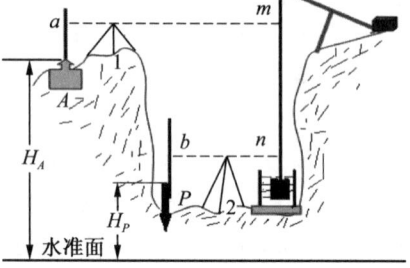

图 9-6 高程的传递

(二) 水准测量法间接测设高程

1. 基本原理

如图 9-6 所示,设控制点 A 的高程为 H_A,P 点的设计高程为 H_P,在地面 1 安置水准仪,在 A 处水准尺及钢尺上读数分别为 a、m,在基坑内 2 处安置水准仪,在钢尺上读数为 n。计算测设元素 b 为

$$(H_A + a) - (m - n) = H_P + b$$
$$b = a - (m - n) - h_{AP} \tag{9-2}$$

然后上下移动水准尺,当读数恰为 b 时,则尺零端的位置即为测设位置。

2. 测设步骤

(1) 垂吊钢尺(最好为标准拉力;否则,视情况加以改正),并使之稳定。

(2) 在合适位置 1、2 处分别安置水准仪,并在 A 尺、钢尺上分别读数 a、m、n。

(3) 按式(9-2)计算测设读数 b。

(4) 在拟定测设的位置处上下移动水准尺,当读数恰为 b 时(注意符号),尺的零端点位置即为测设位置,并标记该位置。

四、三角高程法测设高程

1. 基本原理

如图 9-7 所示,设待测设点 P 的高程为 H_P,已知点 A 的高程为 H_A。依次测定 A 点至 P 点的水平距离 s、竖直角 α,量取仪器高 i 及觇标高 v,按式(9-3)计算 P' 点的高程,即

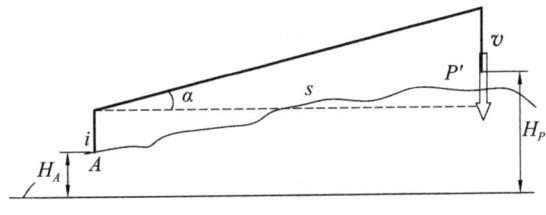

图 9-7 三角高程法测设高程

$$H_{P'} = s\tan\alpha + i - v + H_A \quad (9-3)$$

将计算的 P' 点高程与 P 点的设计高程比较,求其差值 h,再从 P' 点量取 h 值来确定 P 点。

2. 测设步骤

(1) 在点 A 安置经纬仪,测定 A 点至 P 点的水平距离 s 及竖直角 α。

(2) 量取仪器高 i 及觇标高 v,测前和测后应分别量取 2～3 次,取平均值为量测值。

(3) 按式(9-3)计算 P' 点的高程 $H_{P'}$,并计算该高程与设计高程的差 h。

(4) 从 P' 点起量取 h,确定 P 点位置。

(5) 测设完后再测 P 点高程,检查结果是否合格。

五、测设坡度线

1. 水准仪测设

测设坡度的方法很多,有水准仪法、经纬仪法等。如图 9-8 所示,设坡度线起点为 E,设计坡度为 $i\%$,每 Δs 测设一个坡度点 j,则各点相对于 E

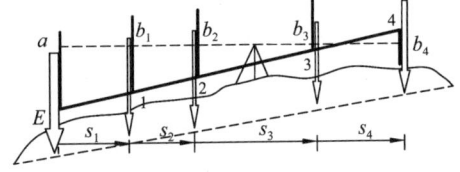

图 9-8 水准测量法测设坡度线

点的高差为 $s_j \times i\%$。在合适位置处安置水准仪,并在 E 点水准尺上读数,设为 a,则在 j 点水准尺上的测设读数 b_j 为

$$H_E + a = H_j + b_j$$
$$b_j = a + (H_E - H_j) = a - h_{jE} = a - s_j \times i\% \quad (9-4)$$

式中,s_j 为 j 点至 E 点的水平距离。当测设读数 $b_j < 0$ 时,说明视线低于坡度线,通常水准尺要倒立测设。尺零端点的位置即为测设位置,并标记该位置。

测设完后检查各点是否共线(抽查点或挂线)。

2. 用经纬仪测放坡度

放样方法:根据竖直角 α,拨出倾斜视线,量出视线高 i,当视线在水准尺上的读数为 i 时,直线 ABC 就是所求的坡度线,如图 9-9 所示。

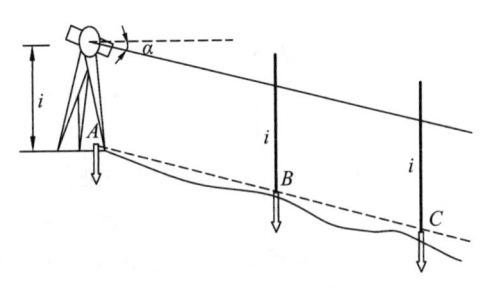

图 9-9 经纬仪坡度放样

第九章 施工测量的基本方法

第二节　点的平面位置的测设方法

点的平面位置的测设方法有直角坐标法、极坐标法、角度交会法和距离交会法等。至于采用哪种方法,应根据控制网的形式、地形情况、现场条件及精度要求等因素确定。

一、直角坐标法

直角坐标法是根据直角坐标原理,利用纵横坐标之差,测设点的平面位置。直角坐标法适用于施工控制网为建筑方格网或建筑基线的形式,且量距方便的建筑施工场地。

1. 计算测设数据

如图 9-10 所示,Ⅰ、Ⅱ、Ⅲ、Ⅳ为建筑施工场地的建筑方格网点,a、b、c、d 为欲测设建筑物的四个角点,根据设计图上各点坐标值,可求出建筑物的长度、宽度及测设数据。

建筑物的长度:
$$l_\text{长} = y_c - y_a = 580.00 \text{ m} - 530.00 \text{ m} = 50.00 \text{ m}$$

建筑物的宽度:
$$l_\text{宽} = x_c - x_a = 650.00 \text{ m} - 620.00 \text{ m} = 30.00 \text{ m}$$

a 点的测设数据(Ⅰ点与 a 点的纵横坐标之差)为
$$\Delta x = x_a - x_\text{Ⅰ} = 620.00 \text{ m} - 600.00 \text{ m} = 20.00 \text{ m}$$
$$\Delta y = y_a - y_\text{Ⅰ} = 530.00 \text{ m} - 500.00 \text{ m} = 30.00 \text{ m}$$

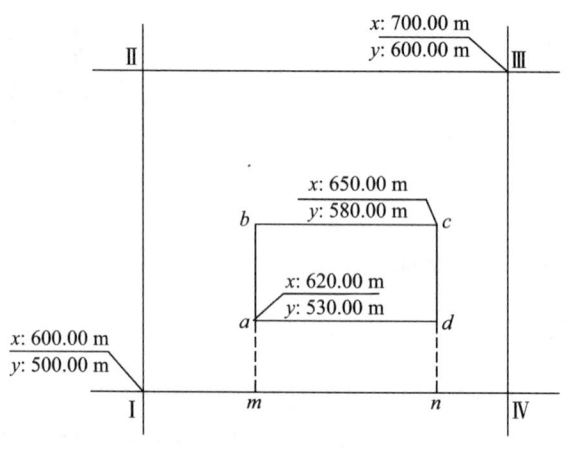

图 9-10　直角坐标法

2. 点位测设方法

(1) 在Ⅰ点安置经纬仪,瞄准Ⅳ点,沿视线方向测设距离 30.00 m,定出 m 点,继续向前测设 50.00 m,定出 n 点。

(2) 在 m 点安置经纬仪,瞄准Ⅳ点,按逆时针方向测设 90°角,由 m 点沿视线方向测设距离 20.00 m,定出 a 点,作出标志,再向前测设 30.00 m,定出 b 点,作出标志。

(3) 在 n 点安置经纬仪,瞄准Ⅰ点,按顺时针方向测设 90°角,由 n 点沿视线方向测设距离 20.00m,定出 d 点,作出标志,再向前测设 30.00 m,定出 c 点,作出标志。

(4) 检查建筑物四角是否等于 90°,各边长是否等于设计长度,其误差均应在限差以内。测设上述距离和角度时,可根据精度要求分别采用一般方法或精密方法。

二、极坐标法

极坐标法即根据一个水平角和一段水平距离,测设点的平面位置。极坐标法适用于量距方便,且待测设点距控制点较近的建筑施工场地。

1. 计算测设数据

如图 9-11 所示,A、B 为已知平面控制点,其坐标值分别为 $A(x_A, y_A)$、$B(x_B, y_B)$,P 点为建筑物的一个角点,其坐标为 $P(x_P, y_P)$。现根据 A、B 两点,用极坐标法测设 P 点,其测设数据计算方法如下:

(1) 计算 AB 边的坐标方位角 α_{AB} 和 AP 边的坐标方位角 α_{AP},按坐标反算公式计算。

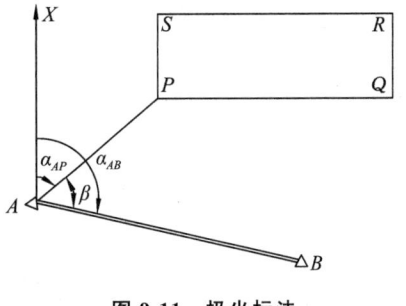

图 9-11 极坐标法

$$\alpha_{AB} = \arctan \frac{\Delta y_{AB}}{\Delta x_{AB}}$$

$$\alpha_{AP} = \arctan \frac{\Delta y_{AP}}{\Delta x_{AP}}$$

注意:在计算每条边时,应根据 Δx 和 Δy 的正负情况,判断该边所属象限。

(2) AP 与 AB 之间的夹角为

$$\beta = \alpha_{AB} - \alpha_{AP}$$

(3) A、P 两点间的水平距离为

$$D_{AP} = \sqrt{(x_P - x_A)^2 + (y_P - y_A)^2} = \sqrt{\Delta x_{AP}^2 + \Delta y_{AP}^2}$$

【例 9-1】 已知 $x_P = 370.000$ m,$y_P = 458.000$ m,$x_A = 348.758$ m,$y_A = 433.570$ m,$\alpha_{AB} = 103°48'48''$,试计算测设数据 β 和 D_{AP}。

解: $\alpha_{AP} = \arctan \dfrac{\Delta y_{AP}}{\Delta x_{AP}} = \arctan \dfrac{458.000 \text{ m} - 433.570 \text{ m}}{370.00 \text{ m} - 348.758 \text{ m}} = 48°59'34''$

$\beta = \alpha_{AB} - \alpha_{AP} = 103°48'48'' - 48°59'34'' = 54°49'14''$

$D_{AP} = \sqrt{(370.000 \text{ m} - 348.758 \text{ m})^2 + (458.000 \text{ m} - 433.570 \text{ m})^2} = 32.374$ m

2. 点位测设方法

(1) 在 A 点安置经纬仪,瞄准 B 点,按逆时针方向测设 β 角,定出 AP 方向。

(2) 沿 AP 方向自 A 点测设水平距离 D_{AP},定出 P 点,作出标志。

(3) 用同样的方法测设 Q、R、S 点。全部测设完毕后,检查建筑物四角是否等于 90°,各边长是否等于设计长度,其误差均应在限差以内。

同样地,在测设距离和角度时,可根据精度要求分别采用一般方法或精密方法。

三、角度交会法

角度交会法是根据测设出的两个或三个已知水平角而定出的直线方向,交会出点的平面位置的方法。角度交会法适用于待测设点距控制点较远,且量距较困难的建筑施工场地。

第九章 施工测量的基本方法

1. 前方角度交会法测设点位

前方交会法测设点位最主要应用于角度交会法，适用于待测设点距控制点较远，且量距较困难的建筑施工场地。

（1）计算测设数据。

如图 9-12(a)所示，A、B、C 为已知平面控制点，P 为待测设点，现根据 A、B、C 三点，用角度交会法测设 P 点，其测设数据计算方法如下：

① 按坐标反算公式，分别计算出 α_{AB}、α_{AP}、α_{BP}、α_{CB} 和 α_{CP}。

② 计算水平角 β_1、β_2 和 β_3。

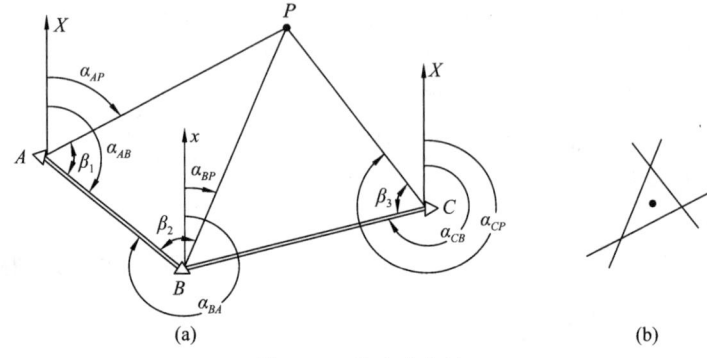

图 9-12 角度交会法

（2）点位测设方法。

① 在 A、B 两点同时安置经纬仪，同时测设水平角 β_1 和 β_2，定出两条视线，在两条视线相交处钉下一个大木桩，并在木桩上依 AP、BP 绘出方向线及其交点。

② 在控制点 C 上安置经纬仪，测设水平角 β_3，同样在木桩上依 CP 绘出方向线。

③ 如果交会没有误差，此方向应通过前面的两个方向线的交点，否则将形成一个"示误三角形"，如图 9-12(b)所示。若示误三角形边长在限差以内，则取示误三角形重心作为待测设点 P 的最终位置。

测设 β_1、β_2 和 β_3 时，视具体情况，可采用一般方法或精密方法。

2. 变形的前方交会法

如图 9-13 所示，当 A、C 点不能通视时，可用 A、C 周边的控制点进行定向，予以交会。

$$\begin{cases} \alpha_{AB} = \arctan \dfrac{y_B - y_A}{x_B - x_A}, \alpha_{AP} = \arctan \dfrac{y_P - y_A}{x_P - x_A} \\ \alpha_{CD} = \arctan \dfrac{y_D - y_C}{x_D - x_C}, \alpha_{CP} = \arctan \dfrac{y_P - y_C}{x_P - x_C} \end{cases}$$

$$\begin{cases} \alpha_1 = \alpha_{AP} - \alpha_{AB} \\ \alpha_2 = \alpha_{CP} - \alpha_{CD} \end{cases}$$

注意 A、B、P 三点按逆时针编号。

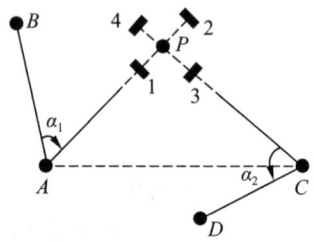

图 9-13 变形的前方交会法

3. 后方角度交会法测设点位

如图 9-14 所示，A、B、C 为控制点，P 为测设点，其坐标均已知。

（1）计算测设元素。

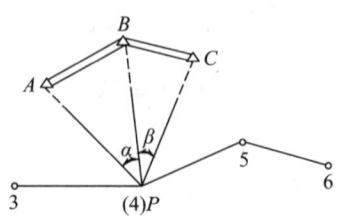

图 9-14 后方交会法

由控制点 A、B、C 的坐标及测设点 P 的坐标反算坐标方位角 α_{PA}、α_{PB}、α_{PC}，计算 α、β。

$$a = (x_B - x_A) + (y_B - y_A)\cot\alpha$$
$$b = (y_B - y_A) - (x_B - x_A)\cot\alpha$$
$$c = (x_B - x_C) - (y_B - y_C)\cot\beta$$
$$d = (y_B - y_C) + (x_B - x_C)\cot\beta$$

$$\begin{cases} \alpha = \alpha_{PB} - \alpha_{PA} \\ \beta = \alpha_{PC} - \alpha_{PB} \end{cases}$$

令 $K = \dfrac{a-c}{b-d}$，经计算得 P 点的坐标为

$$\begin{cases} x_P = x_B + \dfrac{Kb-a}{K^2+1} \\ y_P = y_B - K \times \dfrac{Kb-a}{K^2+1} \end{cases}$$

（2）实地测设。

① 在合适位置处（P'）置经纬仪，分别测定 α、β 角。
② 依测定的各交会角计算 P' 点的坐标，并与设计坐标比较。
③ 若点位误差满足要求，则确定点 P；否则，用角差法或角差图解法改正。
④ 改正方法同前方交会法，此处不再赘述。

在用后方交会法测设 P 点时，P 点（含过渡点）距离危险圆（能保证车辆安全行驶的最小半径为危险半径）应不小于危险圆半径的 1/5。

四、距离交会法

距离交会法是根据测设出的两个已知的水平距离，交会出点的平面位置的方法。此法适用于施工场地平坦、量距方便且控制点距离测设点不超过一尺的情况。

1．计算测设数据

如图 9-15 所示，A、B 为已知平面控制点，P 为待测设点，现根据 A、B 两点，用距离交会法测设 P 点。

根据 A、B、P 三点的坐标值，分别计算出 D_{AP} 和 D_{BP}。

2．点位测设方法

（1）将钢尺的零点对准 A 点，以 D_{AP} 为半径在地面上画一圆弧。
（2）再将钢尺的零点对准 B 点，以 D_{BP} 为半径在地面上再画一圆弧，两圆弧的交点即为 P 点的平面位置。

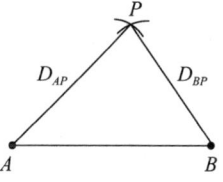

图 9-15　距离交会法

五、角度与距离交会法

角度与距离交会法是根据测设出的一个水平角度和一个水平距离，交会出点的平面位置的方法，如图 9-16 所示。此方法实际工作中运用得较少，在此不再赘述。

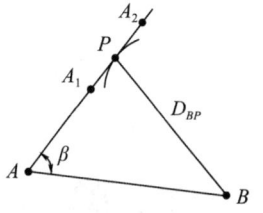

图 9-16　角度与距离交会法

习 题

1. 测设点的平面位置的方法有哪些？适合于什么情况？

2. 地面原有控制点 M 和 N，需测设 A 点。已知 $M(24.22\text{ m},86.71\text{ m})$，$\alpha_{MN}=300°04'$，$A(42.34\text{ m},85.00\text{ m})$。若将仪器安在 M 点测设 A 点，试计算测设数据。

3. 已知 A、B 两个控制点：$A(530.00\text{ m},520.00\text{ m})$，$B(469.63\text{ m},606.22\text{ m})$。若 P 点的测设坐标为 $(522.00\text{ m},586.00\text{ m})$，试用角度交会法测设 P 点的数据。

4. 试述测设一条坡度 $i=+10‰$ 的直线 AB 的方法。已知 $H_A=125.250\text{ m}$，$D_{AB}=80.000\text{ m}$。

5. 已测设出直角 $\angle AOB$ 后，再用经纬仪精确测量，结果为 $90°00'30''$。又知 OB 长度为 100.000 m。问：如何改正 B 点的位置才能得到 $90°00'00''$？

第十章 渠道测量

对渠道、公路、管道，在勘察设计阶段的主要测量内容有踏勘、选线、中线测量、纵横断面测量以及相关的工程调查工作等。施工阶段的测量师按照设计图纸和施工要求，测设中线和高程，作为细部放样的依据。

渠道纵横断面测量也称路线水准测量，在渠道、公路中经常要用到此类测量。所以本章结合水利和公路的中线测量来讲解。根据测量成果绘制渠道、道路中线纵断面图，为路线设计，计算中桩处的填、挖高度提供依据。

第一节 中线测量

根据设计图纸上的定线设计数据，在实地上标出中线的起点、转折点（交点桩）、中点，之后用钢尺或全站仪测定中线的长度，并将其在地面上用里程桩标定出来的过程，称为中线测量。主要内容有：测设中线的交点桩、测定转角、测设里程桩和加桩。

一、渠道选线测量

（一）踏勘选线

（1）实地查看。先在地形图上初选几条比较渠线，依次对所经过地带实地查勘，了解和收集有关资料，分析比较，选取渠线。

（2）室内选线。室内进行图上选线，在合适的地形图上选定渠道中心线的平面位置。

（3）外业选线。是指将室内选线结果转移到实地上，标出渠道的起点、转折点和终点。

（二）水准点的布设与施测

在渠道、管道或道路选线的同时，应沿线路附近每隔 1～3 km 在施工范围以外布设一些水准点，并组成附合或闭合水准路线。水准点的高程一般采用三等或四等水准测量的方法测定。在公路上常称为基平测量。

1. 水准点的设置

（1）位置。埋在距中线 50～100 m，不易破坏之处。

（2）设置密度。

山区：相隔 0.5～1 km。

平原区：相隔 1～2 km。

每 5 km、路线起点和终点、重要工程处，设永久性水准点。

2. 高程测量的要求

（1）路线：附合水准路线。

（2）仪器：不低于 DS3 精度的水准仪或全站仪。

(3) 测量要求。

水准测量：一般按三、四等水准测量规范进行。要进行往返测，闭合差不超过 $6\sqrt{n}$ mm。

三角高程测量：一般按全站仪电磁波三角高程测量（四等）规范进行。

二、渠道中线测量

中线测量就是要确定路线的线形。控制路线形状的要素有交点和转角。因为相邻交点之间是直线段，而交点处由相应的曲线来连接，这样就构成了直线和曲线的组合线形。

1. 测设中线交点桩

交点桩的测定有两种方法：

(1) 在踏勘阶段选线时就已经选定了位置并已经埋设了标记。

(2) 在图纸上确定交点桩的位置。

对于第一种情况，必须测定交点的坐标，为以后的路线恢复以及绘制路线平面图使用。第二种情况不但要根据图纸上的交点桩的定位条件测设出交点的位置，而且还要测定其坐标。测定交点桩的位置及其坐标的方法可采用极坐标法、直角坐标法、方向交会法或距离交会法，并做好标记。

2. 测定转折角

当渠道、管道、道路的转折角大于 6°时，应在交点处架设仪器测定转角，如图 10-1 所示。

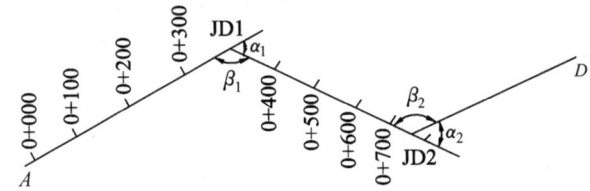

图 10-1　渠道（路线）中线示意图

转角 α 的测定方法为：将经纬仪安置在交点位置，对中整平后，照准某一交点或转点所在的直线方向，读盘配置 $0°00'00''$，然后转动照准部瞄准另一个交点或转点方向，测出两个方法的夹角 β，由公式 $\alpha=180°-\beta$ 计算出转角值，此时注意转角的左右偏转。测定出转角的同时，定出交点处角分线方向，一次架立仪器，同时完成两项工作内容。测定时尽量以正镜操作为主，这样方便操作，也容易检查错误。

3. 测设里程桩和加桩

当选定渠道路线后，首先在实地标定其中心线的位置，并实地现场钉桩标定，定线的工具是花杆或经纬仪。在进行定线时，一边定线，一边沿线埋设里程桩。桩间距为 50 m 或 100 m。起点桩号为 0+000，以后各桩依次为 0+100，0+200，0+300，…。"+"号前的数字为公里数，"+"号后面为米数，可以带小数点。该数字表示的是该点到起点的里程，如果在相邻两个里程桩之间有重要的地物或地形坡度突变处，都要增钉木桩，由于该桩到起点的距离不是规定间距的整数倍，故称为加桩。里程桩截面大小一般为 50 mm×50 mm，将长 30～40 cm 的木桩打入地下，桩头露出地面 5～10 cm。标注的表示里程的数字应朝向起点，用红油漆注记。

4. 起点里程 0+000 的确定

将水准尺从设计的起点高程的概略位置沿着山坡上下移动，直到仪器中丝对准所要的尺读数为止，此点即为渠道的起点桩位。同理，可测设出其他各里程桩的位置。

第二节 圆曲线的测设

渠道在转折点处常用圆曲线来连接，为使水力条件好，防止渠道的冲刷和渠道的淤积。

一、圆曲线主点的测设

1. 曲线要素的计算

如图 10-21 所示，各量计算如下：

切线长　　$T = R\tan\dfrac{\alpha}{2}$

曲线长　　$L = R \times \dfrac{\alpha\pi}{180°}$

外矢距　　$E = R\left(\sec\dfrac{\alpha}{2} - 1\right)$

切曲差　　$D = 2T - L$

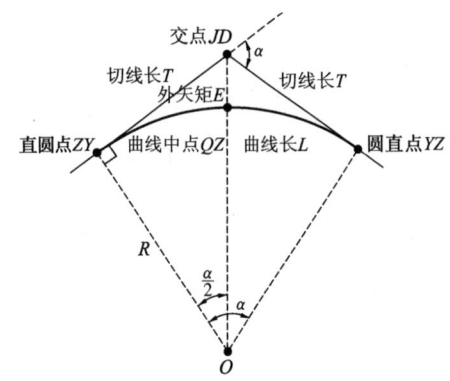

图 10-2　测设圆曲线

2. 主点的测设

(1) 主点里程的计算。

$$ZY = JD - T, \quad YZ = ZY + L$$
$$QZ = YZ - \dfrac{L}{2}, \quad JD = QZ + \dfrac{D}{2}$$

(2) 测设步骤。

① 在 JD 架设仪器，照准路线的起始方向，沿此方向量取 T，打下曲线起点桩，得 ZY 点。

② 照准路线的前进方向，沿此方向量取 T，打下曲线终点桩，得 YZ 点。

③ 后视 YZ 点，顺时针转动 $90° - \dfrac{\alpha}{2}$ 的角度得角分线方向，沿此方向自 JD 点量出外矢距 E，打下曲线中点桩，得 QZ 点。

二、圆曲线加密桩的详细测设

圆曲线加密桩的详细测设有整桩号法和整桩距法，一般采用整桩号法。其方法有如下几种。

1. 切线支距法

如图 10-3 所示，以 ZY 为坐标原点，切线为 X

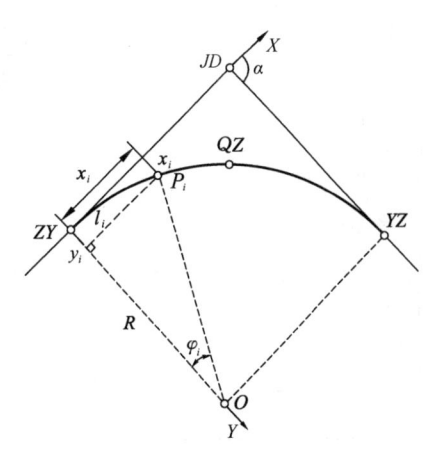

图 10-3　切线支距法

轴,过原点的切线的垂线为 Y 轴,建立坐标系,计算出各桩点坐标后,来测设加密桩。

坐标计算：

$$x_i = R \times \sin\varphi_i$$
$$y_i = R(1-\cos\varphi_i)$$
$$\varphi_i = \frac{l_i}{R} \times \frac{180°}{\pi}$$

特点：测点误差不积累。宜以 QZ 为界,将曲线分两部分进行测设。

【例 10-1】 设某单圆曲线偏角 $\alpha=34°12'00''$,$R=200$ m,主点桩号为 ZY：K4+906.90,QZ：K4+966.59,YZ：K5+026.28,按每 20 m 一个桩号的整桩号法,计算各桩的切线支距法坐标。

解：(1) 主点测设元素计算：

$$T = R\tan\frac{\alpha}{2} = 61.53 \text{ m}, \quad L = R\alpha\frac{\pi}{180°} = 119.38 \text{ m}$$

$$E = R\left(\sec\frac{\alpha}{2}-1\right) = 9.25 \text{ m}, \quad D = 2T-L = 3.68 \text{ m}$$

(2) 主点里程计算：

$$ZY = K4+906.90, \quad QZ = K4+966.59$$
$$YZ = K5+026.28, \quad JD = K4+968.43(检查)$$

(3) 测设方法。

① 在 ZY(或 YZ)点安置仪器,照准 JD 或 ZD 定出切线方向,在此方法上用钢尺量取 x_1、x_2、x_3 等各点坐标,得垂足 N_1、N_2、N_3 等点。

② 过垂足依次用经纬仪定出过 ZY 点的切线的垂线,沿着此方向量取各支距,即得到曲线上各个加桩点。

(4) 计算各桩要素(表 10-1)。

表 10-1 各桩要素计算表

曲线桩号/m	$ZY(YZ)$至桩的曲线长 l_i/m	圆心角 $\varphi_i/(°)$	坐标 x_i/m	坐标 y_i/m
ZY K4+906.90	4906.9	0	0	0
K4+920	4920	13.1	3.752	13.090	0.428
K4+940	4940	33.1	9.482	32.949	2.733
K4+960	4960	53.1	15.212	52.478	7.008
QZ K4+966.59	—	—	—	—	—
K4+980	4980	46.28	13.258	45.868	5.331
K5+000	5000	26.28	7.528	26.204	1.724
K5+020	5020	6.28	1.799	6.279	0.098
YZ K5+026.28	5026.28	0	0	0	0

注：表中曲线长 l_i=各桩里程与 ZY 或 YZ 里程之差。

2．偏角法

偏角法分为长弦偏角法、短弦偏角法。

（1）长弦偏角法。

如图10-4所示，计算曲线上各桩点至 ZY 或 YZ 的弦长 c_i 及其与切线的偏角 Δ_i，再分别架仪于 ZY 或 YZ 点，拨角、量边。

偏角计算公式
$$\Delta_i = \frac{\varphi_i}{2} = \frac{l_i}{2R} \cdot \frac{180°}{\pi}$$

弦长计算公式
$$c_i = 2R\sin\Delta_i$$

（2）短弦偏角法。

其与长弦偏角法相比，有如下相同点：

① 偏角 Δ_i 相同。

② 计算曲线上各桩点间弦长 c_i 公式相同。

测设方法：架设仪器于 ZY 或 YZ 点，拨角，依次在各桩点上量边，相交后得中桩点（图10-5）。

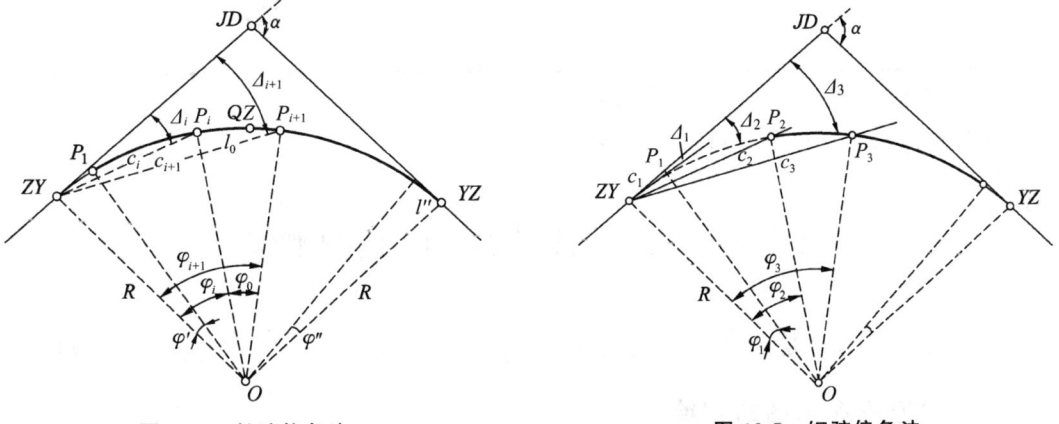

图 10-4　长弦偏角法　　　　　图 10-5　短弦偏角法

【例 10-2】　用偏角法详细测设单圆曲线（注：此题可作为实习课测设内容）。

已知圆曲线的 $R=200$ m，转角如图10-6所示，交点 JD_i 的里程为 K10+110.88 m，试按每 10 m 一个整桩号，来阐述该圆曲线的主点及用偏角法进行整桩号详细测设的步骤。

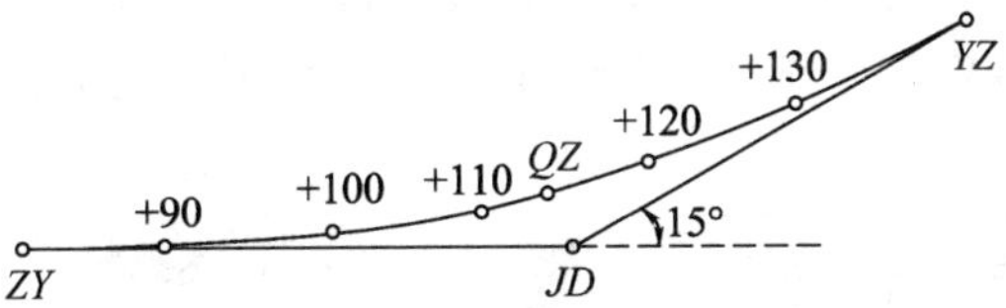

图 10-6　细部放样

解：（1）主点测设元素：

$$T = R\tan\frac{\alpha}{2} = 26.33 \text{ m}, \qquad L = R\alpha\frac{\pi}{180°} = 52.36 \text{ m}$$

$$E = R\left(\sec\frac{\alpha}{2} - 1\right) = 1.73 \text{ m}, \qquad D = 2T - L = 0.3 \text{ m}$$

(2) 主点里程计算：

ZY＝K10＋84.55， QZ＝K10＋110.73

YZ＝K10＋136.91， JD＝K10＋110.88（检查）

(3) 计算各桩要素，如表10-2所示。

表10-2 各桩要素计算表

桩 号	曲线长 l_i/m	偏角值 Δ_i/(° ′ ″)	偏角读数/(° ′ ″)	弦长 c_i/m
ZY K10＋84.55	0	0 00 00	0 00 00	0
K10＋90	5.45	0 46 50	359 13 10	5.45
K10＋100	15.45	2 12 47	357 47 13	15.45
K10＋110	25.45	3 38 44	356 21 16	25.43
QZ K10＋110.73				
K10＋120	16.91	2 25 20	2 25 20	16.91
K10＋130	6.91	0 59 23	0 59 23	6.91
YZ K10＋136.91	0	0 00 00	0 00 00	0

3．极坐标法

极坐标法具体参见图9-11，这里不再阐述。

第三节 渠道纵、横断面图的测绘

渠道纵、横断面测量的目的是了解渠道沿线的地形起伏情况，为坡度设计提供依据。

一、渠道纵断面图的测绘

纵断面测量是测出中心线上各里程桩和加桩的地面高程，为绘制纵断面图提供高程数据。根据在地面上标定出来的中线，用水准测量的方法，测定各个中桩的地面高程。

（一）外业工作

如图10-7所示，从一个水准点出发，按普通水准测量的要求，用"视线高法"测出该测段内所有中桩地面高程，最后附合到另一个水准点上。所观测数据记录在表10-3中。

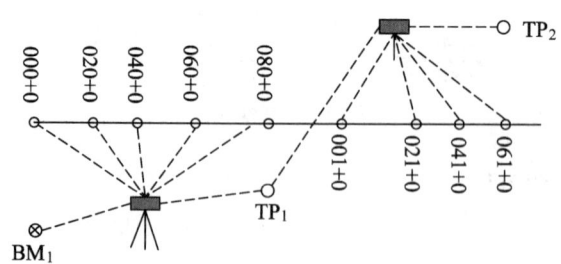

图10-7 中桩测量

表 10-3　纵断面中桩水准测量记录表

测站	测点桩号	后视读数/m	视线高/m	前视读数/m	间视/m	高程/m	备注

（二）内业工作

如图 10-8 所示，绘制纵断面图。可以用 CAD 软件绘图，以水平距离即里程为横坐标，以高程为纵坐标绘制该图。横轴比例尺为 1∶1 000～1∶10 000，纵轴比例尺为 1∶50～1∶500，纵横比例尺相差 10～50 倍。为节省图纸和便于阅读，图上的高程可不从零开始，而从某一适当的数值起绘。根据各桩点的里程和高程在图上标出相应地面点的位置，依次连接各点绘出地面线。再根据设计的渠首高程和渠道比降绘出渠底设计线。至于各桩点的渠底设计过程，则是根据起点(0+000)的渠底设计高程、渠道比降和离起点的距离计算求得，注记在"渠底高程"一行的相应点处。然后根据各桩点地面高程和渠底高程，即可计算出各桩点的挖深或填高量。

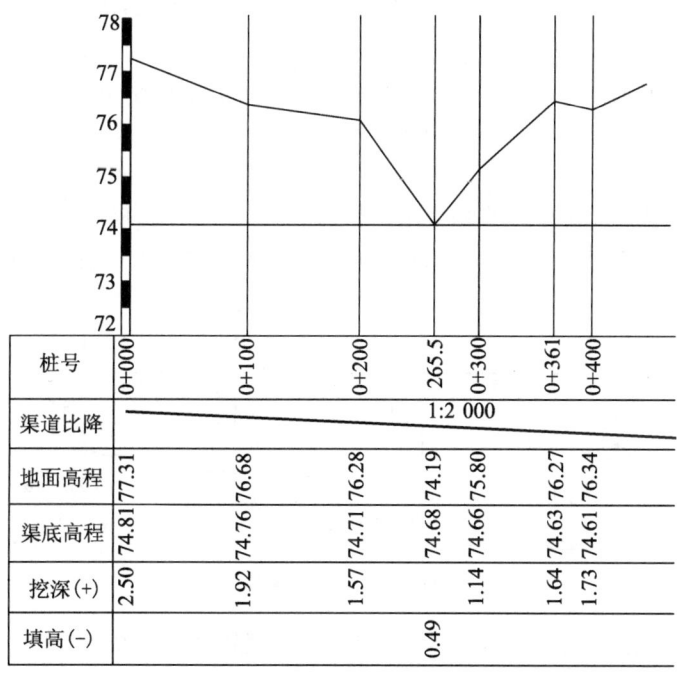

图 10-8　渠道纵断面图

二、渠道横断面图的测绘

渠道横断面测量的任务是：测定出渠道各中桩处垂直于渠道中线方向上的地面起伏情况，绘制出横断面图，为线路设计提供基础资料。

方法：先确定横断面方向，再测定变坡点间的平距及高差。

其工作分内业和外业。

(一) 外业工作

1. 确定横断面方向

(1) 直线段：一般采用普通方向架测定(图 10-9)。

(2) 圆曲线段：采用求心方向架测定(图 10-10)。

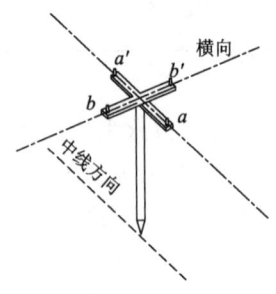

图 10-9　普通方向架

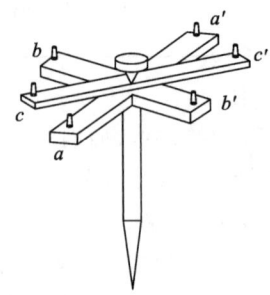

图 10-10　求心方向架

2. 测出坡度变化点间的距离和高差

测量时以中心桩为零起点，面向渠道的下游分左、右侧。对于较大的渠道，可采用经纬仪视距法或水准仪测高配合量距法进行测量；对于较小的渠道，可用皮尺拉平配合测杆读取两点间的距离。

要求：按前进方向分成左、右侧，分别测量横断面方向上各变坡点至中桩的平距及高差。平距及高差的精度要求一般为 0.1 m。

方法分类：

(1) 花杆皮尺法：适用于较小的渠道，精度低。

(2) 水准仪法：适用于地形简单、渠道较大的情况(图 10-11)，用水准仪测高差、皮尺丈量平距，精度高。

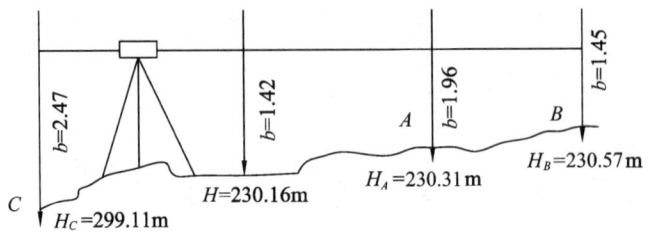

图 10-11　水准仪法

(3) 经纬仪视距法：适用于地形复杂的地区，精度较高(图 10-21)。

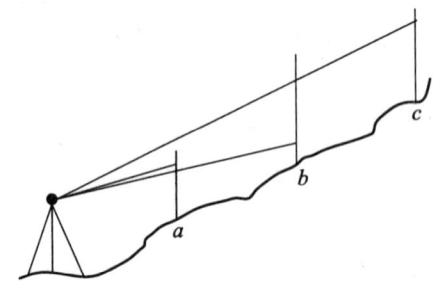

图 10-12　经纬仪视距法

(4) 全站仪法：适用于地形复杂的地区,用全站仪的斜距测量模式,即可自动显示出平距和高差,精度高。

(二) 内业工作

1. 绘制横断面图

绘图时一般先将中桩标在图中央,再分左、右侧,按平距为横轴,高差为纵轴,展出各个变坡点,绘出横断面图(图10-13)。

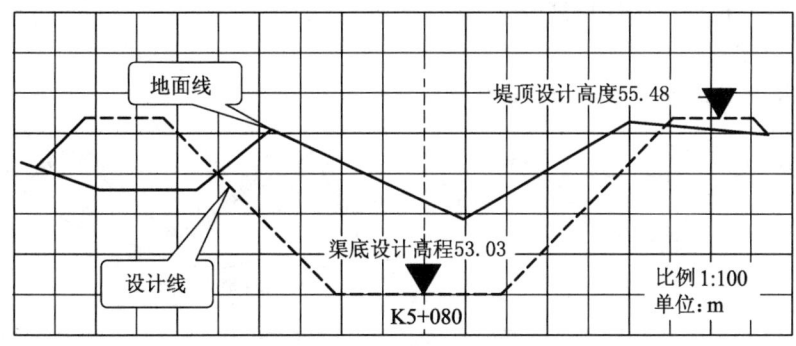

图 10-13 横断面图的绘制

2. 计算土方量

为了编制渠道工程的经费预算,以及安排劳动力,均需要计算渠道开挖和填筑的土石方数量,其计算方法常采用平均断面法计算。如图 10-14 所示,先计算出每个中心桩的横断面的面积 A_i,然后取相邻两个断面面积的平均值,再乘以两断面间的距离,即得该段土石方量(以立方米计):

$$V = \frac{1}{2}(A_1 + A_2) \times D$$

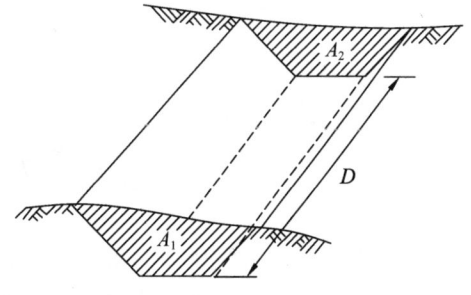

图 10-14 土方计算——平均断面法

步骤如下:

(1) 确定断面的挖、填范围。

采用套绘断面图的方法来求,先绘出渠道设计横断面图,然后根据中心桩挖深或填高数,将原横断面确定在设计图中,再从标准断面图的渠底中心处向上或向下按比例量取挖深或填高数,得到桩的位置,由此定出挖填范围。

(2) 计算断面的挖、填面积。

有以下几种方法:

① 方格法。

② 梯形法。

③ 球积仪法。

④ 用绘图软件直接求。

(3) 计算土方量。

三、渠道边坡放样

（1）标定中心桩的挖深或填高。

（2）边坡桩的放样。

① 任务：在每个里程桩和加桩上将渠道设计横断面按尺寸在实地标定出来，以便施工。

② 具体工作：

a. 标定中心桩的挖深和填高。

b. 放样边坡桩。

渠道横断面形式有三种，如图 10-15 所示。

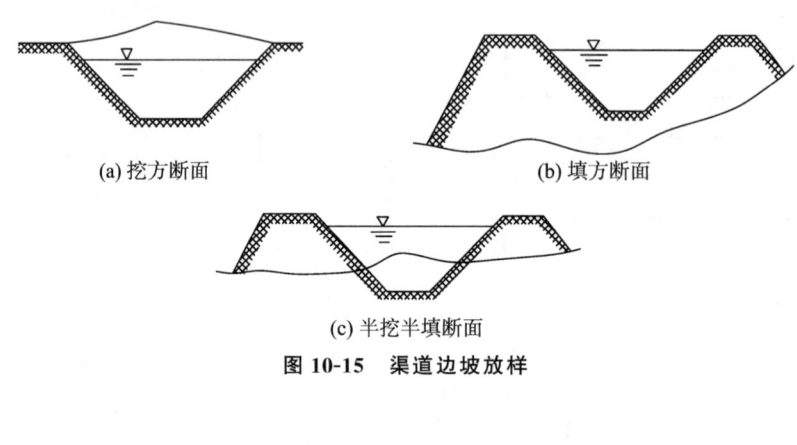

图 10-15　渠道边坡放样

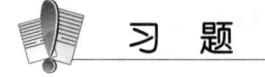

习　题

1. 设置圆曲线时所需的角平分线方向是怎样确定的？
2. 圆曲线要素包括哪些内容？其中哪些属于圆曲线测设元素？
3. 怎样进行圆曲线主点的测设和主点桩号的计算与校核？
4. 如何利用直角坐标法和偏角法进行圆曲线的详细测设？两种方法各有何优缺点？适用于何种场合？
5. 简述偏角法视线受阻的测设方法。
6. 已知交点 JD_1 的里程为 K8+274.15，路线转角 $\alpha=10°00'$，圆曲线半径 $R=500$ m。试计算：

（1）切线长 T、曲线长 L、外矢距 E 和切曲差 D；

（2）主点 ZY、QZ、YZ 的里程；

（3）圆曲线内 +240、+260、+280、+300 和 YZ 的偏角与弦长。

第十一章 道路工程测量

道路工程测量包括路线勘测设计测量和道路施工测量两个方面。从测量学所承担的任务角度看,前者属于测绘,后者属于测设。通过勘测设计测量为工程施工提供设计依据,最终以地形图、工程建筑设计图等成果的形式来体现测绘的目的。

第一节 公路路线测量概述

一、公路勘测设计阶段的目的和任务

公路勘测设计的目的是选定路线,进行测量和调查工作,取得基础资料,为公路设计提供原始的依据。

公路勘测一般采用两阶段设计,即初测编制初步设计和定测编制施工图设计。对于复杂、重要而又缺乏经验的个别阶段,可采用三阶段设计。

二、路线勘测各阶段的测量工作

1. 初测阶段

初测阶段也称为踏勘测量阶段,包括控制测量,测带状地形图和纵断面图,收集沿线地质水文资料,作纸上定线或现场定线,编制比较方案,为初步设计提供依据。涉及的测量工作有导线测量、水准测量、横断面测量和地形测量四项。

2. 定测阶段

定测阶段也称为详细测量阶段。在选定设计方案的路线上进行路线中线测量,测纵断面图、横断面图及桥涵,进行路线交叉、沿线设施、环境保护等测量和资料调查,为设计施工图提供资料。这一阶段涉及的测量工作有中线测量、水准测量、横断面测量和地形测量四项。

三、道路施工测量

道路施工测量是指按照设计图纸进行恢复道路中线、测设路基边桩和竖曲线、工程竣工验收等的测量。

1. 路线中线的恢复测量

因为从工程勘测设计到工程施工之间要经历很长一段时间,期间会有很多勘测阶段所埋设的一些桩点在工程的施工阶段丢失。因此,为了施工的顺利进行,要对道路的中线进行恢复中线的测量。其所采用的测量方法与路线中线测量方法基本相同,也包括对路线水准点高程进行复核测量。

2. 施工控制桩的测设放样

施工控制桩的测设放样是指在工程正式开工之前所要进行的控制测量。能够有效地控

制中桩的位置,需要在不易被施工损坏、便于引测和保存桩位的地方设置施工控制桩。常用的测设方法有以下两种:

(1) 平行线法。

平行线法是在设计的路基范围以外,测设两排平行于道路中线的施工控制桩。其一般用于地势平坦、直线段较长的地区(图 11-1)。

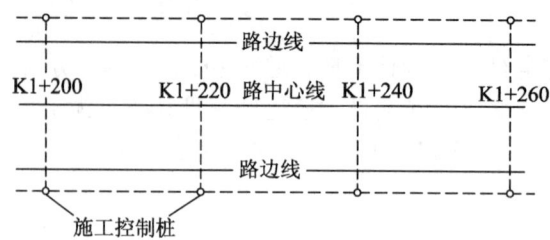

图 11-1　平行线法

(2) 延长线法。

延长线法是在路线转折处的中线延长线上或者在曲线中点与交点连线的延长线上,测设两个能够控制交点位置的施工控制桩。其一般用于坡度较大和直线段较短的地区(图 11-2)。

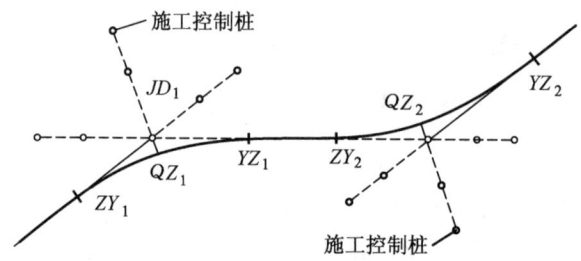

图 11-2　交点延长法

四、路基边桩的放样

在主体工程正式施工时所要进行的施工测量,大量工作是在此期间完成的,贯穿于整个主体施工的工期。路基边桩测设是在地面上将每一个横断面的路基边坡线与地面的交点用木桩标定出来。边桩的位置由两侧边桩至中桩的距离来确定。

常用的边桩测设方法如下:

1. 图解法

直接在横断面图上量取中桩至边桩的距离,在实地用皮尺沿横断面方向测定其位置。

2. 解析法

路基边桩至中桩的平距可通过计算求得。

(1) 平坦地段路基边桩的测设。

填方路基称为路堤,堤边桩至中桩的距离为

$$D = \frac{B}{2} + mh$$

挖方路基称为路堑,堑边桩至中桩的距离为

$$D = \frac{B}{2} + S + mh$$

式中,B 为路基设计宽度,m 为路基边坡坡度,h 为填土高度或挖土深度,S 为路堑边沟顶宽。

(2) 倾斜地段路基边桩的测设。

在倾斜地段,边桩至中桩的距离随地面坡度的变化而变化。

路堤边桩至中桩的距离为

斜坡上侧 $\quad D_{上} = \frac{B}{2} + m(h_{中} - h_{上})$

斜坡下侧 $\quad D_{下} = \frac{B}{2} + m(h_{中} + h_{下})$

路堑边桩至中桩的距离为

斜坡上侧 $\quad D_{上} = \frac{B}{2} + S + m(h_{中} + h_{上})$

斜坡下侧 $\quad D_{下} = \frac{B}{2} + S + m(h_{中} - h_{下})$

B、S 和 m 为已知数;$h_{中}$ 为中桩处的填挖高度,为已知数;$h_{上}$、$h_{下}$ 为斜坡上、下侧边桩与中桩的高差,在边桩未定出之前则为未知数。根据地面实际情况,参考路基横断面图,估计边桩的位置。测出该估计位置与中桩的高差,据此在实地定出其位置。采用逐渐趋近法测设边桩。

第二节　公路工程施工测量的依据

公路工程施工测量是公路工程建设中的一项重要工作。在公路建设过程中,都要进行一系列的施工测量。公路工程施工测量的质量直接关系到工程的质量。只有遵照《公路工程施工测量工艺标准》(QB/SYGL-JS-LJ-1—2010)中有关测量的条款规定,在进行公路施工测量时才能保证工程施工的质量。

公路设计文件是指业主委托设计单位设计,并由业主(也就是甲方)下发给施工单位的设计施工图纸。

这些设计文件中有关测量方面的内容包括以下几项:

1. 公路总平面设计图

所谓公路总平面设计图,就是在地形图上设定出的在设计图纸中能显示出所建造公路一个总体的形态,以及建造公路所处的地形环境,如图11-3所示。

由公路总平面设计图可以看出以下一些信息:

(1) 线路直线和曲线的组合形态,曲线元素在图上位置及其转折的曲线半径、角度及其转折方向,千米和百米里程桩桩号、交点、导线点、水准点在图上的位置,构造物、盖板、涵道等在图上的位置,路堑、路堤等在图上的位置,等等。

(2) 从图上可以了解该段新建公路沿线的地形以及挖方、填方段的大致情况。

(3) 从图上可以了解支线(改道路线)与主线的联系,以及支线线性外貌,等等。

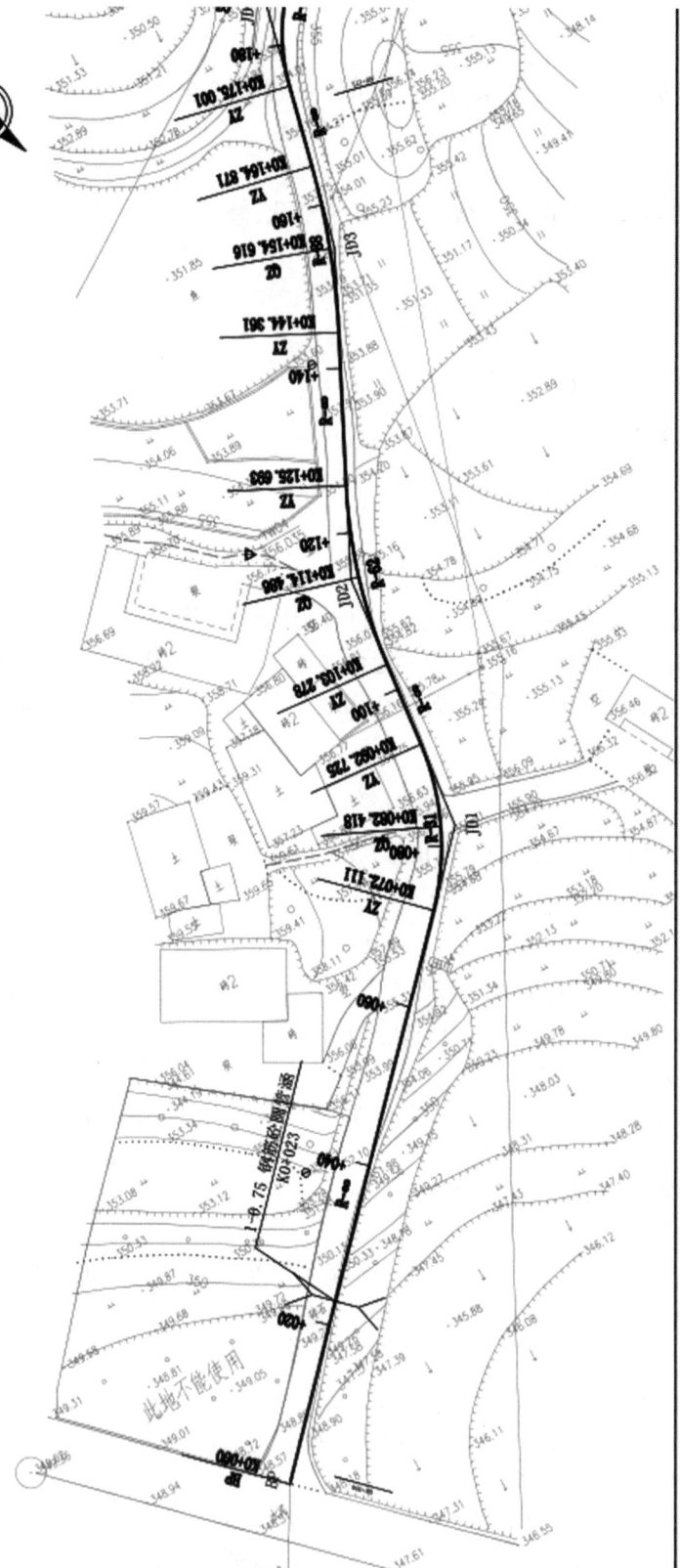

图 11-3 道路总平面图

2．路线纵断面图

所谓路线纵断面图，就是指从这张图能看到路线的原地面高程和公路的设计高程。包括：

（1）路线中线纵向高低起伏情况以及纵向原地形高低起伏情况。

（2）路线中线的里程桩桩号及相应的地面高程、设计高程、填挖高程、地质概况、直线及平曲线、超高方式、超高段起点终点里程桩桩号、最大超高段的超高横坡度、缓和曲线长度、左右转角等。

（3）竖曲线形式（凹或凸）以及竖曲线要素。

（4）路线中线纵坡、边坡点里程桩桩号及高程。

（5）线路沿线构造物、涵道等里程桩桩号。

3．路基横断面图

所谓路基横断面图，是指垂直于道路中线上任意一点的向切线方向而产生的横向剖面，即路基或路堑从一条路的任何一个横剖面，能看到原始地面高程和设计高程以及两面边坡的坡度的面。

（1）路面填方（路基）：高于原地面的填方路基。从横断面图可以反映如下内容（图11-4）：

① 路面以上的填方情况。

② 路面上原地形两侧的高低。

③ 中桩的填方高度、边桩的填方高度按比例尺从图上量取，据此和已知坡度比，可以确定填方时路基底（坡脚线）的实地位置。

④ 路面中央有分隔带，路边坡底是护坡道和排水沟。

⑤ 从图上可以确定中桩至坡脚的距离、边坡比以及填方面积。

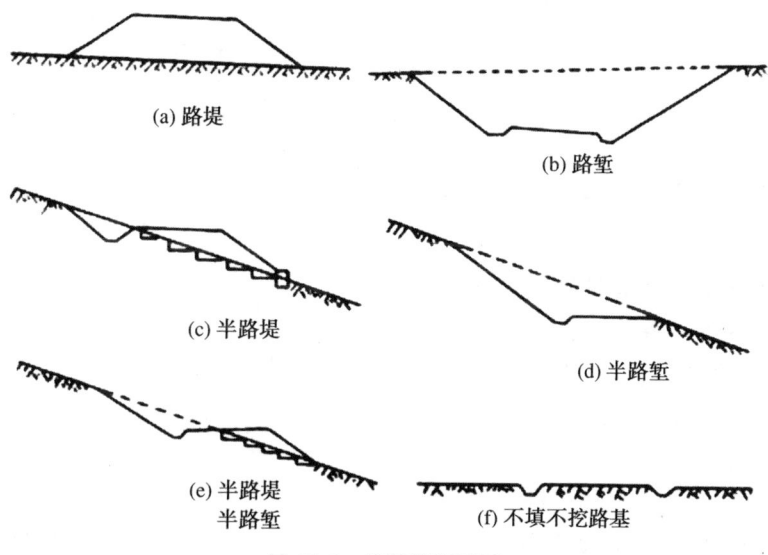

图 11-4　路基横断面图

（2）路面挖方（路堑）：低于原地面的挖方路基。从路基挖方横断面图上可以看到以下内容：

① 路面以上的挖方情况。

② 路面上原地形两侧的高低。

③ 中桩的挖方高度、边桩的挖方高度按比例尺从图上量取,据此和已知坡度比,可以确定挖方时路堑顶的实地位置。

④ 路面中央有分隔带,路边外是排水沟、碎落台。

⑤ 从图上可以确定中桩至坡脚的距离、边坡比以及挖方面积。

4．主路线路面结构图

同路基横断面图 11-4 所介绍的。

5．路基设计表

所谓路基设计表,就是表示一条路上每个不相同点(整桩号)的高程。

表 11-1 路基设计表

桩号	平曲线	变坡点高程桩号、纵坡长、坡长	竖曲线	地面高程/m	设计高程/m	填挖高度/m 填	填挖高度/m 挖	路基宽度/m 左路幅	路基宽度/m 右路幅	路基宽度/m 中央分隔带
K12+110				126.48	127.35	0.87		12	12	2
K12+125			K12+126 起点	125.50	127.43	1.93		12	12	2
K12+150				123.39	127.57	4.18		12	12	2
…		$i=5.7\%$	凸 $R=4\,000$ m $T=274$ m $E=9.4$ m	…	…	…	…	…	…	…
K12+345				128.69	128.09		0.60	12	12	2
K12+370				130.76	128.08		2.68	12	12	2
…		129.00 K12+400 $i=-8\%$ $l=900$ m	K12+674 终点	…	…	…	…	…	…	…
K12+650				123.30	126.99	3.69		12	12	2
K12+675				124.64	126.80	2.16		12	12	2
K12+693				126.83	126.66		0.17	12	12	2

从路基设计表 11-1 体现出:

① 每一横断面各里程桩桩号。

② 每一横断面各里程桩桩号的地面高程、设计高程、填挖高度。

③ 路面左、右路幅宽度,中央分隔带宽度。

④ 竖曲线要素 R、T、E 和凹凸形式等。

从该表中可以看出:

① 这条路的起点为 K12+110。

② 这个凸竖曲线的起点为 K12+126,终点为 K12+674。竖曲线的设计元素为 $R=4\,000$ m,$T=274$ m,$E=9.4$ m。

③ 路的地面高程与设计高程。利用设计高程减去地面高程就等于填挖高度。

例如,在桩号 K12+110 处,设计高程为 127.35 m,地面高程为 126.48 m,则填挖高度为 127.35 m－126.48 m＝0.87 m(0.87 为正数,就说明需要在原地面上填筑 0.87 m 高)。

在桩 K12+345 处,设计高程为 128.09 m,地面高程为 128.69 m,填挖高度为 128.09 m－128.69 m＝－0.60 m(－0.60 为负数,说明需要在原地面向下挖 0.60 m)。

一般在填表时不带正负号,直接填到"填""挖"栏里。

④ 路基宽度：

$$左路幅＋右路幅＋中央分隔带＝路基宽度$$

6．直线曲线的转角表

所谓直线曲线的转角表,就是表示直线和曲线的施工参数。直线曲线的转角表可以体现出如下内容：

(1) 工程标段的施工编号、交点里程桩桩号、交点的间距、交点边方位角、转角(左转角或右转角：左偏为负,右偏为正)及交点的坐标值。

这些要素以及交点所在圆曲线半径是计算路线上任意一点坐标的已知条件,必须彻底弄清楚。

(2) 工程标段是直线或者是曲线,或两者都有,必须搞清楚直线起点、终点里程桩桩号和坐标值,或圆曲线 ZY、QZ、YZ 的里程桩桩号及坐标值和曲线要素(半径 R、切线长 T、曲线长 L、外矢距 E)。

(3) 缓和曲线的起点、终点里程桩桩号坐标值。

7．导线点成果表

所谓导线点成果表,就是把所有的导线点归拢到一张表格上,以便以后用到的时候可以随时翻看、立刻找到并使用。导线成果表可以体现出如下内容：

(1) 施工标段内导线点的名称。

(2) 该导线点的纵、横坐标值。

(3) 相邻两点的平面距离及方位角。

8．水准点成果表

所谓水准点成果表,就是指将测量人员测量出所有用于施工的水准点的高程全部归结到一张表中,以便以后用到的时候可以随时翻看、立刻找到并使用。水准点成果表可以体现出如下内容：

(1) 施工标段内所有用到的水准点的点名及高程。

(2) 水准点所在的位置与所要施工道路的位置关系。

(3) 了解完这些情况,还要到实地去勘测校核,在设计单位的带领下进行现场交桩,以便以后施工使用。

(4) 待交桩完成之后,测量人员要亲自测量一遍附合遍,以便以后测量时避免出现不必要的麻烦。附合测量无误后,才能进行高程的施工放样。

(5) 所有水准点的一般符号为⊗,简记为 BM。一般一条路只有一个用 GPS 打出的水准点,只有这个点可以简记为 BM,其他的所有点都是从这个点导出来的点。假设有一个点是从 BM 点引出的第一个点,那么这个点就简记为 BM_1。BM_{12} 就是从这个点引出的第十二个点。BM_{1-1} 就是从 BM_1 引出的第一个点(一般引出的水准点越少越好,这样可以减少以后施工当中的误差)。

9．路面横断面结构图

从路面横断面结构图可知主线路面结构层各层厚度及填料材料要求、中央分隔带宽度、路缘带宽度、行车道宽度、硬路肩宽度、土路肩宽度、路拱坡度、土路肩坡度等。

第三节 公路施工测量仪器

一、用于导线测量平面放样测量的仪器

(一)全站仪

全站仪是目前测量施工中比较新型的一种仪器,功能较全。在一个测站点上,可以同时进行测角度(水平角、竖直角)、测距离(水平距离、斜度距离)、测坐标、测高差、放样等工作。

(二)棱镜

棱镜全称棱镜放射镜,是全站仪的配套设备。放样时放在目标上。

(三)经纬仪

经纬仪是一种先进的测角度(水平角、竖直角)的仪器,还能在道路放样时穿道路的中心线,同时在钢卷尺的配合下完成道路中心线的放线(包括直线、圆曲线、缓和曲线等)。

二、用于水准测量、高程放样测量的仪器

(一)水准仪

水准仪是高程测量的主要仪器。

仪器的校正:在施工当中,一般的仪器测量员是不能自己校正、检修的,但测量员可以检查一下仪器的准确性。一般情况下需要检验如下两项:

(1) i 角的检验校正。目的是使水准管管轴平行于望远镜的视准轴,使不同距离测得的同一点高程小于 3 mm。

(2) i 角的检验方法。

① 安置仪器于 A、B 中间的位置,A、B 的标尺相距约 30~50 m,读数分别为 a_1、b_1。

② 将仪器移至距 A 点 2 m 处,读数为 a_2、b_2。

③ 计算 h_1、h_2 的值:$h_1=a_1-b_1$,$h_2=a_2-b_2$。

如果 $h_1-h_2 \leqslant 3$ mm,这台仪器就不需要校正了。

测量人员使用新的水准仪前,都要进行 i 角的检查,以便保证测量结果精确。不要拿到一个仪器就直接使用,那是不负责任的做法。

(二)用于测量作业中的联络设备

对讲机是用于联络的设备。以前在放样施工当中测量人员在距离远的时候都是用旗语传递信息的,随着对讲机的出现,传递信息的难度大大降低了。

三、公路施工测量的量具

1. 钢卷尺(简称钢尺)

钢卷尺长度有 30 m、50 m。

2. 皮卷尺(简称皮尺)

皮卷尺长度有 30 m、50 m。

3．小钢尺

小钢尺长度有 2 m、3 m。

4．标尺

水准尺（双面）、塔尺（3 m 或 5 m）、尺垫。

5．坡度尺

坡度尺一般为自制（控制边坡用）。

6．计算工具

一般使用卡西欧计算器（测量商店都有卖）。

四、公路施工测量的材料

1．竹（木）签

根据施工标段线路长度、桩点间距，计算竹（木）签的数量，开工前就应加工准备好。一般公路上都在整桩号中心线上钉上竹（木）签作为标记，直线段一般相距 50 m 钉一根，但在测设曲线时就需要每隔 10 m 钉一个桩。

2．钢签

根据需要准备一定数量的钢签，基层施工时用于定桩拉线。

3．钢钉、红布

路面施工使用，钢钉、钢签、竹（木）签与红布配合使用，以使标志明显。

4．记号笔（油性）、粉笔、油漆

用于测量倒水准点、坐标，标记位置，画符号。

5．石灰

用于堑顶、坡脚、修坡、放线。

6．线绳

与钢签、竹（木）签配合使用，测量高程。

7．铁锤、凿子

用于钉钢签、竹（木）签。

第四节　公路工程施工控制点的复测与加密

公路工程施工控制点包括平面控制点（闭合导线控制点、附合导线控制点）和水准高程控制点。

导线控制点是公路施工过程中控制公路线性平面位置的重要依据；水准高程控制点是公路施工过程中控制路线高程的重要依据。

一、附合导线控制点的复测

施工单位所采用的导线点是由业主提供的，它是公路勘测设计阶段布设的。一般来说，从勘探设计到正式开工，间隔时间都较长。这期间在公路勘探设计阶段所布设的导线点、交点都难免损坏丢失，为了保证公路施工质量，满足施工需要，必须对业主提供的导线点数据进行复测。

导线点复测工作由工程项目部测量工程师、监理方测量工程师、施工队现场测量员组成"导线复测小组"进行复核。

1. 实地校核导线点位

实地校核导线点位是根据设计单位提供的导线点成果表,在线路实地逐点校对,校对内容有:

① 资料上的点与实地点位置是否一致。

② 实地点位置完好程度以及可利用程度。

③ 相邻导线点间是否通视。

实地校对导线点位,当发现导线点已被破坏、移动或找不到时,可考虑补点:

① 补点不强调必须恢复原位。

② 补点应当与相邻点通视。

③ 补点应通视路线中线桩位,这样有利于今后中桩放样。

应当注意在公路勘察设计阶段所布设的导线点,一般放样的时候利用率较低,复测导线补点时,应从实际出发,应把点位尽可能地布设在能够通视的地方。但是,应当强调的是,补点应在原导线线路上,即补点应与其他原点在同一条导线上,并且是在同一坐标系当中。

2. 导线复测的外业工作

导线复测的外业工作主要包括测距和测角,使用经纬仪和钢卷尺或全站仪测量。测角可按照测回法观测。对于附合导线,应观测左角;对于闭合导线,则观测多边形内角。

二、导线点加密

原有导线点距离较远,不能满足施工对点数的需要,这时可增设满足相应进度要求的附合导线。在公路施工当中,若勘测设计布设的点在数量上不能满足施工要求,施工单位必须根据施工标段的实际需要和实际地形来加密施工导线(也称为临时导线点)。

加密导线的目的:便于线路平面放样,并保证施工精度。施工经验告诉我们,在施工当中需要多次恢复路线的中桩、边桩。因为施工当中每天都有可能破坏这些桩位,这就需要在挖、填一定高度后重新放桩以保证路线线形。在施工标段,布设合理的导线点位,能够方便而准确地恢复中桩和边桩。

1. 加密施工导线的原则

(1) 公路工程施工测量与其他测量一样,也必须遵循由高到低的原则。

(2) 须从设计单位提供的导线点引出测量施工的导线点。

(3) 施工导线点的坐标系统必须与设计单位提供的导线点坐标系统一致。

(4) 施工导线的起点、终点必须是由设计单位提供的导线点。

(5) 施工导线的测量精度必须满足施工放样精度。

(6) 施工导线点的密度应满足施工放样的需要。实践证明,放样点距控制点越远,放样越不方便,而且误差也大。放样应一站到位,放样视距不超过 500 m。

2. 施工导线的选点要求

(1) 通视良好。

(2) 点位桩需要埋设牢固,便于保护。

（3）施工导线点位的密度应该满足施工现场的放样要求。
（4）点位桩号要醒目，易识别。

第五节　导线测量

一、导线的形式

导线：测区内相邻控制点连成直线而构成的连续折线（导线边）。

导线测量：在地面上按一定要求选定一系列的点依相邻次序连成折线，并测量各线段的边长和转折角，再根据起始数据确定各点平面位置的测量方法。其主要用于带状地区、隐蔽地区、城建区、地下工程、公路、铁路等控制点的测量。

导线的布设形式有附合导线、闭合导线、支导线三种类型，如图 11-5 所示。

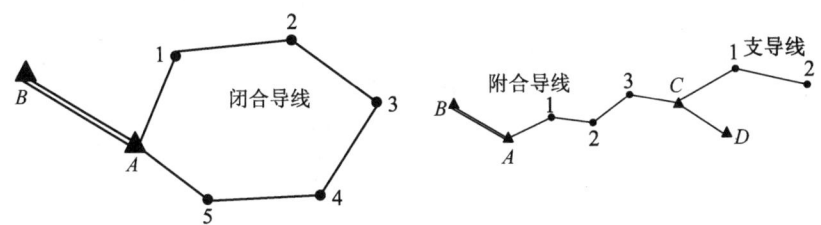

图 11-5　导线的布设形式

二、导线测量的外业工作

（一）踏勘选点及建立标志

导线点的标志如图 11-6 所示。

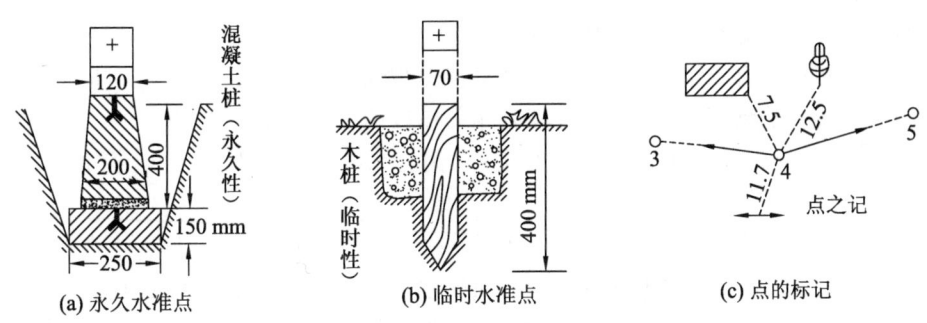

图 11-6　导线点的标志

（二）导线转折角的测量

一般采用经纬仪、全站仪，用测回法测量，两个以上方向组成的角也可用方向法测量。导线转折角有左角和右角之分。当与高级控制点联测时，需进行连接测量。

（三）导线边长的测量

详细情况见第六章第二节。

第六节　水准点的复测与加密

一、水准点的复测

使用设计单位的水准点之前应仔细校核,并与国家水准点闭合,当误差超出范围时,应查明原因,并及时报告有关部门。

施工单位所采用的水准点主要由业主提供。它是在公路勘测阶段布设的。一般来说,从公路勘察设计到施工需要很长的时间,这一期间,所布设的水准点难免有丢失。为保证公路施工的质量,满足施工要求,必须对业主提供的水准点进行复测和校核。

(一) 实地校核水准点

根据设计单位提供的水准点成果表,在线路实地逐点勘察校对:

(1) 资料上的点名是否与实地点名一致。

(2) 实地点位完好程度以及可利用程度。

(3) 实地点位的密度能否满足施工现场放样的需要。

实地勘察校核点位中,当发现水准点已被破坏、移动或找不到桩位等情况时,应补点。补点应方便路线高程放样,其高程应与原水准点闭合。

(二) 水准点复测的一般规定

(1) 水准点复测的高程系统应采用原水准点的高程系统。

(2) 复测水准点的等级应与原等级一致。

(3) 水准点的复测应使用不低于 DS3 精度的水准仪。

(4) 复测水准点时,必须有相邻施工段的水准点闭合。

(三) 实地复测水准点

实地复测水准点,会有以下几种情况:

(1) 施工标段只有一个水准点的(这种情况常发生在小施工队承包的不足 1 000 m 的施工标段),应用附合水准测量方法,连测到相邻路段的另一已知水准点。

(2) 施工标段只有两个已知水准点的,应用附合水准测量方法,从一个已知水准点连测到另一个已知水准点。

(3) 施工标段有三个以上水准点的,可用路线两端的水准点作为起点、终点组合成附合水准路线,其余的路上已知的水准点看作待测的水准点,然后用附合水准测量的方法联测。再对整条路线平差,并用计算值和已知水准点高程比较。如果比较的数值差异较大,需要复测,如仍然有问题,必须马上联系业主,磋商解决方案。

(4) 与相邻施工段联测,可采用支水准路线方法。

二、水准点的加密

勘测设计所提供的水准点相距较远,不能满足施工的要求。因此,要进行水准点的加密,以满足施工的要求,沿路线每 500 m 宜有一个水准点。在结构物附近、高填深挖路段、工程量集中及地形复杂的路段,宜增加水准点。

在施工标段增设加密合理的水准点位,既能方便就近控制路线的高程,方便高程放样,

又能保证施工中的高程精度。公路施工实践证明,公路上设计勘测所布的水准点的精度和密度一般都满足不了施工现场的需要,因此,施工单位必须根据该作业面的实际需要、实际地形来加密水准点,加密的水准点也可叫临时水准点。

(一) 加密施工水准点的原则

(1) 加密施工水准点的原则是从高级到低级,即必须从设计单位提供的水准点发展施工水准点。

(2) 施工水准点系统必须与设计单位所提供的水准点高程系统一致,不得自行选择高程系统。

(3) 施工单位的水准点的起点、终点必须是设计单位提供的水准点,其测定结果的限差应符合《工程测量规范》要求。

(4) 施工水准点的密度应能满足高程放样的需要,应能一站就能放出所需点位高程,测量视距宜控制在 80 m 以内。施工水准点间距宜在 160 m 以内。

(二) 施工水准点的选点要求

(1) 施工水准点的密度。施工水准点的密度应保证只架设一次仪器就可以放出或测量所需的高程。公路施工实践告诉我们,在一个测站上水准点测量前后视距最大为 80 m,超过 80 m,则需要转站才能继续往前测,如果多次转下去,误差会因累积而增大。因此,从实际出发,同时又为保证放样数据的精度,施工水准点的间距最好保证在 160 m 范围内。在纵坡较大的路段,施工水准点的距离应根据实际地形缩短。实践证明,根据上述要求加密的水准点完全可以满足施工的进度要求,同时又为高程放样带来了很大的方便,距离近,又满足了《工程测量规范》要求。

(2) 在重要结构物附近,宜布设两个以上的水准点,这样一个点用于放样,另一个点用来检查,从而保证测量放样的准确性。实践证明,这种布设水准点的方法,能避免错误的发生。

(3) 施工水准点布设地点。在公路施工实践中,加密施工水准点一般布设在填方路段的两侧 20 m 范围内,与挖方路段交接的山坡脚等已保存的地点。当路基施工基本完成时,挖方的排水沟或坡脚砌体已基本施工完毕。这时水准点可布设在其水泥抹面上,埋设水准点时要做好点标记,以方便以后使用。

(4) 施工水准点应埋设牢固,并要妥善保管。施工实践证明,施工水准点由开始到施工竣工验收,从路基到路面都要反复使用,所以点位一定要埋设牢固。用大木桩做桩位时,要打深打牢,并用水泥钉加固,桩顶上钉一水泥钉,测水准时标尺立在钉面上。

(5) 施工水准点编号要醒目、清晰、易识别。施工中多用千米数+号码来编号,如 K128+125,并把高程用红漆写在点号旁边。这样就很明显地知道该点是用来控制哪一段的了,并可校核所用的高程是否用错。

(三) 施工水准点的测设

1. 施工水准点的测量方案

选择施工水准点的测量方案,应考虑如下因素:

(1) 施工标段已知水准点的分布、利用情况,前、后相邻水准点的分布情况(利于选用相邻路段水准点闭合方案)。

(2) 施工标段挖方路段、填方路段情况。施工初期先加密填方路段施工水准点,随着挖方路段工程的进展,再在挖方路段增设施工水准点。

(3) 施工高程放样需要。

根据施工规范,结合实测经验,适用于公路工程加密水准点的施工方案有:

① 单一附合水准路线。

② 单一闭合水准路线。

③ 复测支水准路线,即往返测水准路线。

当施工标段内只有一个已知水准点时,宜采用闭合水准路线进行测量。若有特殊需要,如涵洞高程放样等,可考虑选用复测支水准路线。当施工标段有两个已知水准点时,可采用附合水准路线测量。

如图 11-7 所示是一条附合水准路线。图中 BM_A 是起始已知水准点,BM_B 是终点已知水准点。

其间 1、2、3 是转点,K128+1、K128+2 是欲加密的施工水准点。只要测出 BM_A 和转点 1 的高差,再测出转点 1、转点 2 和转点 3 的高程,通过平差计算,就可以计算出各导线点的高程。

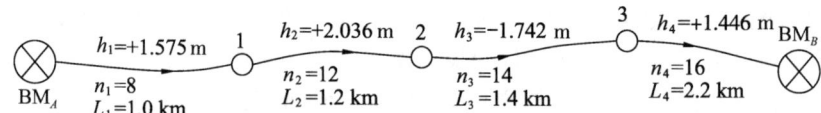

图 11-7 附合水准路线示意图

图 11-8 是一条闭合水准路线。图中 BM 是该路线的起点,又是终点,即由该点出发,中间经过许多点(待求点),又回到该点。只要测出各段的高差,然后经过平差,就可以计算各点的高程。

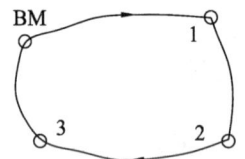

图 11-8 闭合水准路线示意图

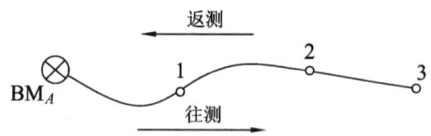

图 11-9 复测支水准路线示意图

图 11-9 是一条复测支水准路线。图中 BM_A 是已知水准点,从此点出发向外转点 1、转点 2、转点 3,往返测出各点之间的高差,然后就可以计算出各点的高程。

2. 施工水准点的测量方法

施工水准点的高程用水准测量方法测定。水准测量就是用水准仪、水准标尺或塔尺测定两点之间高程的方法。普通测量常用的水准测量方法有高差法、视线高法和复合水准测量方法。公路施工测量采用向前法和复合水准测量法。向前法用于路线高程放样,复合水准测量法用于建立施工标段的高程控制系统。

由于公路施工是一条狭长地带,每个施工段多则几公里,少则数百米,这就需要通过复合水准测量来加密施工高程控制点。

第七节　路线定线测量

中线定线测量中,要根据初步设计文件,优化、设计、选定一条路线,准确测定路线的位置和构造物的位置。

一、极坐标法

此方法是根据公路导线点坐标和公路中线上各点坐标之间的关系,计算测设数据,然后在实地标出点位的方法。可不设置交点桩,测设时应一次测出整桩和加桩,也可只测设直线和曲线控制点桩,其余中桩用支距法测设。

1. 测设数据的计算

如图 11-10 所示,设 P 为公路中线上的点,其坐标为 (x_P,y_P),A、B 为导线点,坐标分别为 (x_A,y_A)、(x_B,y_B)。则 A、P 两点间的距离 D_{AP} 和坐标方位角 α_{AP} 的计算公式分别为

$$\begin{cases} D_{AP} = \sqrt{(x_P-x_A)+(y_P-y_A)} \\ \alpha_{AP} = \arctan \dfrac{y_P-y_A}{x_P-x_A} \end{cases}$$

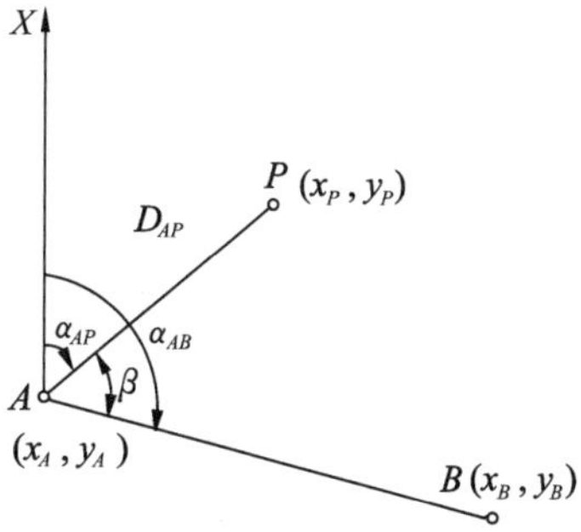

AB 直线的方位角为

图 11-10　极坐标法

$$\alpha_{AB} = \arctan \dfrac{y_B-y_A}{x_B-x_A}$$

直线 AB 与 AP 的夹角为

$$\beta = \alpha_{AB} - \alpha_{AP}$$

此时应注意象限,其解决的方法是:当 $\Delta x < 0$ 时,加 $180°$;当 $\Delta x > 0$ 时,加 $360°$。其中,Δx 为相邻两点 x 坐标差。

设公路起点直线段的桩号为 $l_0(x_0,y_0)$,直线段上任意一点 P 的桩号为 $l_P(x_P,y_P)$。P 点所在直线段的方位角为 α_0,则 P 点的坐标可按下式计算:

$$\begin{cases} x_P = x_0 + (l_P - l_0)\cos\alpha_0 \\ y_P = y_0 + (l_P - l_0)\sin\alpha_0 \end{cases}$$

公路中线上的直线段的起点一般为 JD_n,见图 11-11。

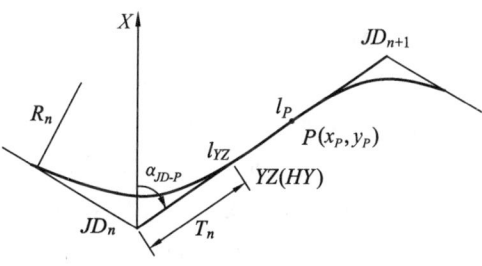

图 11-11　点 P 在直线段上

P 点的坐标计算公式为

$$\begin{cases} x_P = x_{JD_n} + (T_n + l_P - l_{YZ})\cos\alpha_{JD-P} \\ y_P = y_{JD_n} + (T_n + l_P - l_{YZ})\sin\alpha_{JD-P} \end{cases}$$

2. 测设方法(用全站仪放样)

(1) 在控制点 A 安置仪器,后视 B 点度盘配置零或 α_{AP}。

(2) 转动照准部,使水平度盘读数为 β 或 α_{AB}。

(3) 在视线方向上量取水平距离 D_{AP},得 P 点的位置。

(4) 在 P 点的位置钉桩,桩上钉钉。

二、切线支距法

切线支距法,实质为直角坐标法。它是以 ZY 或 YZ 为坐标原点,以 ZY(或 YZ)的切线为 X 轴,切线的垂线为 Y 轴。X 轴指向 JD,Y 轴指向圆心 O,如图 11-12 所示。

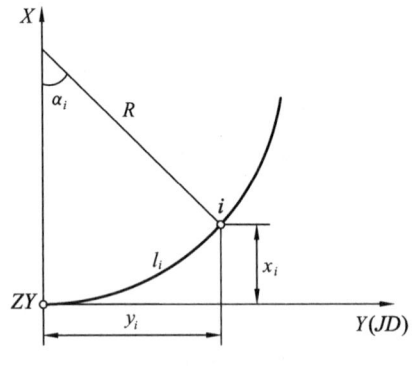

图 11-12 切线支距法

曲线点的测设坐标按下式计算:

$$x_i = R\sin\alpha_i$$
$$y_i = R(1-\cos\alpha_i)$$
$$\alpha_i = \frac{l_i}{R} \times \frac{180°}{\pi}$$

式中,l_i 为曲线点 i 至 ZY(或 YZ)的曲线长。l_i 一般定为 10 m,20 m,…。已知 R,即可计算出 x_i、y_i。亦可从表 11-2 中查取每 10 m 一桩的 (l_i-x_i) 及 y_i 值。

表 11-2 切线支距要素计算表

l_i/m	$R=700$/m		$R=600$/m		$R=500$/m	
	(l_i-x_i)/m	y_i/m	(l_i-x_i)/m	y_i/m	(l_i-x_i)/m	y_i/m
10	0.00	0.07	0.00	0.08	0.00	0.10
20	0.00	0.29	0.00	0.33	0.10	0.40
30	0.01	0.64	0.01	0.75	0.02	0.90
40	0.02	1.14	0.03	1.33	0.04	1.60
50	0.04	1.79	0.06	2.08	0.08	2.50

测设时从 ZY 或 YZ 开始,沿切线方向直接量出 x_i 并钉桩。若 y_i 较小,可用方向架或直角器在 x_i 点测设曲线点;若 y_i 较大,应在 x_i 处安置经纬仪来测设。若使用曲线表,则从 ZY(或 YZ)开始沿切线方向每丈量 l_i,退回 (l_i-x_i) 钉桩来测设曲线点,如图 11-13 所示。

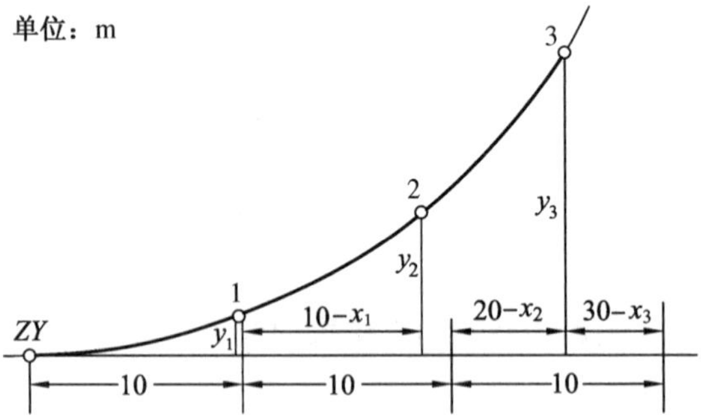

图 11-13 切线支距法测设

切线支距法简单,各曲线点相互独立,无测量误差累积。但由于安置仪器次数多,速度较慢,同时检核条件较少,故一般适用于半径较大、y 值较小的平坦地区曲线的测设。

三、图解法

图解法就是在地形图上量取测设参数的方法。其步骤如下：

（1）在地图上用量角器和比例尺量取公路中线直线段上的各点到控制点的距离和夹角，得到各测设参数 β、D 等。

（2）根据量测的数据，在实地导线上用经纬仪和钢尺按极坐标法测设各点。

（3）穿线。

四、拨角放线法

适用于针对纸上定线而言，即根据纸上定线交点的坐标，再内业计算出两交点间的距离及直线转折角，然后根据计算资料在现场放出各个交点，定出中线位置。

第八节 交点和转点的测设

一、交点的测设

(一) 交点定义

路线的转折点，即两个方向直线的交点，用 JD 来表示。

(二) 交点测设方法

（1）低等级公路：现场标定。

（2）高等级公路：测绘出地形图—图上定线—实地标点放线。

(三) 实地放线的方法分类

1．放点穿线法

放直线点—穿线—定交点，如图 11-14 所示。

（1）放直线点。

可采用切线支距法、导线相交法或极坐标法。

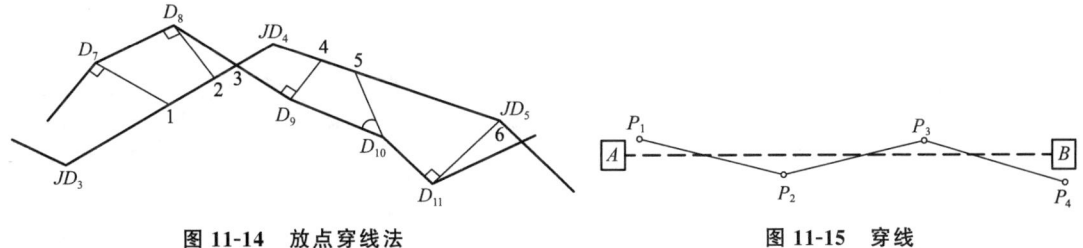

图 11-14 放点穿线法　　　　　　图 11-15 穿线

（2）穿线。

定出一条尽可能多的穿过或靠近直线上点（如 P_1、P_2、P_3 点）的直线 AB（图 11-15）。

（3）定交点。

① 如图 11-16 所示，在 B 点安置仪器，用盘左照准 A 点，制动照准部，倒转望远镜成前视状态。

② 在望远镜视线方向上交点的概略位置，打下两个木桩，俗称骑马桩。在桩顶标出 a_1

和 b_1 两点。

③ 再用盘右照准 A 点，制动望远镜，再次倒转望远镜成前视状态。

④ 在望远镜视线方向上于骑马桩的桩顶分别再次标出 a_2 和 b_2 点。

⑤ 在骑马桩的桩顶分别取 a_1 和 a_2、b_1 和 b_2 的中点并订上小钉。

⑥ 用细线将 a、b 两点连接。

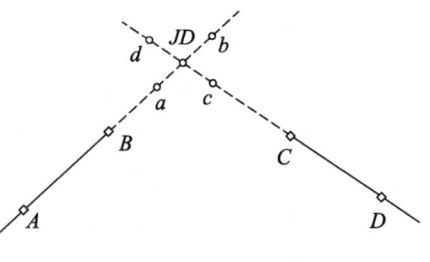

图 11-16　定交点

⑦ 将仪器置于 C 点，用盘左位置照准 D 点，倒转望远镜，前视细线 ab，在视线与细线相交处打下木桩，并在桩顶标定视线与细线的交点。

⑧ 再以盘右照准 D 点并制动照准部，再倒转望远镜，前视细线 ab，再次在桩顶标定视线与细线的交点。

⑨ 在桩顶沿细线取盘左与盘右两点的中间点，钉上小钉，即得交点。然后去掉骑马桩。

2．拨角放线法——极坐标法

利用导线点或已测设的 JD，计算测设元素（$β,s$），拨角，量边，定出 JD 的位置（图 11-17）。

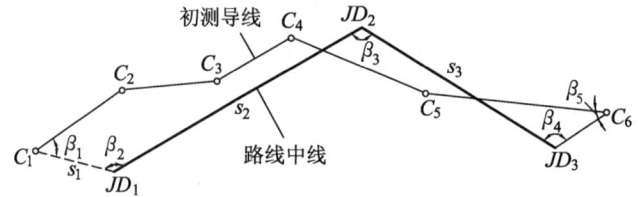

图 11-17　拨角放线法

二、转点 ZD 的测设

（一）定义

当相邻两交点过长或互不通视时，需要在其连线测设一些供放线、交点、测角、量距时照准用的点。

（二）在两交点间测设转点

方法如下：

（1）在 JD_5、JD_6 的大致中间位置 ZD' 架经纬仪（图 11-18）。瞄准 JD_5，定出 JD_6'。

（2）测量出 a、b 的距离。

（3）计算 e 值：

$$e = \frac{a}{a+b} f$$

实地量取 e，得 ZD 点。

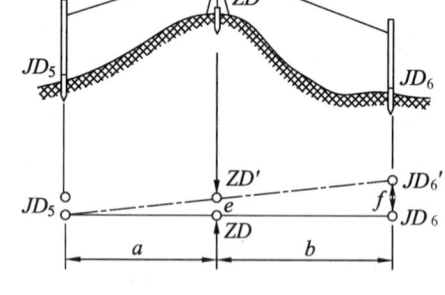

图 11-18　定转点

（4）在 ZD 点架经纬仪，检查三点是否在一条直线上。

（三）在两交点延长线上测设转点

最后，在 ZD 点安置仪器，检查三点是否在一条直线上。同理，计算出 e 值，有

$$\frac{f}{e} = \frac{a+b}{a}$$

$$e = \frac{a}{a+b}f$$

实地量取 e,得 ZD 点。

三、转角和分角线的测设

(一) 定义

如图 11-19 所示,转角指路线由一个方向偏向另一个方向时,偏转后的方向与原方向的夹角。当偏转后的方向在原方向的右侧时,称为右转角 $\alpha_{右}$;反之,称为左转角 $\alpha_{左}$。

(二) 转角的测量

如图 11-20 所示,要求得转角 α。须实地测量转折角 β。右角 β 的半测回角值为

$$\beta_{上} = 后视读数_{上} - 前视读数_{上}$$

若后视读数小于前视读数,则应将后视读数加上 $360°$,则上式变为

$$\beta_{上} = 后视读数 + 360° - 前视读数$$

一测回的观测角值为

$$\beta_{右} = \frac{\beta_{上} + \beta_{下}}{2}$$

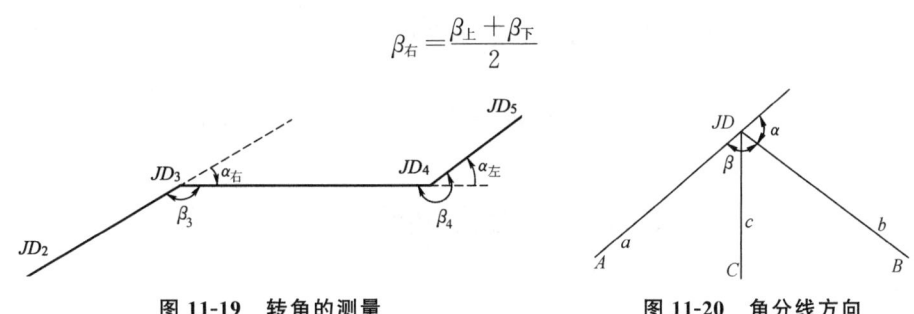

图 11-19　转角的测量　　　　图 11-20　角分线方向

(三) 转角的计算

当 $\beta_{右} < 180°$ 时,为右转角,有 $\alpha_{右} = 180° - \beta_{右}$;当 $\beta_{右} > 180°$ 时,为左转角,有 $\alpha_{左} = \beta_{右} - 180°$。

(四) 角分线方向

若角度的两个方向值为后视读数 a、前视读数 b,则角分线方向的读数为 $c = \frac{a+b}{2}$。

右转角:$c = b + \frac{\beta}{2}$,左转角:$c = b + \frac{\beta}{2} + 180°$。

当以 $A-JD$ 边的方向为起始方向时,C 方向的度盘读数为 $c = 90° + \frac{\alpha}{2}$。

当以 $JD-B$ 边的方向为起始方向时,C 方向的度盘读数为 $c = 90° - \frac{\alpha}{2}$。

四、里程桩的设置

里程桩又称中桩,表示该桩至路线起点的水平距离。它分为整桩(每隔 20 m 或 50 m 设一个)和加桩。

(一)加桩

加桩分为地形加桩、地物加桩、人工结构物加桩、工程地质加桩、曲线加桩和断链加桩(图 11-21)。

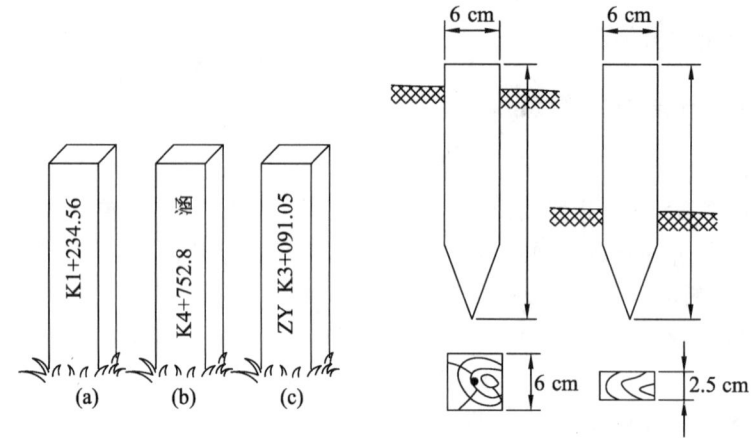

图 11-21 加桩

(二)断链加桩

断链是指公路局部地段改线或量距计算中发生错误而出现实际里程与原来的桩号不一致的情况。

写法：新桩号－原桩号＝断链长度，正值称为长链,负值称为短链。

第九节 缓和曲线的测设

一、概念及基本公式

为缓和行车方向的突变和离心力的突然产生与消失,需要在直线(超高为 0)与圆曲线(超高为 h)之间插入一段曲率半径由无穷大逐渐变化至圆曲线半径的过渡曲线(使超高由 0 变为 h),此曲线称为缓和曲线(图 11-22)。其主要有回旋线、三次抛物线及双纽线等。

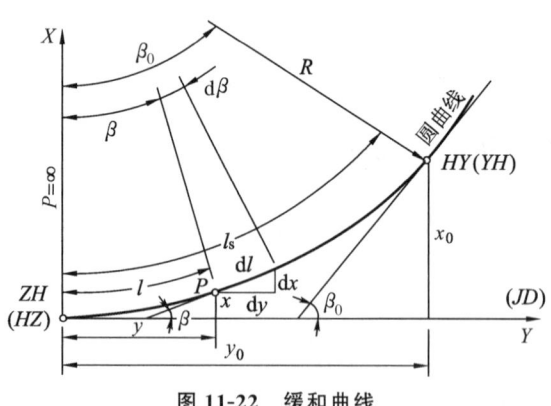

图 11-22 缓和曲线

如图 11-22 所示,测设缓和曲线时缓和曲线上任一点 P 的曲率半径 $\rho=\dfrac{c}{l}$,其中 $c=$

Rl_s,l_s 为缓和曲线全长,l 为 P 点到 ZH 曲线长,c 为缓和曲线参数,R 为圆曲线的半径。

（1）切线角公式：

$$\beta = \frac{l^2}{2c} = \frac{l^2}{2Rl_s} \cdot \frac{180°}{\pi}$$

式中,β 为缓和曲线长 l 所对应的中心角。

$$\beta_0 = \frac{l_s}{2R} \cdot \frac{180°}{\pi}$$

式中,β_0 为缓和曲线全长 l_s 所对应的缓和曲线角。

（2）参数方程。

当桩位在任意点处时的参数方程为

$$x = l - \frac{l^5}{40R^2 l_s^2}$$

$$y = \frac{l^3}{6Rl_s} - \frac{l^7}{336R^3 l_s^3}$$

当桩位在 HY 点处时的参数方程为

$$x_0 = l_s - \frac{l_s^3}{40R^2}$$

$$y_0 = \frac{l_s^2}{6R}$$

二、主点的测设

1. 缓和曲线测设元素的计算

（1）内移距 p（经过切点 F 和 G 所作的内切圆与经过缓和曲线终点 C 所作相同半径的圆之间的距离）和切线增长 q 的计算：当转角 α、圆曲线半径 R、缓和曲线长 l_s、β_0 均已知时，即可计算缓和曲线的测设元素。

$$p = \frac{l_s^2}{24R}, \quad q = \frac{l_s}{2} - \frac{l_s^3}{240R^2}$$

（2）曲线主点测设元素的计算公式（图 11-23）：

切线长：
$$T_H = (R+p)\tan\frac{\alpha}{2} + q$$

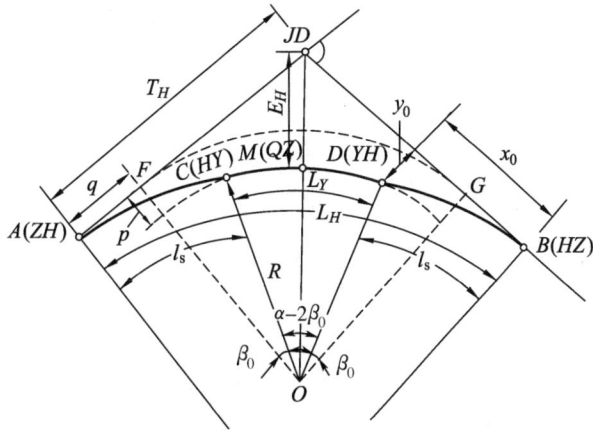

图 11-23 缓和曲线测设元素

曲线长：
$$l = R(\alpha - 2\beta_0)\frac{\pi}{180°} + 2l_s$$

外矢距：
$$E_H = (R+p)\sec\frac{\alpha}{2} - R$$

2．主点的测设

(1) 里程的计算：
$$ZH = JD - T_H, \quad HY = ZH + l_s$$
$$QZ = ZH + \frac{L_H}{2}, \quad HZ = ZH + L_H, \quad YH = HZ - l_s$$

(2) 测设方法。

加缓和曲线后曲线主要点的测设与无缓和曲线时圆曲线主要点的测设方法基本相同，只是多出两个点，即缓圆点(HY)和圆缓点(YH)，该两点的测设是用直角坐标法进行的。

(3) 测设步骤。

① 将经纬仪安置于交点上，沿两切线方向量出 $T-X_0$，分别打桩，得 x_C 点。

② 从 x_C 点向曲线起点或终点方向量取 x_0 值打木桩，即得直缓点和缓直点。切线长要丈量两次，精度达到 $\frac{1}{2\,000}$。

③ 把经纬仪水平度盘读数调到 $0°00'00''$，使望远镜瞄准切线方向，再将水平度盘读数转至 $\frac{180°-\alpha}{2}$ 角，此时沿望远镜视线方向量取外矢距长度，打下木桩，初步确定曲中点点位。再用另一个盘位，用同样的方法在桩顶再确定一次点位，最后取两个盘位的分中位置，定出曲中点 QZ。

④ 将经纬仪移至 x_C 桩上，使水平度盘读数对到 $0°00'00''$，瞄准切线方向，转动照准部，使读数对到 $90°00'00''$，沿望远镜视线方向量取 y_0 值，打桩，即得到缓圆点或圆缓点。

【**例 11-1**】 如图 11-24 所示，设某公路的交点桩号为 K0+518.66，右转角 $\alpha_右 = 180°18'36''$，圆曲线半径 $R = 100$ m，缓和曲线长 $l_s = 10$ m，试测设主点桩。

解：(1) 计算测设元素：

$$p = \frac{l_s^2}{24R} = 0.04 \text{ m}$$

$$q = \frac{l_s}{2} - \frac{l_s^3}{240R^2} = 5.00 \text{ m}$$

$$\beta_0 = \frac{l_s}{2R} \times \frac{180°}{\pi} = 2°51'53''$$

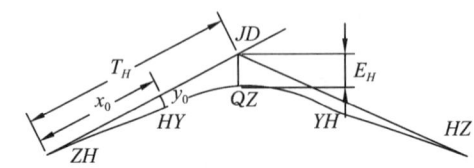

图 11-24 例 11-1 图

$$T_H = (R+p)\tan\frac{\alpha}{2} + q = 21.12 \text{ m}$$

$$l = R(\alpha - 2\beta_0)\frac{\pi}{180°} + 2l_s = 41.96 \text{ m}$$

$$E_H = (R+p)\sec\frac{\alpha}{2} - R = 1.33 \text{ m}$$

$$x_0 = l_s - \frac{l_s^3}{40R^2} = 10.00 \text{ m}$$

$$y_0 = \frac{l_s^2}{6R} = 0.17 \text{ m}$$

(2) 计算里程：

$ZH = $ K0+497.54，$HY = $ K0+507.54，$QZ = $ K0+518.52，$YH = $ K0+529.50，$HZ = $ K0+539.50。

(3) 主点测设。

① 在 JD_i 架仪，后视 JD_{i-1}，量取 T_H，得 ZH 点；后视 JD_{i+1}，量取 T_H，得 HZ 点；在分角线上量取 E_H，得 QZ 点。

② 分别在 ZH、HZ 点架仪，后视 JD_i 方向，量取 x_0，再在此方向的垂直方向上量取 y_0，得 HY 和 YH 点。

三、带有缓和曲线的圆曲线加密桩的详细测设

1. 切线支距法（图 11-25）

要注意点是位于缓和曲线上还是位于圆曲线上。

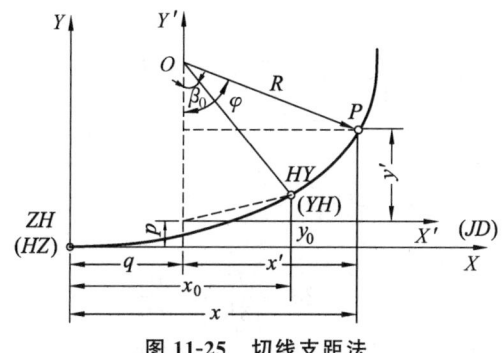

图 11-25 切线支距法

(1) 当点位于缓和曲线上时，有

$$x = l - \frac{l^5}{40R^2 l_s^2}$$

$$y = \frac{l^3}{6R l_s} - \frac{l^7}{336 R^3 l_s^3}$$

(2) 当点位于圆曲线上时，有

$$x = R \sin\varphi + q$$

$$y = R(1 - \cos\varphi) + p$$

其中，$\varphi = \frac{l - l_s}{R} \cdot \frac{180°}{\pi} + \beta_0$，$l$ 为点到坐标原点的曲线长。

(3) 测设方法。

可按无缓和曲线时的圆曲线切线支距法进行测设。圆曲线上的各点也可以以 HY 点或 YH 点为坐标原点用切线支距法进行测设。

2. 偏角法（整桩距短弦偏角法，图 11-26）

要注意点是位于缓和曲线上还是位于圆曲线上。

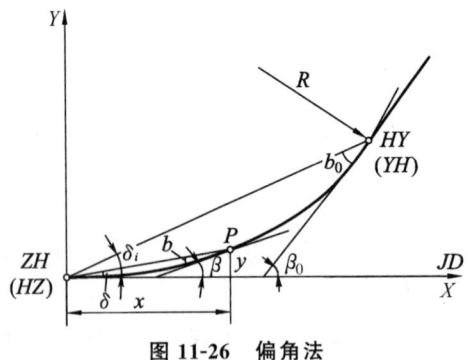

图 11-26 偏角法

(1) 当点位于缓和曲线上时。

总偏角即 HY 点处的偏角，其值为常量，即 $\delta_0 = \dfrac{l_s}{6R} \cdot \dfrac{180°}{\pi}$。

任意点偏角 $\delta_i = \dfrac{l^2}{6Rl_s} \cdot \dfrac{180°}{\pi} = \dfrac{30l^2}{R\pi l_s}$ 或 $\delta_i = \dfrac{l^2}{l_s^2}\delta_0$。

弦长 $c = \sqrt{x^2 + y^2}$。

距离：用曲线长 l 来代替弦长。放样出第 1 点后，放样第 2 点时，用偏角和曲线长 l 交会得到。

(2) 当点位于圆曲线上时。

仪器置于 HY 点或 YH 点上，这时应定出过 HY 点或 YH 点的切线方向。先计算 b_0，其计算公式如下：

$$b_0 = 2\delta_0 = \dfrac{l_s}{3R} \cdot \dfrac{180°}{\pi}$$

架仪于 HY 点（或 YH 点），水平度盘配置在 b_0（当曲线右转时，配置在 $360° - b_0$），转动照准部，使水平度盘读数为 $0°00'00''$ 并倒镜，即找到了 HY 点的切线方向，再按单圆曲线偏角法进行测设。

第十节　困难地段的曲线测设

在施工过程中，由于地形、地物及其施工的影响，造成待测点不通视，因此需要改变仪器的安置位置进行测设。

一、视线被阻时用偏角法测设单圆曲线

其原则是：瞄准后视置读数，纵转拨角投点。

采用垂直纵转望远镜法（倒镜法），步骤如下：

(1) 在已测设的任意一点安置仪器，照准该后视点并制动，配置后视点的水平度盘读数为 δ。

(2) 纵转望远镜，松开制动螺旋，转动照准部，拨到待放点的读数并制动，在此方向线上量出弦长，即得待放点的位置，钉桩，精放点位，然后依次测设各点。

二、视线被阻时用偏角法测设缓和曲线

当视线被障碍物阻挡时,可在测设出的任意一个点上安置仪器,测设其他各点。

缓和曲线上任一点的偏角计算公式为

$$\delta = \frac{\rho}{6Rl_s}(l-l_{\bar{\Lambda}})(l+2l_{\bar{\Lambda}})$$
$$= \frac{30°}{\pi Rl_s}(l-l_{\bar{\Lambda}})(l+2l_{\bar{\Lambda}})$$

在 E 点架设仪器,测设 B 点,如图 11-27 所示。式中,$l_{\bar{\Lambda}}$ 为 ZH 点到置仪点的桩距,l 为 ZH 点到前视点或后视点的距离。

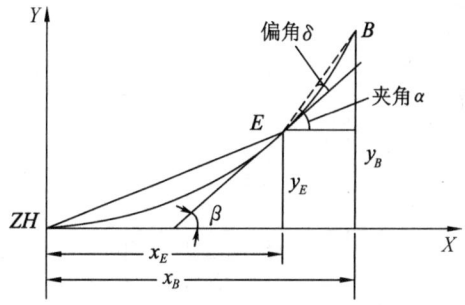

图 11-27 视线被阻时的偏角法

采用倒镜转动法进行测设。测设时,在 E 点架立仪器,瞄准 ZH 点并配置 ZH 点的读数,然后转动照准部,使读数变为仪器在 E 点的读数(为 $0°00'00''$),纵转望远镜,视线方向即为过 E 点的 $E-B$ 曲线的切线方向,之后按 δ 拨角测设 B 点。

【例 11-2】 如图 11-28 所示,某 JD 的转角 $\alpha=58°21'08''$,圆曲线半径 $R=500$ m,缓和曲线长 $l_s=100$ m。现求仪器安置于 ZH 点、HY 点和 6 点(每隔 10 m 桩测设时的第 6 点)时的偏角。

解:(1)数据计算。

① 仪器在 ZH 点的偏角计算公式为

$$\delta = \frac{l^2}{6Rl_s} \cdot \frac{180°}{\pi}$$

② 仪器在 HY 点或在 6 点的偏角计算公式为

$$\delta = \frac{30°}{\pi Rl_s}(l-l_{\bar{\Lambda}})(l+2l_{\bar{\Lambda}})$$

③ 推理公式为

$$\begin{cases} \delta_1 = \frac{1}{3n^2}\beta_0 = \frac{1}{n^2}\delta_0 \\ \delta_i = i^2 \delta_1 \end{cases}$$

式中,$i \geq 2$,为加密桩的编号。

(2)点位测设。

① 测设方法一。

先把仪器安置于 ZH 点,瞄准前视 JD,配置读数 $\delta(0°00'00'')$,用偏角法测设缓和曲线 $ZH \sim 6$ 点段的加桩(此时利用仪器测设在 ZH 点时 $ZH \sim 6$ 点段的偏角值如表 11-3 所示)。

将仪器移动到第 6 点,配置读数 $\delta(1°22'31'')$,瞄准后视 ZH 点后松开垂直制动螺旋,倒转望远镜,按仪器测设在 6 点时的偏角测设 7、8 等各点,直到 HY 点(此时利用仪器测设在 6 点时 $6 \sim HY$ 点段的偏角值如表 11-3 所示)。

表 11-3 任意置点偏角放样计算表

桩号	里程	仪器在 ZH 点的偏角	仪器在 6 点的偏角	仪器在 HY 点的偏角	仪器在 ZH 点的偏角（右偏）
ZH	0	0	1°21′33″	3°49′11″	0
1	10	359°58′51″	1°14′29″	3°36′35″	0°01′09″
2	20	359°55′25″	1°04′10″	3°36′41″	0°04′35″
3	30	359°49′41″	0°51′34″	3°04′30″	0°10′19″
4	40	359°41′40″	0°36′40″	2°45′01″	0°18′20″
5	50	359°31′21″	0°19′29″	2°23′14″	0°28′39″
6	60	359°18′45″	0	1°59′11″	0°41′15″
7	70	359°03′51″	359°38′14″	1°32′49″	0°56′09″
8	80	358°46′40″	359°14′10″	1°04′10″	1°17′55″
9	90	358°27′11″	359°47′48″	0°33′14″	1°32′49″
ZY	100	358°05′24″	358°19′10″	0°00′00″	1°54′35″

② 测设方法二。

在 ZH 点先测设出第 6 点，然后将仪器安置在第 6 点，瞄准 ZH 点，配置在第 6 点安置仪器时的读数 b_{06}（1°22′31″），反拨仪器，依次测设 1、2、3 等点，直到 5 点止。

继续反拨，使读数为 0°00′00″，锁紧水平制动螺旋，然后纵转望远镜，拨出 7、8 点的读数，测设出 7、8 等点，直到 HY 点为止，如图 11-28 所示。

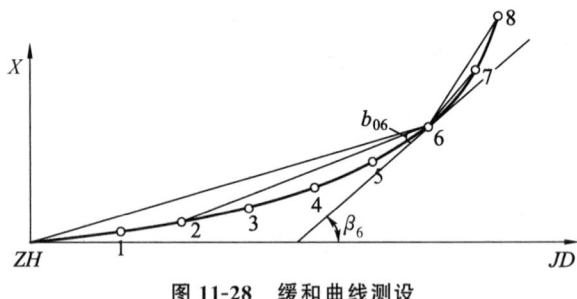

图 11-28 缓和曲线测设

第十一节 坐标的平移转换

一、平面直角坐标的换算

如图 11-29 所示，设 x_P、y_P 为点 P 在国家控制网坐标系中的坐标，x_P'、y_P' 为点 P 在工程坐标系中的坐标，x_0、y_0 为工程独立坐标原点 O′在国家控制网坐标系下的坐标。$\Delta\alpha$ 为两坐标纵轴的夹角，如果一条边 PM 在国家坐标系中的方位角为 A，而在工程独立坐标系中的坐标方位角为 α，则 $\Delta\alpha = A - \alpha$。

当由工程坐标换算到国家坐标时，其换算公式为

$$x_P = x_0 + x_P'\cos\Delta\alpha - y_P'\sin\Delta\alpha$$
$$y_P = y_0 + x_P'\sin\Delta\alpha + y_P'\cos\Delta\alpha$$

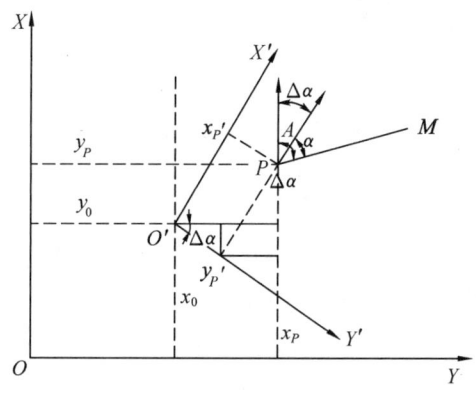

图 11-29 坐标转换

二、用导线控制点测设中线桩

(一) 点 P 在直线段上的坐标计算

设直线段的方位角为 α_0(图 11-30),α_0 由相邻两交点 JD_i、JD_j 的坐标计算,其公式为

$$\alpha_0 = \arctan\frac{y_j - y_i}{x_j - x_i}$$

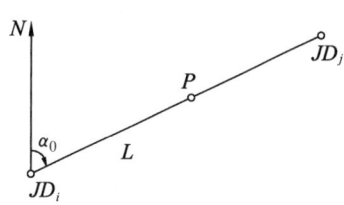

图 11-30 直线段上的坐标计算

设交点 I 的坐标为 (X_i, Y_i),则 P 点的坐标计算公式为

$$x_P = X_i + L\cos\alpha_0$$
$$y_P = Y_i + L\sin\alpha_0$$

如图 11-31 所示,设公路起点直线段的桩号为 $l_0(x_0, y_0)$,直线段上任意一点 P 的桩号为 $l_P(x_P, y_P)$。P 点所在直线段的方位角为 α_0,则 P 点的坐标可按下式计算:

$$x_P = X_0 + (l_P - l_0)\cos\alpha_0$$
$$y_P = Y_0 + (l_P - l_0)\sin\alpha_0$$

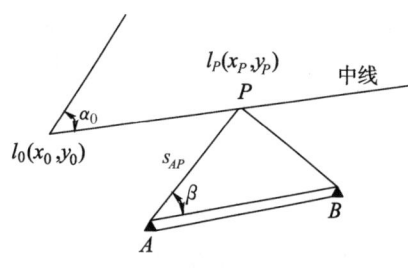

图 11-31 P 点的测设

(1) 在控制点 A 安置仪器,后视 B 点度盘配置零或 α_{AP}。
(2) 转动照准部,使水平度盘读数为 β 或 α_{AB}。
(3) 在视线方向上量取水平距离 s_{AP},得 P 点的位置。
(4) 在 P 点的位置钉桩,桩上钉钉。

(二) 点 P 在纯圆曲线上的坐标计算

设 P 点至 ZY 或 YZ 的弧长为 l_i,R 为圆的半径,则 P 点的坐标计算公式为

$$x = R\sin\left(\frac{l_i \cdot 180°}{R \cdot \pi}\right)$$
$$y = R\left[1 - \cos\left(\frac{l_i \cdot 180°}{R \cdot \pi}\right)\right]$$

P 点的坐标转换公式为

$$x_P = x_{ZH} + x\cos\alpha_0 - y\sin\alpha_0$$
$$y_P = y_{ZH} + x\sin\alpha_0 + y\cos\alpha_0$$

(三) 带有缓和曲线的坐标计算

(1) 第一段缓和曲线部分，缓和曲线的参数方程为

$$x = l - \frac{l^5}{40R^2 l_s^2}$$

$$y = \frac{l^3}{6R l_s} - \frac{l^7}{336 R^3 l_s^3}$$

式中，l 为缓和曲线上一点到 ZH 或 HZ 的曲线长，l_s 为缓和曲线长。

P 点转换为公路中线控制坐标系中的坐标为

$$X_P = X_{ZH} + x\cos\alpha_0 - y\sin\alpha_0$$

$$Y_P = Y_{ZH} + x\sin\alpha_0 + y\cos\alpha_0$$

(2) P 点在圆曲线的坐标计算公式为

$$x = R\sin\varphi + q$$

$$y = R(1-\cos\varphi) + p$$

$$\varphi = \frac{l_P - l_s}{R} \cdot \frac{180°}{\pi} + \beta_0$$

利用坐标平移转换公式，将上式的局部坐标转换为控制坐标系下的坐标，计算公式为

$$X_P = X_{ZH} + x\cos(\alpha_0 + \beta_0) - y\sin(\alpha_0 + \beta_0)$$

$$Y_P = Y_{ZH} + x\sin(\alpha_0 + \beta_0) + y\cos(\alpha_0 + \beta_0)$$

其中，$\alpha_0 + \beta_0$ 为缓和曲线切线的方位角。

(3) 第二段缓和曲线的中桩坐标计算。

① 计算 P 点在以 HZ 点为坐标原点的直角坐标系 $X''O''Y''$ 中的坐标 (x_P'', y_P'')：

$$x_P'' = l - \frac{l^5}{40R^2 l_s^2}$$

$$y_P'' = \frac{l^3}{6R l_s} - \frac{l^7}{336 R^3 l_s^3}$$

② 将 P 点的坐标 (x_P'', y_P'') 转化为以 ZH 点为坐标原点的坐标 (x_P', y_P')：

$$x_P' = x_{HZ} + x_P'' \cos(\alpha_0 \pm \alpha + 180°) + y_P'' \cos(\alpha_0 \pm \alpha + 180°)$$

$$y_P' = y_{HZ} + x_P'' \sin(\alpha_0 \pm \alpha + 180°) + y_P'' \sin(\alpha_0 \pm \alpha + 180°)$$

$$x_{HZ}' = T_h + T_h \cos\alpha_0$$

$$y_{HZ}' = T_h \sin\alpha_0$$

计算公式中的转角改为 $\alpha_0 \pm \alpha + 180°$。$\alpha_0$ 为缓和曲线切线的方位角，即 ZH 点到交点 JD 的方位角；α 为公路的转角。

当起点为 ZH 点时，曲线若左偏，应以 $-y_P'$ 代入上式；当起点为 HZ 点时，曲线若右偏，应以 y_P' 代入上式。

第十二节 道路纵断面的测量与绘制

公路纵断面测量又称路线水准测量，是在公路中线测量之后再对中线上各里程桩进行的地面高程测量。根据测量成果绘制道路中线纵断面图，为设计路线纵坡，计算中桩处的

填、挖高度提供依据。

一、道路纵断面的测量

(一) 基平测量

每隔一定距离设置水准点,进行高程测量,称为基平测量。

1. 水准点的设置

(1) 位置:埋在距中线 50~100 m,不易破坏之处。

(2) 设置密度。

山区:相隔 0.5~1 km。

平原区:相隔 1~2 km。

每 5 km、路线起点和终点、重要工程处,设永久性水准点。

2. 基平测量

(1) 路线:附合水准路线。

(2) 仪器:不低于 DS3 精度的水准仪或全站仪。

(3) 测量要求。

水准测量:一般按三、四等水准测量规范进行。要进行往返测,闭合差不超过 $6\sqrt{n}$ mm。

三角高程测量:一般按全站仪电磁波三角高程测量(四等)规范进行。

3. 跨河水准测量

跨河水准测量是指当水准路线跨越的河流宽度在 100 m 以上时所采用的测量方法。

存在的问题有:

① 由于前后视线长不等,故 i 角较大。

② 由于视线的加长,大气垂直折光的影响增大。

③ 由于视线长度的增加,读数误差大。

(1) 设立测站。

在两岸的视野开阔之地,布设"Z"字形路线,如图 11-32 所示,A、B 为立尺点,I_1、I_2 为立仪器点。两岸测站至水边距离尽可能相等。

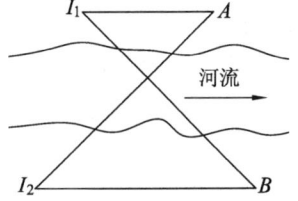

图 11-32 跨河水准测量

(2) 观测方法。

① 先在测站 I_1 处安置仪器,A、B 点立尺,测出 A、B 两点的高差为 $h_1=a_1-b_1$,称为前半测回。

② 再在 I_2 处安置仪器,保持水准仪调焦螺旋不动,A、B 两处的水准尺对调。

③ 分别瞄准 A、B 两点的水准尺,测定水准尺读数分别为 a_2、b_2,测出 A、B 两点的高差为 $h_2=a_2-b_2$,称为后半测回。

A、B 两点的测回高差的平均值为 $h=\dfrac{h_1+h_2}{2}$。

(二) 中平测量

1. 定义

在基平测量后提供的水准点高程的基础上,测定各个中桩的地面高程。

2．方法

（1）水准仪法。

如图 11-33 所示，从一个水准点出发，按普通水准测量的要求，用"视线高法"测出该测段内所有中桩地面高程，最后附合到另一个水准点上。观测数据记录在表 11-4 中。

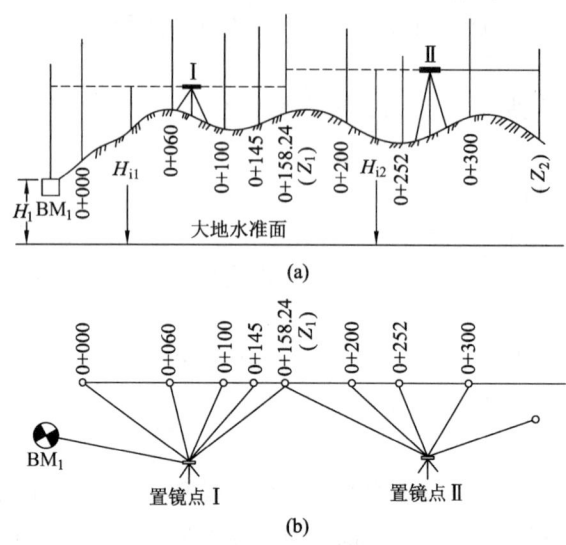

图 11-33 中平测量

表 11-4 中平测量记录表

测点	水准尺读数/m			仪器高度/m	高程/m	备 注
	后视读数	中视读数	前视读数			
BM_1	3.769			56.229	52.460	
0+000		2.21			54.02	
0+060		0.58			55.65	
0+100		1.52			54.71	
0+145		2.45			53.78	水准点高程：
0+158.24(Z_1)	0.659		0.415	56.473	55.814	$BM_1=52.460$ m
0+200		1.37			55.10	$BM_2=55.471$ m
0+252		2.79			53.68	实测闭合差：
0+300		1.80			54.67	$f_h=55.450$ m$-$
Z_2	1.458		2.610	55.321	53.863	55.471 m$=-21$ mm
…	…	…	…	…	…	容许误差：
$ZH_2+046.15$	3.978		2.410	56.696	52.718	$f_{h容}=\pm 50\sqrt{2.1}$ mm
BM_2			1.246		55.450	$=\pm 72$ mm
Σ	30.559		27.609			精度符合限差
检验计算	30.599$-$27.609$=+$2.990			55.450$-$52.460$=+$2.990		

高差闭合差的限差,高速、一级公路为$\pm 30\sqrt{L}$ mm,高速、二级公路为$\pm 50\sqrt{L}$ mm。

(2) 跨沟谷测量。

① 沟内、沟外分开测和上坡、下坡合并测。

② 接尺法。

(3) 全站仪法。

先在 BM_1 上测定各转点 TP_1、TP_2 的高程,再在 TP_1、TP_2 上测定各桩点的高程。其原理即为三角高程测量原理。

二、道路纵断面图的绘制

以横坐标为里程,纵坐标为高程,绘制该图。纵断面图主要包括图样和资料表两大部分。

1. 图样

图样主要包括路线中线纵向地面线和纵坡设计线、竖曲线资料、桥涵结构物的位置及水准点资料等。

2. 资料表

资料表包括地质状况、坡长、坡度、地面高程、设计高程、填挖、里程、直线与曲线。

第十三节　竖曲线的计算

在不同坡度的拐点处连接两个坡度的曲线,称为竖曲线(图 11-34)。其目的是满足视距的要求,使行车安全舒顺。

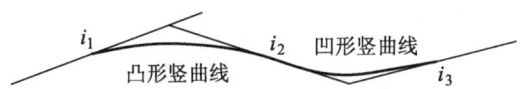

图 11-34　竖曲线

竖曲线一般采用二次抛物线,如图 11-35 所示,相邻纵坡的坡度分别为 i_1、i_2,竖曲线半径为 R,则测设元素曲线长为

$$L = \alpha R$$

由于竖曲线的转角 α 很小,故可认为 $\alpha = i_1 - i_2$。

切线长　　$T = \dfrac{1}{2}R(i_1 - i_2)$

外距　　　$E = \dfrac{T^2}{2R}$

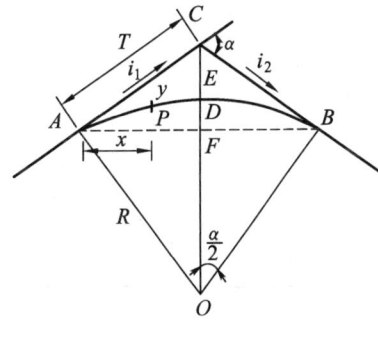

图 11-35　竖曲线测设元素

竖曲线上任意一点 P 距切线的纵距计算公式为:

$y = \dfrac{x^2}{2R}$,y 值在凸曲线内为负号,在凹曲线内为正号。当 $x = T$ 时,$y = E$。

【例 11-3】　某高速公路凸形竖曲线相邻两段坡度 $i_1 = 0.013$,$i_2 = -0.017$。变坡点里程桩 K10+350,该点的高程为 63.540 m。当竖曲线半径 $R = 18\,000$ m 时,试计算该竖曲线段每隔 50 m 以及起点、终点前后各 50 m 的点的桩号及设计高程。

解：(1) 计算竖曲线的基本要素。

曲线长　　　　$L = \alpha \times R = (0.013 + 0.017) \times 18\,000 \text{ m} = 540 \text{ m}$

切线长　　　　$T = \frac{1}{2} R(i_1 - i_2) = 0.5 \times 540 \text{ m} = 270 \text{ m}$

外距　　　　　$E = \frac{T^2}{2R} = 2.025 \text{ m}$

(2) 计算竖曲线主点的桩号及设计高程。

竖曲线起点的桩号为：K10+350－T=K10+350－270=K10+080。

竖曲线起点的设计高程为：63.540－T·i_1=63.540 m－270 m×0.013=60.030 m。

竖曲线终点的桩号为：K10+350＋T=K10+350＋270=K10+620。

竖曲线终点的设计高程为：63.540－T·i_2=63.540 m－270×0.017 m=58.950 m。

竖曲线中点的桩号为：K10+350。

竖曲线中点的设计高程为：63.540－E=63.540 m－2.025 m=61.515 m。

(3) K10+350 处竖曲线的计算(表 11-5)。

表 11-5　K10+350 处竖曲线计算表

桩号	切线高程/m	纵距 y/m	竖曲线高程/m	备注
K10+030			59.380	
K10+080	60.03	0	60.030	竖曲线起点
K10+130	60.68	0.069	60.611	
K10+180	61.33	0.278	61.052	
K10+230	61.98	0.625	61.355	
K10+280	62.63	1.111	61.519	
K10+330	63.28	1.736	61.544	
K10+350	63.54	2.025	61.515	竖曲线中点
K10+370	63.20	1.736	61.464	
K10+420	62.35	1.111	61.239	
K10+470	61.50	0.625	60.875	
K10+520	60.65	0.278	60.372	
K10+570	59.80	0.069	59.731	
K10+620	58.95	0	58.950	竖曲线终点
K10+670			58.100	

习　题

1. 何谓交点？
2. 何谓转点？有何作用？
3. 角分线的确定有哪几种情况？

第十二章 建筑施工测量

第一节 施工测量概述

一、施工测量概述

在施工阶段所进行的测量工作称为施工测量。施工测量的目的是把图纸上设计的建(构)筑物的平面位置和高程,按设计和施工的要求放样(测设)到相应的地点,作为施工的依据,并在施工过程中进行一系列的测量工作,以指导和衔接各施工阶段和工种间的施工。

施工测量贯穿于整个施工过程中。其主要内容有:

(1) 施工前建立与工程相适应的施工控制网。

(2) 建(构)筑物的放样及构件与设备安装的测量工作,以确保施工质量符合设计要求。

(3) 检查和验收工作。每道工序完成后,都要通过测量,检查工程各部位的实际位置和高程是否符合要求。根据实测验收的记录,编绘竣工图和资料,作为验收时鉴定工程质量和工程交付后管理、维修、扩建、改建的依据。

(4) 变形观测工作。随着施工的进展,测定建(构)筑物的位移和沉降,可以作为鉴定工程质量和验证工程设计、施工是否合理的依据。

二、施工测量的特点

(1) 施工测量是直接为工程施工服务的,因此它必须与施工组织计划相协调。测量人员必须了解设计的内容、性质及其对测量工作的精度要求,随时掌握工程进度及现场变动,使测设精度和速度满足施工的需要。

(2) 施工测量的精度主要取决于建(构)筑物的大小、性质、用途、材料、施工方法等因素。一般高层建筑施工测量精度应高于低层建筑施工测量精度,装配式建筑施工测量精度应高于非装配式建筑施工测量精度,钢结构建筑施工测量精度应高于钢筋混凝土结构建筑施工测量精度。局部精度往往高于整体定位精度。

(3) 由于施工现场各工序交叉作业、材料堆放、运输频繁、场地变动及施工机械的震动,使测量标志易遭破坏,因此,测量标志从形式、选点到埋设均应考虑便于使用、保管和检查,如有破坏,应及时恢复。

三、施工测量的原则

为了保证各个建(构)筑物的平面位置和高程都符合设计要求,施工测量应遵循"从整体到局部,先控制后碎部"的原则。即在施工现场先建立统一的平面控制网和高程控制网,然后根据控制点的点位,测设各个建(构)筑物的位置。

此外，施工测量的检核工作也很重要。因此，必须加强外业和内业的检核工作。

第二节　建筑施工场地的控制测量

一、概述

由于在勘探设计阶段所建立的控制网，是为测图而建立的，有时并未考虑施工的需要，所以控制点的分布、密度和精度都难以满足施工测量的要求。另外，在平整场地时，大多控制点被破坏。因此，在施工之前，在建筑场地应重新建立专门的施工控制网。

1. 施工控制网的分类

施工控制网分为平面控制网和高程控制网两种。

（1）施工平面控制网。

施工平面控制网可以布设成三角网、导线网、建筑方格网和建筑基线四种形式。

① 三角网。对于地势起伏较大、通视条件较好的施工场地，可采用三角网。

② 导线网。对于地势平坦、通视又比较困难的施工场地，可采用导线网。

③ 建筑方格网。对于建筑物多为矩形且布置比较规则和密集的施工场地，可采用建筑方格网。

④ 建筑基线。对于地势平坦且又简单的小型施工场地，可采用建筑基线。

（2）施工高程控制网。

施工高程控制网采用水准网。

2. 施工控制网的特点

与测图控制网相比，施工控制网具有控制范围小、控制点密度大、精度要求高及使用频繁等特点。

二、施工场地的平面控制测量

1. 施工坐标系与测量坐标系的坐标换算

施工坐标系亦称建筑坐标系，其坐标轴与主要建筑物主轴线平行或垂直，以便于直角坐标法进行建筑物的放样。

施工控制测量的建筑基线和建筑方格网一般采用施工坐标系，而施工坐标系与测量坐标系往往不一致，因此，施工测量前常常需要进行施工坐标系与测量坐标系的坐标换算。

如图 12-1 所示，设 xOy 为测量坐标系，$x'O'y'$ 为施工坐标系，x_O、y_O 为施工坐标系的原点 O' 在测量坐标系中的坐标，α 为施工坐标系的纵轴 $O'x'$ 在测量坐标系中的坐标方位角。

设 P 点的施工坐标为 $(x'_P、y'_P)$，则可按下式将其换算为测量坐标 $(x_P、y_P)$：

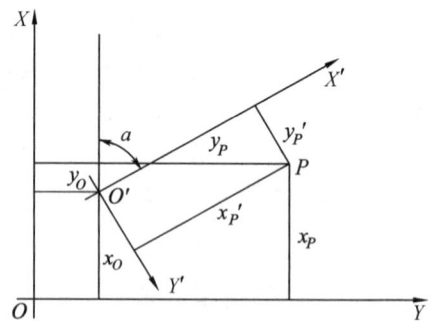

图 12-1　施工坐标系与测量坐标系的换算

$$x_P = x_O + x_P' \cos\alpha - y_P' \sin\alpha$$
$$y_P = y_O + x_P' \sin\alpha + y_P' \cos\alpha \tag{12-1}$$

如已知 P 的测量坐标,则可按下式将其换算为施工坐标:

$$x_P' = (x_P - x_O)\cos\alpha + (y_P - y_O)\sin\alpha$$
$$y_P' = -(x_P - x_O)\sin\alpha + (y_P - y_O)\cos\alpha \tag{12-2}$$

2. 建筑基线

建筑基线是建筑场地的施工控制基准线,即在建筑场地布置一条或几条轴线。它适用于建筑设计总平面图布置比较简单的小型建筑场地。

(1) 建筑基线的布设形式。

建筑基线的布设形式应根据建筑物的分布、施工场地地形等因素来确定。常用的布设形式有"一"字形、"L"字形、"十"字形和"T"字形,如图 12-2 所示。

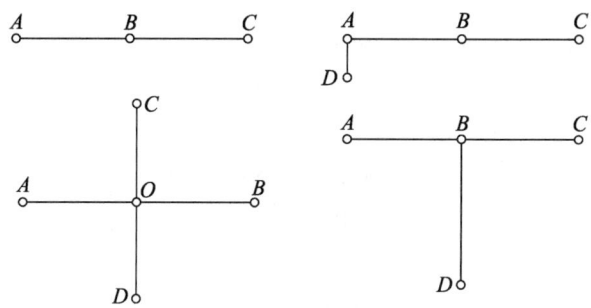

图 12-2 建筑基线的布设形式

(2) 建筑基线的布设要求。

① 建筑基线应尽可能靠近拟建的主要建筑物,并与其主要轴线平行,以便使用比较简单的直角坐标法进行建筑物的定位。

② 建筑基线上的基线点应不少于三个,以便相互检核。

③ 建筑基线应尽可能与施工场地的建筑红线相联系。

④ 基线点位应选在通视良好和不易被破坏的地方,为能长期保存,要埋设永久性的混凝土桩。

(3) 建筑基线的测设方法。

根据施工场地的条件不同,建筑基线的测设方法有两种:根据建筑红线测设建筑基线、根据附近已有控制点测设建筑基线。

① 根据建筑红线测设建筑基线。

由城市测绘部门测定的建筑用地界定基准线,称为建筑红线。在城市建设区,建筑红线可用作建筑基线测设的依据。如图 12-3 所示,AB、AC 为建筑红线,1、2、3 为建筑基线点,利用建筑红线测设建筑基线的方法如下:

首先,从 A 点沿 AB 方向量取 d_2 定出 P 点,沿 AC 方向量取 d_1 定出 Q 点。

然后,过 B 点作 AB 的垂线,沿垂线量取 d_1

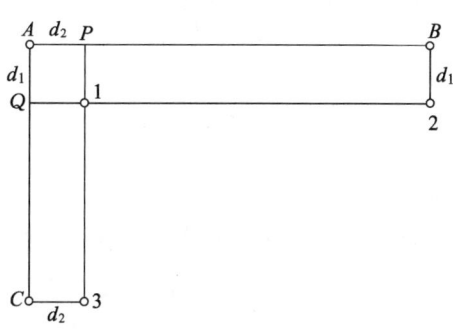

图 12-3 根据建筑红线测设建筑基线

定出 2 点,作出标志;过 C 点作 AC 的垂线,沿垂线量取 d_2 定出 3 点,作出标志;用细线拉出直线 $P3$ 和 $Q2$,两条直线的交点即为 1 点,作出标志。

最后,在 1 点安置经纬仪,精确观测 $\angle 213$,其与 $90°$ 的差值应小于 $\pm 20''$。

② 根据附近已有控制点测设建筑基线。

在新建筑区,可以利用建筑基线的设计坐标和附近已有控制点的坐标,用极坐标法测设建筑基线。如图 12-4 所示,A、B 为附近已有控制点,1、2、3 为选定的建筑基线点。测设方法如下:

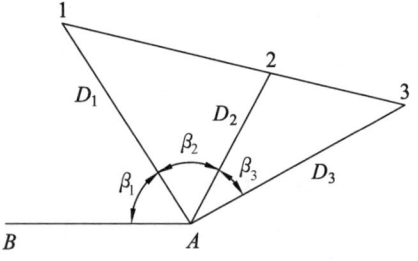

图 12-4　根据控制点测设建筑基线

首先,根据已知控制点和建筑基线点的坐标,计算出测设数据 β_1、D_1、β_2、D_2、β_3、D_3。然后,用极坐标法测设 1、2、3 点。

由于存在测量误差,测设的基线点往往不在同一直线上,且点与点之间的距离与设计值也不完全相符。因此,需要精确测出已测设直线的折角 β' 和距离 D',并与设计值相比较。如图 12-5 所示,如果 $\Delta\beta = \beta' - 180°$ 且超过 $\pm 15''$,则应对 $1'$、$2'$、$3'$ 点在与基线垂直的方向上进行等量调整,调整量按下式计算:

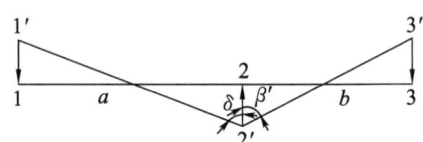

图 12-5　基线点的调整

$$\delta = \frac{ab}{a+b} \times \frac{\Delta\beta}{2\rho} \tag{12-3}$$

式中,δ 为各点的调整值(m),a、b 分别为 12、23 的长度(m)。

如果测设距离超限,如 $\dfrac{\Delta D}{D} = \dfrac{D'-D}{D} > \dfrac{1}{10\,000}$,则以 2 点为准,按设计长度沿基线方向调整 $1'$、$3'$ 点。

3. 建筑方格网

由正方形或矩形组成的施工平面控制网,称为建筑方格网,或称矩形网,如图 12-6 所示。建筑方格网适用于按矩形布置的建筑群或大型建筑场地。

(1) 建筑方格网的布设。

布设建筑方格网时,应根据总平面图上各建(构)筑物、道路及各种管线的布置,结合现场的地形条件先确定方格网的主轴线,然后布设方格网。

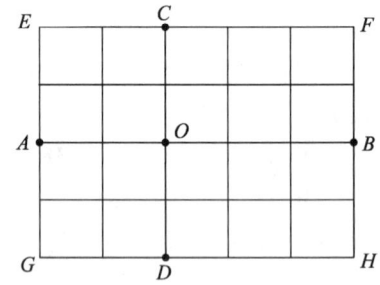

图 12-6　建筑方格网

(2) 建筑方格网的测设。

测设方法如下:

① 主轴线的测设。

主轴线的测设与建筑基线的测设方法相似。首先,准备测设数据。然后,测设两条互相垂直的主轴线 AOB 和 COD,如图 12-6 所示。主轴线实质上是由 5 个主点 A、B、O、C 和 D 组成的。最后,精确检测主轴线点的相对位置关系,并与设计值相比较,如果超限,则应进行调整。建筑方格网的主要技术要求如表 12-1 所示。

表 12-1 建筑方格网的主要技术要求

等级	边长/m	测角中误差/″	边长相对中误差	测角检测限差/″	边长检测限差
Ⅰ级	100~300	5″	1/30 000	10″	1/15 000
Ⅱ级	100~300	8″	1/20 000	16″	1/10 000

② 方格网点的测设。

如图 12-6 所示,主轴线测设后,分别在主点 A、B 和 C、D 安置经纬仪,后视主点 O,向左右测设 90°水平角,即可交会出田字形方格网点。随后再作检核,测量相邻两点间的距离,看是否与设计值相等,测量其角度是否为 90°。误差均应在允许范围内,并埋设永久性标志。

建筑方格网轴线与建筑物轴线平行或垂直,因此,可用直角坐标法进行建筑物的定位,计算简单,测设比较方便,而且精度较高。其缺点是必须按照总平面图布置,其点位易被破坏,而且测设工作量也较大。

由于建筑方格网的测设工作量大,测设精度要求高,因此一般委托专业测量单位进行。

三、施工场地的高程控制测量

1. 施工场地高程控制网的建立

建筑施工场地的高程控制测量一般采用水准测量方法,应根据施工场地附近的国家或城市已知的水准点,测定施工场地水准点的高程,以便纳入统一的高程系统。

在施工场地上,水准点的密度应尽可能满足安置一次仪器即可测设出所需的高程。而测图时敷设的水准点往往是不够的,因此,还需增设一些水准点。在一般情况下,建筑基线点、建筑方格网点以及导线点也可兼作高程控制点。只要在平面控制点桩面上中心点旁边设置一个突出的半球状标志即可。

为了便于检核和提高测量精度,施工场地高程控制网应布设成闭合或附合路线。高程控制网可分为首级网和加密网,相应的水准点称为基本水准点和施工水准点。

2. 基本水准点

基本水准点应布设在土质坚实、不受施工影响、无震动和便于实测之处,并埋设永久性标志。一般情况下,按四等水准测量的方法测定其高程,而对于为连续性生产车间或地下管道测设所建立的基本水准点,则需按三等水准测量的方法测定其高程。

3. 施工水准点

施工水准点是用来直接测设建筑物高程的。为了测设方便和减少误差,施工水准点应靠近建筑物。

此外,由于设计建筑物常以底层室内地坪高±0 标高为高程起算面,为了施工引测方便,常在建筑物内部或附近测设±0 水准点。±0 水准点的位置,一般选在稳定的建筑物墙、柱的侧面,用红漆绘成顶为水平线的▼▼形,其顶端表示±0 位置。

第三节　多层民用建筑施工测量

民用建筑是指住宅、办公楼、食堂、俱乐部、医院和学校等建筑物。民用建筑施工测量的主要任务是建筑物的定位和放线、基础工程施工测量、墙体工程施工测量及高层建筑施工测量等。

一、施工测量前的准备工作

1．熟悉设计图纸

设计图纸是施工测量的主要依据。在测设前,应熟悉建筑物的设计图纸,了解施工建筑物与相邻地物的相互关系,以及建筑物的尺寸和施工的要求等,并仔细核对各设计图纸的有关尺寸。测设时必须具备下列图纸资料:

(1) 总平面图。如图 12-7 所示,从总平面图上,可以查取或计算设计建筑物与原有建筑物或测量控制点之间的平面尺寸和高差,作为测设建筑物总体位置的依据。

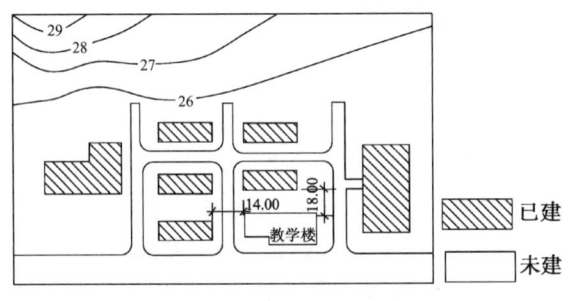

图 12-7　总平面图

(2) 建筑平面图。从建筑平面图中,可以查取建筑物的总尺寸,以及内部各定位轴线之间的关系尺寸,这是施工测设的基本资料。

(3) 基础平面图。从基础平面图上,可以查取基础边线与定位轴线的平面尺寸,这是测设基础轴线的必要数据。

(4) 基础详图。从基础详图中,可以查取基础立面尺寸和设计标高,这是基础高程测设的依据。

(5) 建筑物的立面图和剖面图。从建筑物的立面图和剖面图中,可以查取基础、地坪、门窗、楼板、屋架和屋面等设计高程,这是高程测设的主要依据。

2．现场踏勘

全面了解现场情况,对施工场地上的平面控制点和水准点进行检核。

3．施工场地整理

平整和清理施工场地,以便进行测设工作。

4．制订测设方案

根据设计要求、定位条件、现场地形和施工方案等因素,制订测设方案,包括测设方法、测设数据计算和测设略图绘制。

5．仪器和工具检核

对测设所使用的仪器和工具进行检核。

二、定位和放线

(一) 建筑物的定位

建筑物的定位，就是将建筑物外廓各轴线交点（简称角桩，即图 12-8 中的 M、N、P 和 Q）测设在地面上，作为基础放样和细部放样的依据。

由于定位条件不同，定位方法也不同。下面介绍根据已有建筑物测设拟建建筑物的方法。

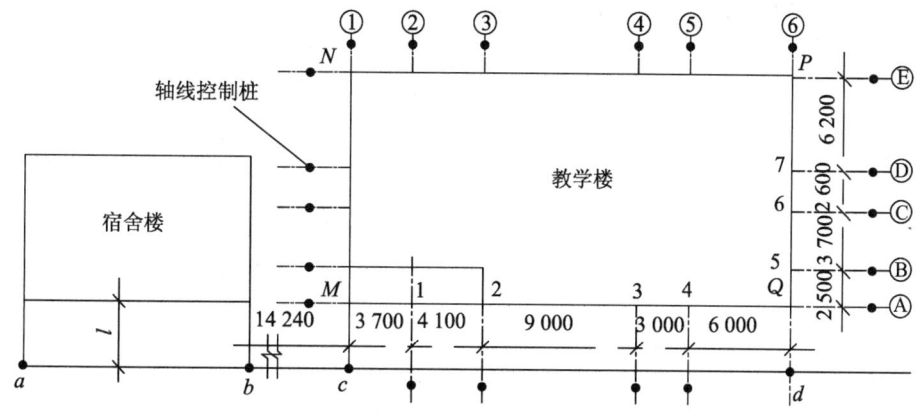

图 12-8　建筑物的定位和放线

(1) 如图 12-8 所示，用钢尺沿宿舍楼的东、西墙，延长出一小段距离 l 得 a、b 两点，作出标志。

(2) 在 a 点安置经纬仪，瞄准 b 点，并从 b 沿 ab 方向量取 14 240 mm（因为教学楼的外墙厚 370 mm，轴线偏里，离外墙皮 240 mm），定出 c 点，作出标志，再继续沿 ab 方向从 c 点起量取 25 800 mm，定出 d 点，作出标志，cd 线就是测设教学楼平面位置的建筑基线。

(3) 分别在 c、d 两点安置经纬仪，瞄准 a 点，顺时针方向测设 90°，沿此视线方向量取距离 $l+240$ mm，定出 M、Q 两点，作出标志，再继续量取 15 000 mm，定出 N、P 两点，作出标志。M、N、P、Q 四点即为教学楼外廓定位轴线的交点。

(4) 检查 NP 的距离是否等于 25 800 mm，$\angle N$ 和 $\angle P$ 是否等于 90°，其误差应在允许范围内。

如施工场地已有建筑方格网或建筑基线，可直接采用直角坐标法进行定位。

(二) 建筑物的放线

建筑物的放线，是指根据已定位的外墙轴线交点桩（角桩），详细测设出建筑物各轴线的交点桩（或称中心桩），然后根据交点桩用白灰撒出基槽开挖边界线。

1．在外墙轴线周边上测设中心桩位置

如图 12-8 所示，在 M 点安置经纬仪，瞄准 Q 点，用钢尺沿 MQ 方向量出相邻两轴线间的距离，定出 1,2,3,… 各点，同理可定出 5,6,7 各点。量距精度应达到设计精度要求。量取各轴线之间的距离时，钢尺零点要始终对在同一点上。

2. 恢复轴线位置的方法

由于在开挖基槽时,角桩和中心桩要被挖掉,为了便于在施工中恢复各轴线位置,应把各轴线延长到基槽外安全地点,并做好标志。其方法有设置轴线控制桩和设置龙门板两种。

(1) 设置轴线控制桩。轴线控制桩设置在基槽外、基础轴线的延长线上,作为开槽后各施工阶段恢复轴线的依据。轴线控制桩一般设置在基槽外

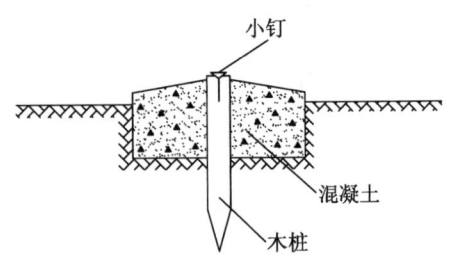

图 12-9 轴线控制桩

2～4 m 处,打下木桩,在桩顶钉上小钉,准确标出轴线位置,并用混凝土包裹木桩,如图 12-9 所示。如附近有建筑物,亦可把轴线投测到建筑物上,用红漆作出标志,以代替轴线控制桩。

(2) 设置龙门板。在小型民用建筑施工中,常将各轴线引测到基槽外的水平木板上。水平木板称为龙门板,固定龙门板的木桩称为龙门桩,如图 12-10 所示。

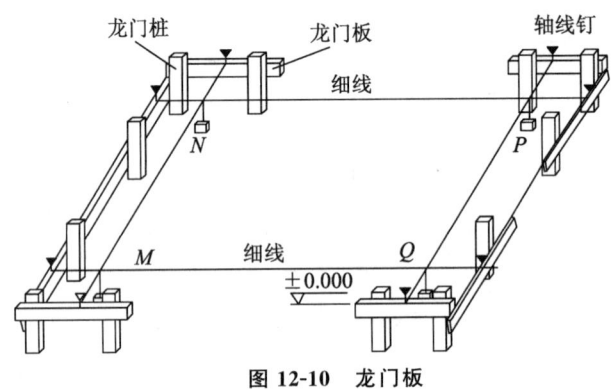

图 12-10 龙门板

设置龙门板的步骤如下:

在建筑物四角与隔墙两端,基槽开挖边界线以外 1.5～2 m 处,设置龙门桩。龙门桩要钉得竖直、牢固,龙门桩的外侧面应与基槽平行。

根据施工场地的水准点,用水准仪在每个龙门桩外侧,测设出该建筑物室内地坪设计高程线(即±0.000 标高线),并作出标志。

沿龙门桩上±0.000 标高线钉设龙门板,这样龙门板顶面的高程就同在±0.000 的水平面上。然后用水准仪校核龙门板的高程,如有差错应及时纠正,其允许误差为±5 mm。

在 N 点安置经纬仪,瞄准 P 点,沿视线方向在龙门板上定出一点,用小钉做标志,纵转望远镜,在 N 点的龙门板上也钉一个小钉。用同样的方法,将各轴线引测到龙门板上。所钉的小钉称为轴线钉,轴线钉定位误差应小于±5 mm。

最后,用钢尺沿龙门板的顶面,检查轴线钉的间距,其误差不超过 1∶2 000。检查合格后,以轴线钉为准,将墙边线、基础边线、基础开挖边线等标定在龙门板上。

三、基础工程施工测量

1. 基槽抄平

建筑施工中的高程测设,又称抄平。

为了控制基槽的开挖深度,当快挖到槽底设计标高时,应用水准仪根据地面上±0.000 m

点，在槽壁上测设一些水平小木桩(称为水平桩)，如图 12-11 所示，使木桩的上表面离槽底的设计标高为一固定值(如 0.500 m)。

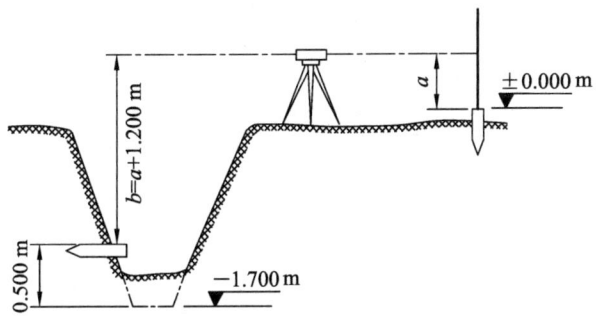

图 12-11 底桩的测设

为了施工时使用方便，一般在槽壁各拐角处、深度变化处和基槽壁上每隔 3～4 m 测设一水平桩。水平桩可作为挖槽深度、修平槽底和打基础垫层的依据。

2. 水平桩的测设方法

如图 12-11 所示，槽底设计标高为 -1.700 m，欲测设比槽底设计标高高 0.500 m 的水平桩，测设方法如下：

(1) 在地面适当地方安置水准仪，在 ±0.000 m 标高线位置上立水准尺，读取后视读数为 1.318 m。

(2) 计算测设水平桩的应读前视读数 $b_{应}$：

$$b_{应}=a-h=1.318 \text{ m}-(-1.700+0.500)\text{m}=2.518 \text{ m}$$

(3) 在槽内一侧立水准尺，并上下移动，直至水准仪视线读数为 2.518 m 时，沿水准尺尺底在槽壁打入一小木桩。

3. 垫层中线的投测

基础垫层打好后，根据轴线控制桩或龙门板上的轴线钉，用经纬仪或用拉绳挂锤球的方法，把轴线投测到垫层上，如图 12-12 所示，并用墨线弹出墙中心线和基础边线，作为砌筑基础的依据。

由于整个墙身砌筑均以此线为准，这是确定建筑物位置的关键环节，所以要严格校核后方可进行砌筑施工。

4. 基础墙标高的控制

房屋基础墙是指 ±0.000 m 以下的砖墙，它的高度是用基础皮数杆来控制的。

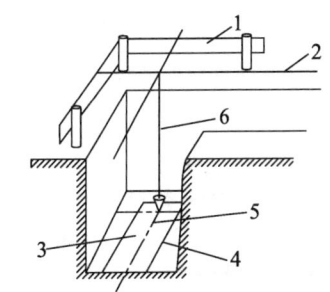

1—龙门板；2—细线；3—垫层；
4—基础边线；5—墙中线

图 12-12 垫层中线的投测

(1) 基础皮数杆是一根木制的杆子，如图 11-13 所示，在杆上事先按照设计尺寸，按砖、灰缝的厚度画出线条，并标明 ±0.000 m 和防潮层的标高位置。

(2) 立皮数杆时，先在立杆处打一木桩，用水准仪在木桩侧面定出一条高于垫层某一数值(如 100 mm)的水平线，然后将皮数杆上标高相同的一条线与木桩上的水平线对齐，并用大铁钉把皮数杆与木桩钉在一起，作为基础墙的标高依据。

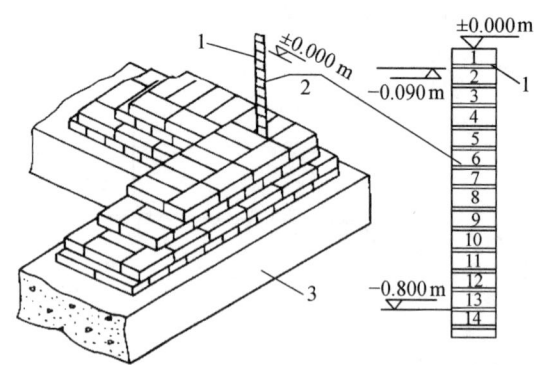

1—防潮层；2—皮数杆；3—垫层

图 12-13 基础墙标高的控制

5. 基础面标高的检查

基础施工结束后，应检查基础面的标高是否符合设计要求（也可检查防潮层）。可用水准仪测出基础面上若干点的高程，和设计高程比较，允许误差为 ±10 mm。

四、墙体施工测量

1. 墙体定位

（1）利用轴线控制桩或龙门板上的轴线和墙边线标志，用经纬仪或拉细绳挂锤球的方法将轴线投测到基础面上或防潮层上。

（2）用墨线弹出墙中线和墙边线。

（3）检查外墙轴线交角是否等于 90°。

（4）把墙轴线延伸并画在外墙基础上，如图 12-14 所示，作为向上投测轴线的依据。

（5）把门、窗和其他洞口的边线，也在外墙基础上标定出来。

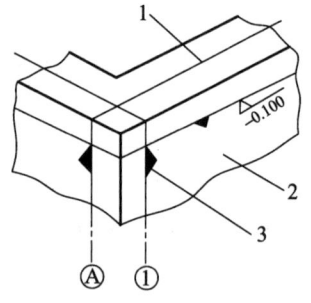

1—墙中心线；
2—外墙基础；3—轴线

图 12-14 墙体定位

2. 墙体各部位标高控制

在墙体施工中，墙身各部位标高通常也是用皮数杆控制的。

（1）在墙身皮数杆上，根据设计尺寸，按砖、灰缝的厚度画出线条，并标明 ±0.000 m、门、窗、楼板等的标高位置，如图 12-15 所示。

（2）墙身皮数杆的设立与基础皮数杆相同，使皮数杆上的 ±0.000 m 标高与房屋的室内地坪标高相吻合。在墙的转角处，每隔 10～15 m 设置一根皮数杆。

（3）在墙身砌起 1 m 以后，就在室内墙身上标出 +0.500 m 的标高线，作为该层地面施工和室内装修用。

（4）第二层以上墙体施工中，为了使皮数杆在同一水平面上，要用水准仪测出楼板四角的标高，取平均值作为地坪标高，并以此作为立皮数杆的标志。

框架结构的民用建筑，墙体砌筑是在框架施工后进行的，故可在柱面上画线，代替皮数杆。

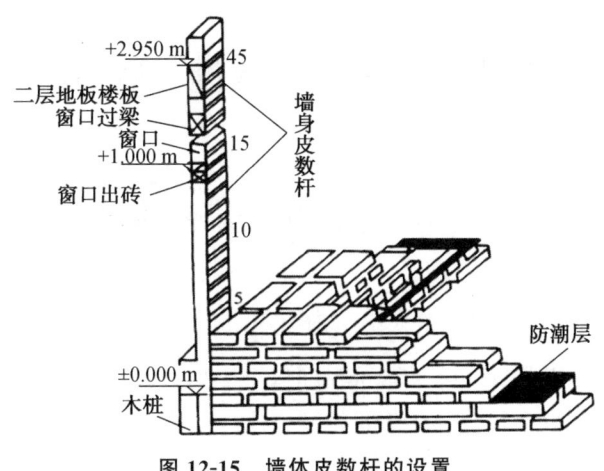

图 12-15 墙体皮数杆的设置

五、建筑物的轴线投测

在多层建筑墙身砌筑过程中,为了保证建筑物轴线位置正确,可用吊锤球或经纬仪将轴线投测到各层楼板边缘或柱顶上。

1. 吊锤球法

将较重的锤球悬吊在楼板或柱顶边缘,当锤球尖对准基础墙面上的轴线标志时,线在楼板或柱顶边缘的位置即为楼层轴线端点位置,画出标志线。各轴线的端点投测完后,用钢尺检核各轴线的间距,符合要求后,继续施工,并把轴线逐层从下向上传递。

吊锤球法简便易行,不受施工场地限制,一般能保证施工质量。但当有风或建筑物较高时,投测误差较大,应采用经纬仪投测法。

2. 经纬仪投测法

在轴线控制桩上安置经纬仪,严格整平后,瞄准基础墙面上的轴线标志,用盘左、盘右分中投点法,将轴线投测到楼层边缘或柱顶上。将所有端点投测到楼板上之后,用钢尺检核其间距,相对误差不得大于 1/2 000。检查合格后,才能在楼板分间弹线,继续施工。

六、建筑物的高程传递

在多层建筑施工中,要由下层向上层传递高程,以便楼板、门窗口等的标高符合设计要求。高程传递的方法有以下几种:

1. 利用皮数杆传递高程

一般建筑物可用墙体皮数杆传递高程。具体方法参照上一页中的"墙体各部位标高控制"。

2. 利用钢尺直接丈量

对于高程传递精度要求较高的建筑物,通常用钢尺直接丈量来传递高程。对于二层以上的各层,每砌高一层,就从楼梯间用钢尺从下层的"+0.500 m"标高线,向上量出层高,测出上一层的"+0.500 m"标高线。这样用钢尺逐层向上引测。

3. 吊钢尺法

用悬挂钢尺代替水准尺,用水准仪读数,从下向上传递高程。

第十二章 建筑施工测量

第四节 高层建筑施工测量

高层建筑施工测量中的主要问题是控制垂直度,就是将建筑物的基础轴线准确地向高层引测,并保证各层相应轴线位于同一竖直面内,控制竖向偏差,使轴线向上投测的偏差值不超限。

轴线向上投测时,要求竖向误差在本层内不超过 5 mm,全楼累积误差值不超过 $\frac{2H}{10\ 000}$(H 为建筑物总高度),且当 30 m<H≤60 m 时,全楼累积误差应≤10 mm;当 60 m<H≤90 m 时,五楼累积误差应≤15 mm;当 H>90 m 时,全楼累积误差应≤20 mm。

高层建筑物轴线的竖向投测,主要有外控法和内控法两种,下面分别介绍这两种方法。

一、外控法

外控法是在建筑物外部,利用经纬仪,根据建筑物轴线控制桩来进行轴线的竖向投测,亦称作"经纬仪引桩投测法"。具体操作方法如下:

1. 在建筑物底部投测中心轴线位置

高层建筑的基础工程完工后,将经纬仪安置在轴线控制桩 A_1、A_1'、B_1 和 B_1' 上,把建筑物主轴线精确地投测到建筑物的底部,并设立标志,如图 12-16 中的 a_1、a_1'、b_1 和 b_1',以供下一步施工与向上投测使用。

2. 向上投测中心线

随着建筑物不断升高,要逐层将轴线向上传递,如图 12-16 所示,将经纬仪安置在中心轴线控制桩 A_1、A_1'、B_1 和 B_1' 上,严格整平仪器,用望远镜瞄准建筑物底部已标出的轴线 a_1、a_1'、b_1 和 b_1' 点,用盘左和盘右位置分别向上投测到每层楼板上,并取其中点作为该层中心轴线的投影点,如图 12-16 中的 a_2、a_2'、b_2 和 b_2'。

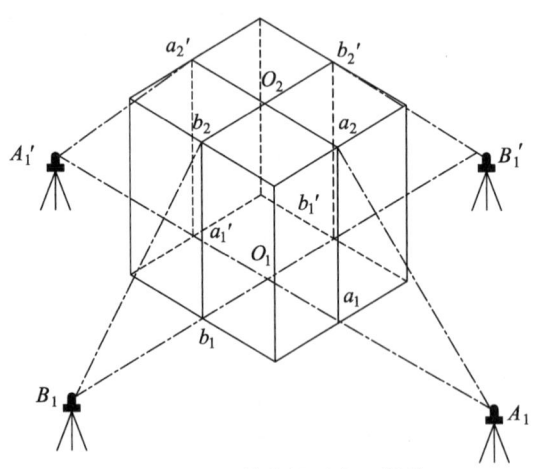

图 12-16 经纬仪投测中心轴线

3. 增设轴线引桩

当楼房逐渐增高,而轴线控制桩距建筑物又较近时,望远镜的仰角较大,操作不便,投测精度也会降低。为此,要将原中心轴线控制桩引测到更远的安全地方,或者附近大楼的屋面。

具体做法如下:

将经纬仪安置在已经投测上去的较高层(如第十层)楼面轴线 $a_{10}a_{10}'$ 上,如图 12-17 所示,瞄准地面上原有的轴线控制桩 A_1 和 A_1' 点,用盘左、盘右分中投点法,将轴线延长到远处 A_2 和 A_2' 点,并用标志固定其位置,A_2、A_2' 即为新投测的 A_1A_1' 轴控制桩。

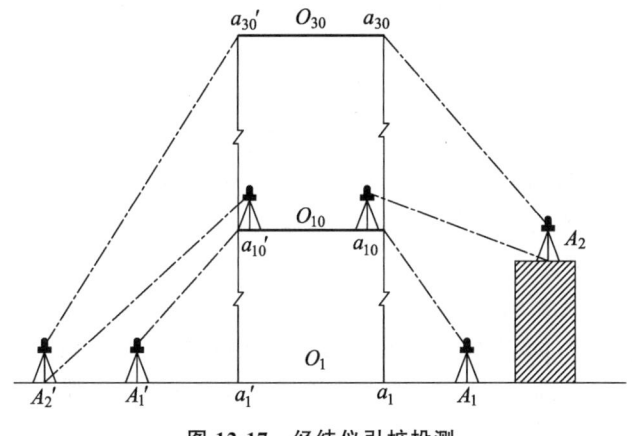

图 12-17　经纬仪引桩投测

对更高各层的中心轴线,可将经纬仪安置在新的引桩上,按上述方法继续进行投测。

二、内控法

内控法是指在建筑物内±0.000 平面设置轴线控制点,并预埋标志,以后在各层楼板相应位置上预留 200 mm×200 mm 的传递孔,在轴线控制点上直接采用吊线坠法或激光铅垂仪法,通过预留孔将其点位垂直投测到任一楼层,如图 12-18 和图 12-19 所示。

1. 内控法轴线控制点的设置

在基础施工完毕后,在±0.000 首层平面上适当位置设置与轴线平行的辅助轴线。辅助轴线以距轴线 500~800 mm 为宜,并在辅助轴线交点或端点处埋设标志,如图 12-18 所示。

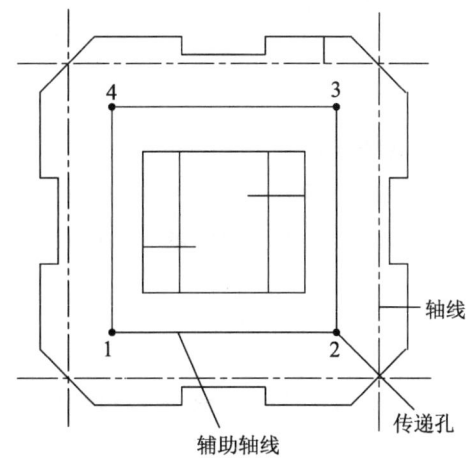

图 12-18　内控法轴线控制点的设置

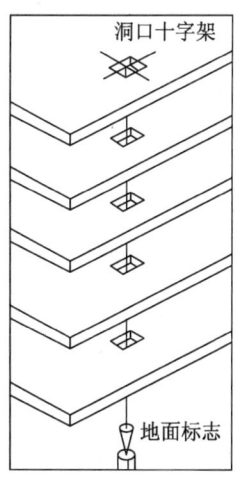

图 12-19　吊线坠法投测轴线

2. 吊线坠法

吊线坠法是利用钢丝悬挂重锤球的方法，进行轴线竖向投测。这种方法一般用于高度在 50～100 m 的高层建筑施工中，锤球的质量为 10～20 kg，钢丝的直径为 0.5～0.8 mm。

投测方法如下：如图 12-19 所示，在预留孔上面安置十字架，挂上锤球，对准首层预埋标志。当锤球线静止时，固定十字架，并在预留孔四周作出标记，作为以后恢复轴线及放样的依据。此时，十字架中心即为轴线控制点在该楼面上的投测点。

用吊线坠法实测时，要采取一些必要措施，如用铅直的塑料管套着坠线或将锤球沉浸于油中，以减少摆动。

3. 激光铅垂仪法

（1）激光铅垂仪简介。

激光铅垂仪是一种专用的铅直定位仪器，适用于高层建筑物、烟囱及高塔架的铅直定位测量。其主要由氦氖激光管、精密竖轴、发射望远镜、水准器、基座、激光电源及接收屏等部分组成。

激光器通过两组固定螺钉固定在套筒内。激光铅垂仪的竖轴是空心筒轴，两端有螺扣，上、下两端分别与发射望远镜和氦氖激光器套筒相连接，二者位置可对调，构成向上或向下发射激光束的铅垂仪。仪器上设置有两个互成 90°的管水准器，仪器配有专用激光电源。

（2）激光铅垂仪投测轴线。

其投测方法如下：

① 在首层轴线控制点上安置激光铅垂仪，利用激光器底端（全反射棱镜端）所发射的激光束进行对中，通过调节基座整平螺旋，使管水准器气泡严格居中。

② 在上层施工楼面预留孔处放置接收靶。

③ 接通激光电源，启辉激光器发射铅直激光束，通过发射望远镜调焦，使激光束会聚成红色耀目光斑，投射到接收靶上。

④ 移动接收靶，使靶心与红色光斑重合，固定接收靶，并在预留孔四周作出标记，此时，靶心位置即为轴线控制点在该楼面上的投测点。

第五节 工业建筑施工测量

一、概述

工业建筑中以厂房为主体，一般工业厂房多采用预制构件，在现场装配化施工。厂房的预制构件有柱子、吊车梁和屋架等。因此，工业建筑施工测量的工作主要是保证这些预制构件安装到位。具体任务有：厂房矩形控制网测设、厂房柱列轴线放样、杯形基础施工测量及厂房预制构件安装测量等。

二、厂房矩形控制网测设

工业厂房一般都应建立厂房矩形控制网，作为厂房施工测设的依据。下面介绍根据建筑方格网，采用直角坐标法测设厂房矩形控制网的方法。

如图 12-20 所示，H、I、J、K 四点是厂房的房角点，从设计图中已知 H、J 两点的坐标。

S、P、Q、R 为布置在基础开挖边线以外的厂房矩形控制网的四个角点,称为厂房控制桩。厂房矩形控制网的边线到厂房轴线的距离为 4 m,厂房控制桩 S、P、Q、R 的坐标可按厂房角点的设计坐标加减 4 m 算得。

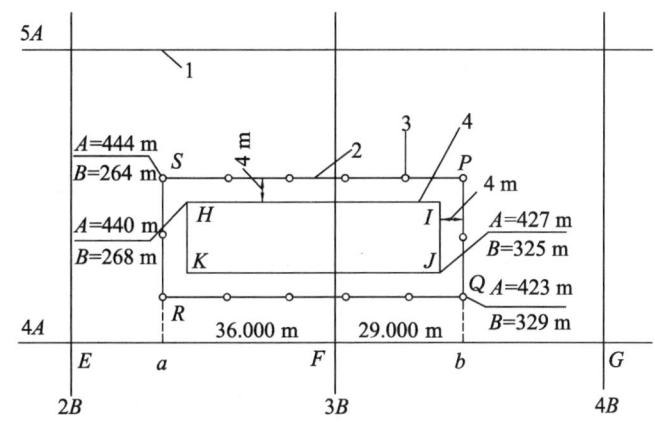

1—建筑方格网；2—厂房矩形控制网；3—距离指标桩；4—厂房轴线

图 12-20 厂房矩形控制网的测设

1. 计算测设数据

根据厂房控制桩 S、P、Q、R 的坐标,利用直角坐标法计算测设时所需数据,计算结果标注在图 12-20 中。

2. 厂房控制点的测设

(1) 从 F 点起沿 FE 方向量取 36.000 m,定出 a 点；沿 FG 方向量取 29.000 m,定出 b 点。

(2) 在 a 与 b 上安置经纬仪,分别瞄准 E 与 F 点,顺时针方向测设 90°,得两条视线方向,沿视线方向量取 23.000 m,定出 R、Q 点。再向前量取 21.000 m,定出 S、P 点。

(3) 为了便于进行细部的测设,在测设厂房矩形控制网的同时,还应沿控制网测设距离指标桩,如图 12-20 所示,距离指标桩的间距一般等于柱子间距的整数倍。

3. 检查

(1) 检查 ∠S、∠P 是否等于 90°,其误差不得超过 ±10″。

(2) 检查 SP 是否等于设计长度,其误差不得超过 1/10 000。

以上这种方法适用于中小型厂房；对于大型或设备复杂的厂房,应先测设厂房控制网的主轴线,再根据主轴线测设厂房矩形控制网。

三、厂房柱列轴线的测设与柱基施工测量

1. 厂房柱列轴线的测设

根据厂房平面图上所注的柱间距和跨距尺寸,用钢尺沿矩形控制网各边量出各柱列轴线控制桩的位置,如图 12-21 中的 1′、2′、…,并打入大木桩,桩顶用小钉标出点位,作为柱基测设和施工安装的依据。丈量时应以相邻的两个距离指标桩为起点分别进行,以便检核。

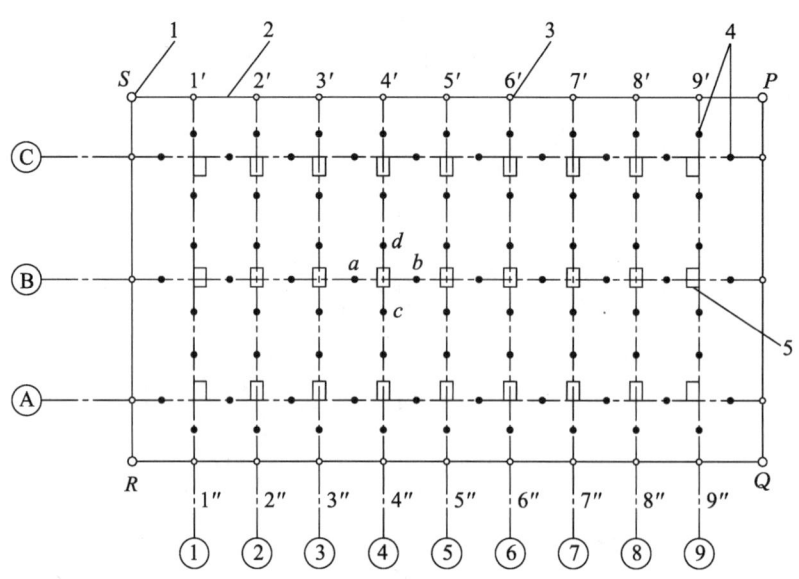

1—厂房控制桩；2—厂房矩形控制网；3—柱列轴线控制桩；
4—定位小木桩；5—柱基

图 12-21　厂房柱列轴线和柱基测量

2．柱基定位和放线

(1) 安置两台经纬仪,在两条互相垂直的柱列轴线控制桩上,沿轴线方向交会出各柱基的位置(即柱列轴线的交点),此项工作称为柱基定位。

(2) 在柱基的四周轴线上,打入四个定位小木桩 a、b、c、d,如图 12-21 所示,其桩位应在基础开挖边线以外,比基础深度大 1.5 倍的地方,作为修坑和立模的依据。

(3) 按照基础详图所注尺寸和基坑放坡宽度,用特制角尺,放出基坑开挖边界线,并撒出白灰线以便开挖,此项工作称为基础放线。

(4) 在进行柱基测设时,应注意柱列轴线不一定都是柱基中心线,此时,应将柱列轴线平移,定出柱基中心线,而一般立模、吊装等习惯用中心线定位。

3．柱基施工测量

(1) 基坑开挖深度的控制。

当基坑挖到一定深度时,应在基坑四壁,离基坑底设计标高 0.5 m 处,测设水平桩,作为检查基坑底标高和控制垫层的依据。

(2) 杯形基础立模测量。

杯形基础立模测量包含以下三项工作：

① 基础垫层打好后,根据基坑周边定位小木桩,用拉线吊锤球的方法,把柱基定位线投测到垫层上,弹出墨线,用红漆画出标记,作为柱基立模和布置基础钢筋的依据。

② 立模时,将模板底线对准垫层上的定位线,并用锤球检查模板是否垂直。

③ 将柱基顶面设计标高测设在模板内壁,作为浇灌混凝土高度的依据。

四、厂房预制构件安装测量

1. 柱子安装测量

(1) 柱子安装应满足的基本要求。

柱子中心线应与相应的柱列轴线一致,其允许偏差为±5 mm。牛腿顶面和柱顶面的实际标高应与设计标高一致,其允许误差为±(5~8 mm),柱高大于5 m时为±8 mm。柱身垂直允许误差为:当柱高≤5 m时,为±5 mm;当柱高在5~10 m时,为±10 mm;当柱高超过10 m时,则为柱高的1/1 000,但不得大于20 mm。

(2) 柱子安装前的准备工作。

柱子安装前的准备工作有以下几项:

① 在柱基顶面投测柱列轴线。

柱基拆模后,用经纬仪根据柱列轴线控制桩,将柱列轴线投测到杯口顶面上,如图12-22所示,并弹出墨线,用红漆画出▶标志,作为安装柱子时确定轴线的依据。如果柱列轴线不通过柱子的中心线,应在杯形基础顶面上加弹柱中心线。

用水准仪在杯口内壁测设一条一般为−0.600 m的标高线(一般杯口顶面的标高为−0.500 m),并画出▼标志,如图12-22所示,作为杯底找平的依据。

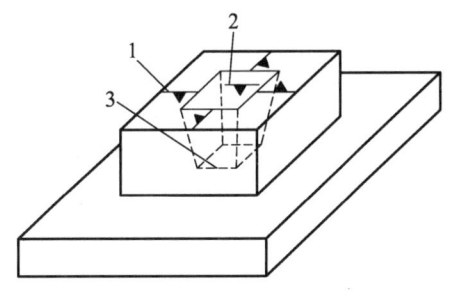

1—柱中心线;2——60 cm标高线;3—杯底

图12-22 杯形基础

② 柱身弹线。

在安装柱子前,应将每根柱子按轴线位置进行编号。如图12-23所示,在每根柱子的三个侧面弹出柱中线,并在每条线的上端和下端近杯口处画出▶标志。根据牛腿面的设计标高,从牛腿面向下用钢尺量出−0.600 m的标高线,并画出▼标志。

③ 杯底找平。

先量出柱子的−0.600 m标高线至柱底面的长度,再在相应的柱基杯口内,量出−0.600 m标高线至杯底的高度,并进行比较,以确定杯底找平厚度,用水泥沙浆在杯底进行找平,使牛腿面符合设计高程。

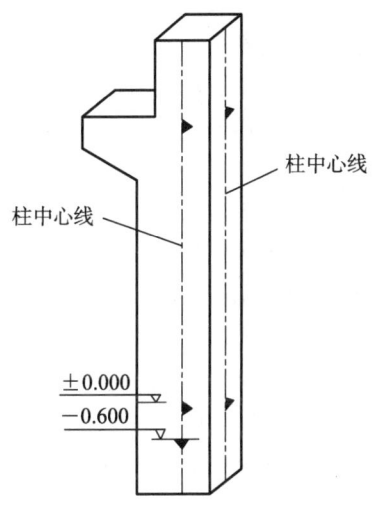

图12-23 柱身弹线

(3) 柱子的安装测量。

柱子安装测量的目的是保证柱子平面和高程符合设计要求,柱身铅直。

① 预制的钢筋混凝土柱子插入杯口后,应使柱子三面的中心线与杯口中心线对齐,如图12-24(a)所示,用木楔或钢楔临时固定。

② 柱子立稳后,立即用水准仪检测柱身上的±0.000 m标高线,其容许误差为±3 mm。

③ 如图12-24(a)所示,将两台经纬仪分别安置在柱基纵、横轴线上,离柱子的距离不小于柱高的1.5倍,先用望远镜瞄准柱底的中心线标志,固定照准部后,再缓慢抬高望远镜观

察柱子偏离十字丝竖丝的方向,指挥用钢丝绳拉直柱子,直至从两台经纬仪中观测到的柱子中心线都与十字丝竖丝重合为止。

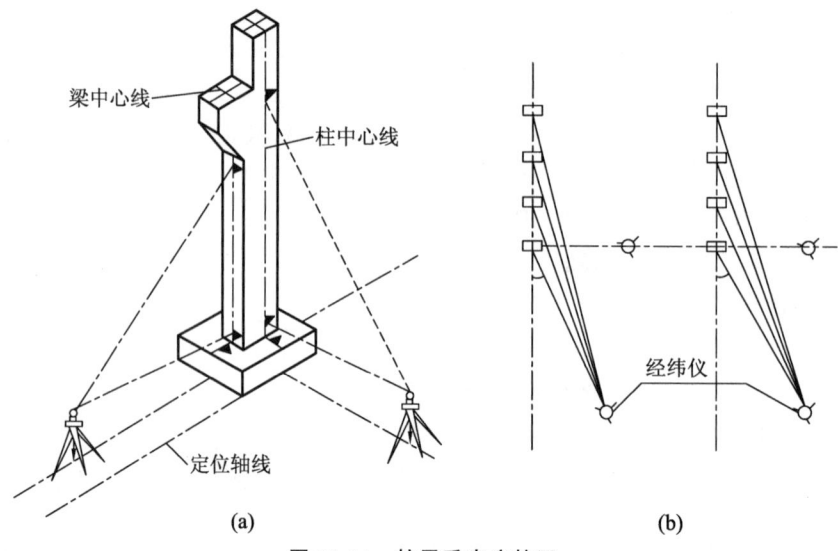

图 12-24　柱子垂直度校正

④ 在杯口与柱子的缝隙中浇入混凝土,以固定柱子的位置。

⑤ 实际安装时,一般是一次把许多柱子都竖起来,然后进行垂直校正。这时,可把两台经纬仪分别安置在纵、横轴线的一侧,一次可校正几根柱子,如图 12-24(b)所示,但仪器偏离轴线的角度应在 15°以内。

(4) 柱子安装测量的注意事项。

所使用的经纬仪必须严格校正,操作时,应使照准部水准管气泡严格居中。校正时,除注意柱子垂直外,还应随时检查柱子中心线是否对准杯口柱列轴线标志,以防柱子安装就位后产生水平位移。在校正变截面的柱子时,经纬仪必须安置在柱列轴线上,以免产生差错。在日照下校正柱子的垂直度时,应考虑日照使柱顶向阴面弯曲的影响。为避免此种影响,宜在早晨或阴天校正。

2．吊车梁安装测量

吊车梁安装测量主要是保证吊车梁中心线位置和吊车梁的标高满足设计要求。

(1) 吊车梁安装前的准备工作。

吊车梁安装前的准备工作有以下几项:

① 在柱面上量出吊车梁顶面标高。根据柱子上的 ±0.000 m 标高线,用钢尺沿柱面向上量出吊车梁顶面设计标高线,作为调整吊车梁顶面标高的依据。

② 在吊车梁上弹出梁的中心线。如图 12-25 所示,在吊车梁的顶面和两端面上,用墨线弹出梁的中心线,作为安装定位的依据。

③ 在牛腿面上弹出梁的中心线。根据厂房中心线,在牛腿面上投测出吊车梁的中心线,投测方法如下:

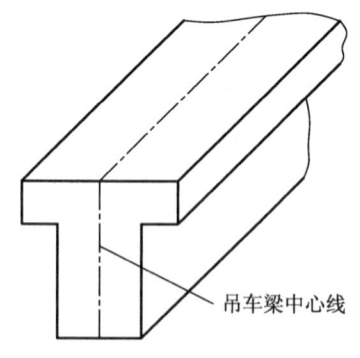

图 12-25　在吊车梁上弹出梁的中心线

如图12-26(a)所示,利用厂房中心线A_1A_1,根据设计轨道间距,在地面上测设出吊车梁中心线(也是吊车轨道中心线)$A'A'$和$B'B'$。在吊车梁中心线的一个端点A'(或B')上安置经纬仪,瞄准另一个端点A'(或B'),固定照准部,抬高望远镜,即可将吊车梁中心线投测到每根柱子的牛腿面上,并用墨线弹出梁的中心线。

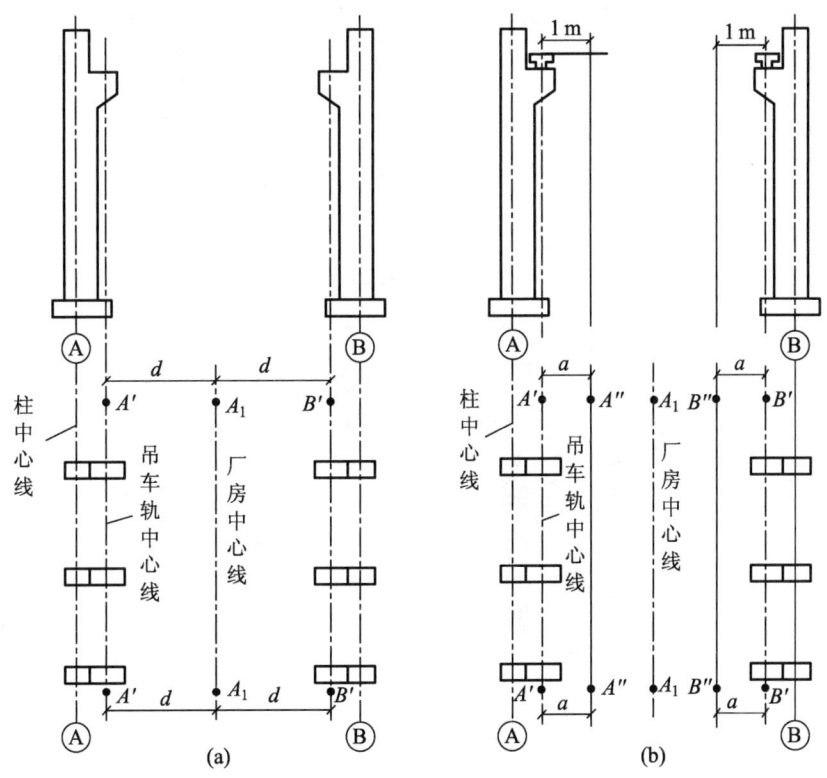

图 12-26 吊车梁的安装测量

(2) 吊车梁的安装测量。

安装时,使吊车梁两端的梁中心线与牛腿面梁中心线重合,使吊车梁初步定位。采用平行线法,对吊车梁的中心线进行检测,校正方法如下:

① 如图12-26(b)所示,在地面上,从吊车梁中心线向厂房中心线方向量出长度a(1 m),得到平行线$A''A''$和$B''B''$。

② 在平行线一端点A''(或B'')上安置经纬仪,瞄准另一端点A''(或B''),固定照准部,抬高望远镜进行测量。

③ 此时,另外一人在梁上移动横放的木尺,当视线正对准尺上 1 m 刻画线时,尺的零点应与梁面上的中心线重合。如不重合,可用撬杠移动吊车梁,使吊车梁中心线到$A''A''$(或$B''B''$)的间距等于 1 m。

吊车梁安装就位后,先按柱面上定出的吊车梁设计标高线对吊车梁面进行调整,然后将水准仪安置在吊车梁上,每隔 3 m 测一点高程,并与设计高程比较,误差应在 3 mm 以内。

3. 屋架安装测量

(1) 屋架安装前的准备工作。

吊装屋架前,用经纬仪或其他方法在柱顶面上测设出屋架定位轴线。在屋架两端弹出屋架中心线,以便进行定位。

(2) 屋架的安装测量。

屋架吊装就位时,应使屋架的中心线与柱顶面上的定位轴线对准,允许误差为 5 mm。屋架的垂直度可用锤球或经纬仪进行检查。用经纬仪检校方法如下:

① 如图 12-27 所示,在屋架上安装三把卡尺,一把卡尺安装在屋架上弦中点附近,另外两把卡尺分别安装在屋架的两端。自屋架几何中心沿卡尺向外量出一定距离,一般为 500 mm,作出标志。

② 在地面上距屋架中心线同样距离处,安置经纬仪,观测三把卡尺的标志是否在同一竖直面内,如果屋架竖向偏差较大,则用机具校正,最后将屋架固定。

垂直度允许偏差:薄腹梁为 5 mm;桁架为屋架高的 1/250。

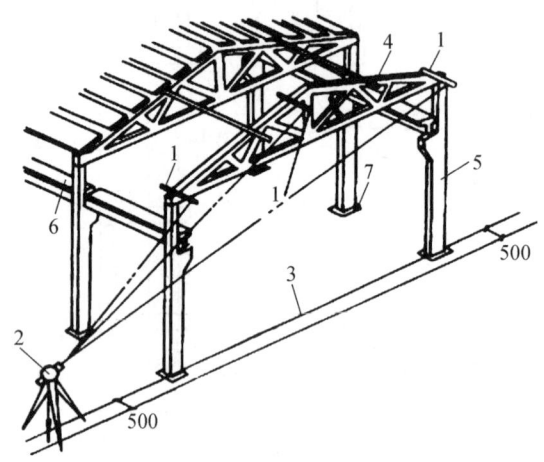

1—卡尺;2—经纬仪;3—定位轴线;4—屋架;5—柱;6—吊车梁;7—柱基

图 12-27 屋架的安装测量

五、烟囱、水塔施工测量

烟囱和水塔的施工测量近似,现以烟囱为例加以说明。烟囱是顶部被截、圆锥形的高耸构筑物,其特点是基础小、主体高。施工测量工作主要是严格控制其中心位置,保证烟囱主体竖直。

1. 烟囱的定位、放线

(1) 烟囱的定位。

烟囱的定位主要是定出基础中心的位置。定位方法如下:

① 按设计要求,利用与施工场地已有控制点或建筑物的尺寸关系,在地面上测设出烟囱的中心位置 O (即中心桩)。

② 如图 12-28 所示,在 O 点安置经纬仪,任选一点 A 作为后视点,并在视线方向上定出 a 点,倒

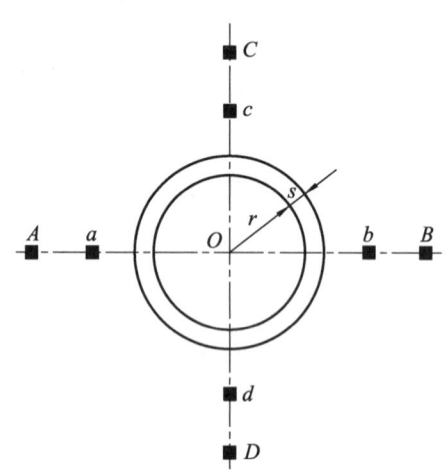

图 12-28 烟囱的定位、放线

转望远镜,通过盘左、盘右分中投点法定出 b 和 B;然后,顺时针测设 $90°$,定出 d 和 D,倒转望远镜,定出 c 和 C,得到两条互相垂直的定位轴线 AB 和 CD。

③ A、B、C、D 四点至 O 点的距离为烟囱高度的 $1\sim1.5$ 倍。a、b、c、d 是施工定位桩,用于修坡和确定基础中心,应设置在尽量靠近烟囱而不影响桩位稳固的地方。

（2）烟囱的放线。

以 O 点为圆心,以烟囱底部半径 r 加上基坑放坡宽度 s 为半径,在地面上用皮尺画圆,并撒出灰线,作为基础开挖的边线。

2. 烟囱的基础施工测量

（1）当基坑开挖接近设计标高时,在基坑内壁测设水平桩,作为检查基坑底标高和打垫层的依据。

（2）坑底夯实后,从定位桩拉两根细线,用锤球把烟囱中心投测到坑底,钉上木桩,作为垫层的中心控制点。

（3）浇灌混凝土基础时,应在基础中心埋设钢筋作为标志,根据定位轴线,用经纬仪把烟囱中心投测到标志上,并刻上"＋"字,作为施工过程中控制筒身中心位置的依据。

3. 烟囱筒身施工测量

（1）引测烟囱中心线。

在烟囱施工中,应随时将中心点引测到施工的作业面上。

① 在烟囱施工中,一般每砌一步架或每升模板一次,就应引测一次中心线,以检核该施工作业面的中心与基础中心是否在同一铅垂线上。引测方法:在施工作业面上固定一根枋子,在枋子中心处悬挂 $8\sim12$ kg 的锤球,逐渐移动枋子,直到锤球对准基础中心为止。此时,枋子中心就是该作业面的中心位置。

② 另外,烟囱每砌筑完 10 m,必须用经纬仪引测一次中心线。引测方法:如图 12-28 所示,分别在控制桩 A、B、C、D 上安置经纬仪,瞄准相应的控制点 a、b、c、d,将轴线点投测到作业面上,并作出标记。然后,按标记拉两条细绳,其交点即为烟囱的中心位置,并与锤球引测的中心位置比较,以作校核。烟囱的中心偏差一般不应超过砌筑高度的 $1/1\,000$。

③ 对于高大的钢筋混凝土烟囱,烟囱模板每滑升一次,就应采用激光铅垂仪进行一次烟囱的铅直定位。定位方法:在烟囱底部的中心标志上,安置激光铅垂仪,在作业面中央安置接收靶。在接收靶上显示的激光光斑中心即为烟囱的中心位置。

④ 在检查中心线的同时,以引测的中心位置为圆心,以施工作业面上烟囱的设计半径为半径,用木尺画圆,如图 12-29 所示,以检查烟囱壁的位置。

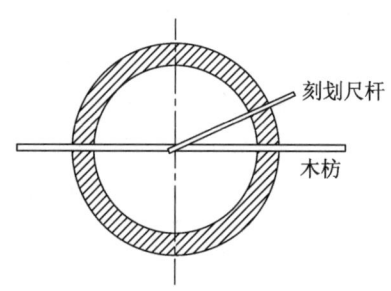

图 12-29 烟囱壁位置的检查

图 12-30 烟囱壁收分度的检查

(2) 烟囱外筒壁收坡控制。

烟囱筒壁的收坡是用靠尺板来控制的。靠尺板的形状如图12-30所示,靠尺板两侧的斜边应严格按设计的筒壁斜度制作。使用时,把斜边贴靠在筒体外壁上,若锤球线恰好通过下端缺口,说明筒壁的收坡符合设计要求。

(3) 烟囱筒体标高的控制。

一般先用水准仪,在烟囱底部的外壁上测设出+0.500 m(或任一整分米数)的标高线。以此标高线为准,用钢尺直接向上量取高度。

习 题

1. 叙述施工平面控制测量的方法。
2. 简述测设龙门板的方法和步骤。
3. 建筑物高程传递的方法有几种?

第十三章 建筑物沉降与变形观测

第一节 沉降观测水准点的测设

一、水准点的布设

建筑物的沉降观测是根据建筑物附近的水准点进行的,所以这些水准点必须坚固稳定。为了对水准点进行相互校核,防止其本身产生变化,水准点的数目应尽量不少于3个,以组成水准网。对水准点要定期进行高程检测,以保证沉降观测成果的正确性。

在布设水准点时应考虑下列因素:

(1) 水准点应尽量与观测点接近,其距离不应超过100 m,以保证观测的精度。

(2) 水准点应布设在受震区域以外的安全地点,以防止受到震动的影响。

(3) 离开公路、铁路、地下管道和滑坡至少5 m,避免埋设在低洼易积水处及松软土地带。

(4) 为防止水准点受到冻胀的影响,水准点的埋设深度至少要在冰冻线下0.5 m。

一般情况下,可以利用工程施工时使用的水准点作为沉降观测的水准基点。如果由于施工场地的水准点离建筑物较远或条件不好,为了便于进行沉降观测和提高精度,可在建筑物附近另行埋设水准基点。

二、水准点的形式与埋设

沉降观测水准点的形式与埋设要求,一般与三、四等水准点相同,但也应根据现场的具体条件、沉降观测在时间上的要求等决定。

当观测急剧沉降的建筑物和构筑物时,若建造水准点已来不及,可在已有房屋或结构物上设置标志作为水准点,但这些房屋或结构物的沉降必须证明已经终止。在山区建设中,建筑物附近常有基岩,可在岩石上凿一洞,用水泥砂浆直接将金属标志嵌固于岩层之中,但岩石必须稳固。当场地为砂土或出现其他不利情况时,应建造深埋水准点或专用水准点。

三、沉降观测水准点高程的测定

沉降观测水准点的高程应根据厂区永久水准基点引测,采用二等水准测量的方法测定。往返测误差不得超过$\pm 1\sqrt{n}$ mm(n为测站数)或$\pm 4\sqrt{L}$(L为水准路线的长度,以km为单位)。

如果沉降观测水准点与永久水准基点的距离超过2 000 m,则不必引测绝对标高,而采取假设高程。

四、观测点的布置和要求

观测点的位置和数量,应根据基础的构造、荷重以及工程地质和水文地质的情况而定。高层建筑物应沿其周围每隔 15~30 m 设一点,房角、纵横墙连接处以及沉降缝的两旁均应设置观测点。工业厂房的观测点可布置在基础、柱子、承重墙及厂房转角处。点的密度视厂房结构、吊车起重量及地基土质情况而定。扩建厂房时,应在连接处两侧布置观测点。大型设备基础及较大动荷载的周围、基础形式改变处及地质条件变化处,皆容易产生沉降,必须布设适量的观测点。烟囱、水塔、高炉、油罐、炼油塔等圆形构筑物,则应在其基础的对称轴线上布设观测点。总之,观测点应设置在能表示出沉降特征的地点。

观测点布置合理,就可以全面地、精确地查明沉降情况。这项工作应由设计单位或施工技术部门负责确定。如观测点的布置不便于测量,测量人员应与设计人员协商,选择合理的布置方案。所有观测点应以 1∶100~1∶500 的比例尺绘出平面图,并加以编号,以便进行观测和记录。

对观测点的要求如下:
(1) 观测点本身应牢固稳定,确保点位安全,能长期保存。
(2) 观测点的上部必须为突出的半球形状或有明显的突出之处,与柱身或墙身保持一定的距离。
(3) 要保证在点上能垂直置尺和有良好的通视条件。

五、观测点的形式与埋设

沉降观测点的形式和设置方法应根据工程性质和施工条件来确定或设计。

1. 民用建筑沉降观测点的形式和埋设

一般民用建筑沉降观测点大都设置在外墙勒脚处。观测点埋在墙内的部分应大于露出墙外部分的 5~7 倍,以便保持观测点的稳定性。一般有如下几种常用观测点:

(1) 预制墙式观测点。它是由混凝土预制而成的,其大小可做成普通黏土砖规格的 1~3 倍,中间嵌以角钢,角钢棱角向上,并在一端露出 50 mm。在砌砖墙勒脚时,将预制块砌入墙内,角钢露出端与墙面的夹角为 50°~60°(图 13-1)。

(2) 燕尾形观测点。将直径为 20 mm 的钢筋,一端弯成 90°角,一端制成燕尾形埋入墙内(图 13-2)。

(3) 角钢埋设观测点。用长 120 mm 的角钢,在一端焊一铆钉头,另一端埋入墙内,并以 1∶2 的水泥砂浆填实(图 13-3)。

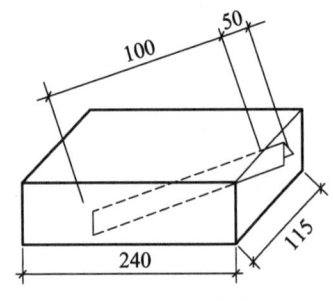
图 13-1 预制墙式观测点

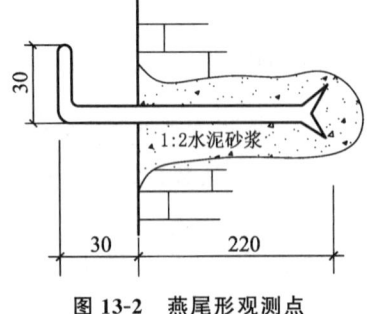
图 13-2 燕尾形观测点

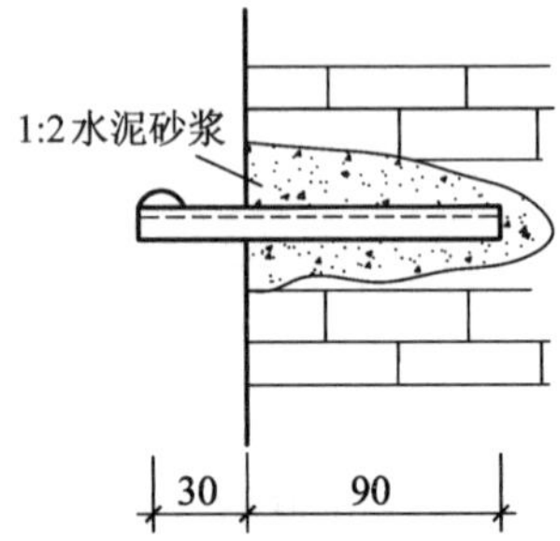

图 13-3 角钢埋设观测点

2. 设备基础观测点的形式及埋设

一般利用铆钉或钢筋来制作,然后将其埋入混凝土内,其形式如下:

① 垫板式。用长约 60 mm、直径为 20 mm 的铆钉,下焊 40 mm×40 mm×5 mm 的钢板[图 13-4(a)]。

② 弯钩式。将长约 100 mm、直径为 20 mm 的铆钉一端弯成直角[图 13-4(b)]。

③ 燕尾式。将长 80~100 mm、直径为 20 mm 的铆钉,在尾部中间劈开,做成夹角为 30°左右的燕尾形[图 13-4(c)]。

④ U 字式。将长约 220 mm、直径为 20 mm 的钢筋弯成正 U 形,倒埋在混凝土之中[图 13-4(d)]。

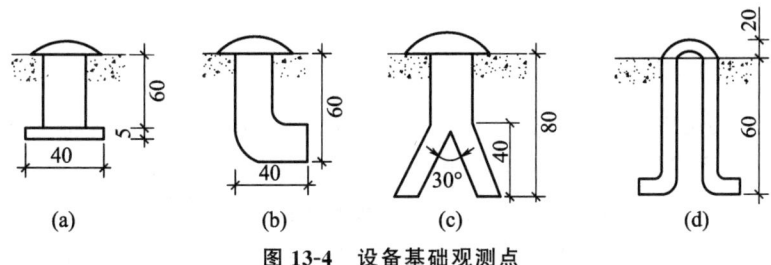

图 13-4 设备基础观测点

如观测点使用期长,应埋设有保护盖的永久性观测点[图 13-5(a)]。对于一般工程,如因施工紧张而观测点加工不及,可用直径为 20~30 mm 的铆钉或钢筋头(上部锉成半球状)埋置于混凝土中作为观测点[图 13-5(b)]。

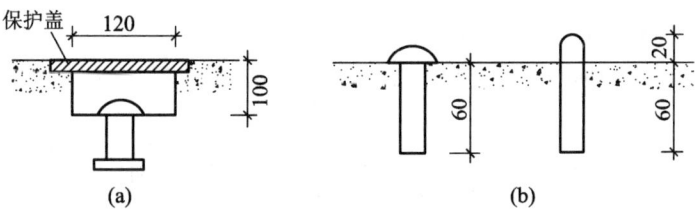

图 13-5 永久性观测点

在埋设观测点时应注意下列事项:

① 铆钉或钢筋埋在混凝土中,其露出的部分不宜过高或太低。高了易被碰斜撞弯;低了不易寻找,而且水准尺置在观测点上会与混凝土面接触,影响观测质量。

② 观测点应垂直埋设,与基础边缘的间距不得小于 50 mm,埋设后将四周混凝土压实,待混凝土凝固后用红油漆编号。

③ 埋点应在基础混凝土将达到设计标高时进行。如混凝土已凝固,须增设观测点,可用钢凿在混凝土面上确定的位置凿一洞,将标志埋入,再以 1∶2 的水泥砂浆灌实。

3. 柱基及柱身观测点

柱基沉降观测点的形式和埋设方法与设备基础相同。但是当柱子安装后进行二次灌浆时,原设置的观测点将被砂浆埋掉,因而必须在二次灌浆前,及时在柱身上设置新的观测点。

柱身观测点的形式及设置方法如下:

(1) 钢筋混凝土柱。用钢凿在柱子±0.000 标高以上 10~50 cm 处凿洞(或在预制时留孔),将直径为 20 mm 以上的钢筋或铆钉制成弯钩形,平向插入洞内,再以 1∶2 的水泥砂浆填实[图 13-6(a)]。亦可采用角钢作为标志,埋设时使其与柱面成 50°~60°的倾斜角[图 13-6(b)]。

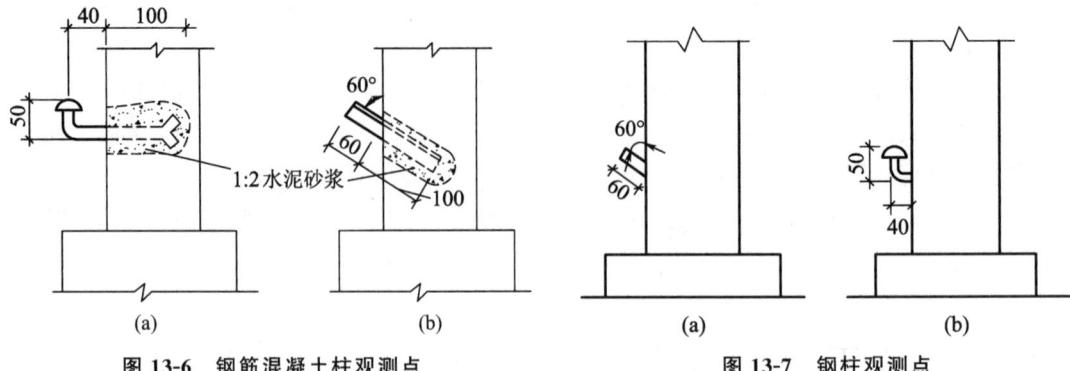

图 13-6　钢筋混凝土柱观测点　　　　图 13-7　钢柱观测点

(2) 钢柱。将角钢的一端切成使脊背与柱面成 50°~60°的倾斜角,将此端焊在钢柱上[图 13-7(a)];或者将铆钉弯成钩形,将其一端焊在钢柱上[图 13-7(b)]。

(3) 在柱子上设置新的观测点时应注意下列事项:

① 应在柱子校正后二次灌浆前,将高程引测至新的观测点上,以保持沉降观测的连贯性。

② 新旧观测点的水平距离不应大于 1.5 m,以保证新旧观测点的观测成果的相互联系。新旧观测点的高差不应大于 1.5 m,以免由旧观测点高程引测新观测点时,因增加转点而产生误差。

③ 观测点与柱面应有 30~40 mm 的空隙,以便于放置水准尺。

④ 在混凝土柱上埋标时,埋入柱内的长度应大于露出的部分,以保证点位的稳定。

第二节　建筑物的沉降观测

一、沉降观测的方法和一般规定

1. 沉降观测的时间和次数

沉降观测的时间和次数应根据工程性质、工程进度、地基土质情况及基础荷重增加情况等决定。

在施工期间的沉降观测:

(1) 较大荷重增加前后(如基础浇灌、回填土、安装柱子和房架、砖墙每砌筑一层楼、设备安装、设备运转、工业炉砌筑期间、烟囱每增加 15 m 左右等),均应进行观测。

(2) 如施工期间中途停工时间较长,应在停工时和复工前进行观测。

(3) 当基础附近地面荷重突然增加,周围大量积水及暴雨后,或周围大量挖方等时,均应观测。

工程投产后的沉降观测:

工程投入生产后,应连续进行观测,观测时间的间隔可按沉降量大小及速度而定,在开始时间隔短一些,以后随着沉降速度的减慢,可逐渐延长,直至沉降稳定为止。

2．沉降观测工作的要求

沉降观测是一项较长期的系统观测工作，为了保证观测成果的正确性，应尽可能做到以下四点：

(1) 固定人员观测，并整理成果。
(2) 使用固定的水准仪及水准尺。
(3) 使用固定的水准点。
(4) 按规定的日期、方法及路线进行观测。

3．对使用仪器的要求

对于一般精度要求的沉降观测，要求仪器的望远镜放大率不得小于 24 倍，气泡灵敏度不得大于 $\frac{15''}{2}$ mm（有符合水准器的可放宽一倍）。可以采用适合四等水准测量的水准仪。但精度要求较高的沉降观测，应采用相当于 N_2 或 N_3 级的精密水准仪。

4．确定沉降观测的路线并绘制观测路线图

在进行沉降观测时，因施工或生产的影响，造成通视困难，往往为寻找安置仪器的适当位置而花费时间。因此，对观测点较多的建筑物进行沉降观测前，应先到现场进行规划，确定安置仪器的位置，选定若干较稳定的沉降观测点或其他固定点作为临时水准点（转点），并与永久水准点组成环路。再根据选定的临时水准点、安置仪器的位置以及观测路线，绘制沉降观测路线图（图 13-8），以后每次都按固定的路线观测。采用这种方法进行沉降测量，不仅避免了寻找安置仪器位置的麻烦，加快施测进度，而且由于路线固定，相对于任意选择观测路线而言，可以提高沉降测量的精度。但应注意，必须在测定临时水准点高程的同一天内同时观测其他沉降观测点。

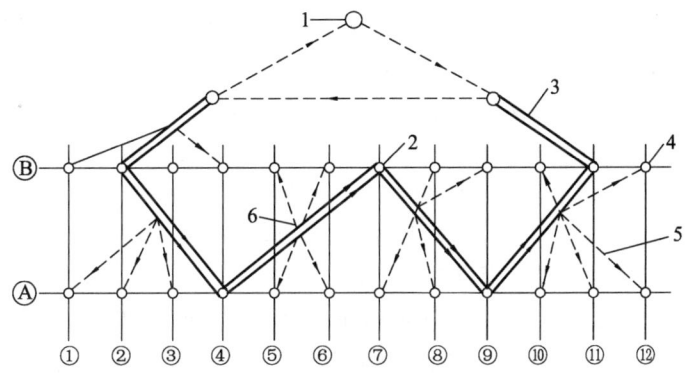

1—沉降观测水准点；2—作为临时水准点的观测点；3—观测路线；
4—沉降观测点；5—前视线；6—安置仪器的位置

图 13-8 沉降观测路线图

5．沉降观测点的首次高程测定

沉降观测点首次观测的高程值是以后各次观测用以比较的根据，如初测精度不够或错误，不仅无法补测，而且会造成沉降工作所测数据的矛盾，因此必须提高初测精度。如有条件，最好采用 N_2 或 N_3 类型的精密水准仪进行首次高程测定。同时每个沉降观测点首次高程，应在同期进行两次观测后决定。

第十三章 建筑物沉降与变形观测

6．作业中应遵守的规定

（1）观测应在成像清晰、稳定时进行。

（2）仪器离前、后视水准尺的距离要用皮尺丈量，或用视距法测量，视距一般不应超过 50 m。前后视距应尽可能相等。

（3）前、后视观测最好用同一根水准尺。

（4）前视各点观测完毕以后，应回视后视点，最后应闭合于水准点上。

二、沉桩过程中的变形观测

在软土地基上建造高层建筑，多采用桩基。如果采用钢管桩、钢筋混凝土打入桩，在打桩过程中由于土体受到挤压等原因而引起地表土的位移及隆起，从而会影响周围的原有建（构）筑物等。为了顺利进行打桩施工，确保周围的安全，必须对周围的建筑物等进行沉降、位移、裂缝和倾斜等变形观测。

沉降观测就是测定建筑物上一些点的高程随时间和打桩数量变化的工作。

位移观测就是测定建筑物的平面位置随时间和打桩数量移动的工作。

裂缝观测就是测定建筑物随时间和打桩数量产生不均匀沉降出现裂缝进行观测的工作。

倾斜观测是用测量仪器或其他专用仪器测量建筑物的倾斜度随时间和打桩数量变化的工作。

1．沉降观测水准点的测设

（1）水准点的布设沉降观测一般应利用就近的城市水准点作为基准点引测，如果就近无城市水准点，可以自行埋设水准点。

建筑物的沉降观测是根据建筑物附近的水准点进行的，所以这些水准点必须坚固稳定。为了对水准点进行相互校核，防止其本身产生变化，水准点的数目应不少于 3 个，以组成水准网。对水准点要定期进行高程检测，以保证沉降观测成果的正确性。

在布设水准点时应考虑下列因素：

① 水准点应尽量与观测点接近，其距离不应超过 100 m，以保证观测精度。

② 水准点应布置在受震区以外的安全地点，以防止震动的影响。

③ 水准点应埋设在坚实的土层，避免埋设在低洼积水和松软土地带。

（2）水准点的形式与埋设。沉降观测水准点的形式与埋设要求，一般与三、四等水准点相同，但也应根据现场的具体条件、沉降观测在时间上的要求等决定。

（3）沉降观测水准点高程的测定。沉降观测水准点的高程应根据城市永久水准点引测，采用二等水准测量的方法测定。往返测误差不得超过 $\pm 1\sqrt{n}$ mm（n 为测站数）或 $\pm 4\sqrt{L}$ mm（L 为水准路线的长度，以 km 为单位）。

如果沉降观测水准点与永久水准点的距离超过 2 000 m，则不必引测绝对标高，而采用假设高程。

（4）观测点的布置和要求。观测点的位置选择和数量应根据被观测物的具体状况和技术要求决定。如民用建筑物应布置在房角、纵横墙的交接处、沉降缝的两旁，工业建筑应布置在基础、柱子、承重墙或厂房转角处，地下管线设施应布置在管线设施的上方（最好应开挖暴露，直接布置其上）。总之，观测点应布置在能表示沉降特征的地点。

观测点布置合理，就可以全面地、精确地查明沉降情况。这项工作应由设计单位或施工技术部门负责确定。所有观测点应绘制 1∶100 或 1∶500 平面图,并注意点位编号,以便进行观测和记录。

对观测点的要求如下:

① 观测点应埋设牢固稳定,能长期保存。

② 观测点的上部应制成蘑菇形状或有明显的突出处,与墙、柱身保持一定的距离。

③ 要保证在点上能垂直置尺,且通视条件良好。

(5) 观测点的形式与埋设。沉降观测点形式和埋设应根据工程性质和施工条件来确定或设计。高层建筑在打桩过程中对周围建筑物有影响,此观测点应设在原有的建筑物上,一般常用的几种观测点如下:

① 利用直径 20 mm 的钢筋,一端弯成 90°角,一端制成燕尾形埋入墙内(图 13-9)。

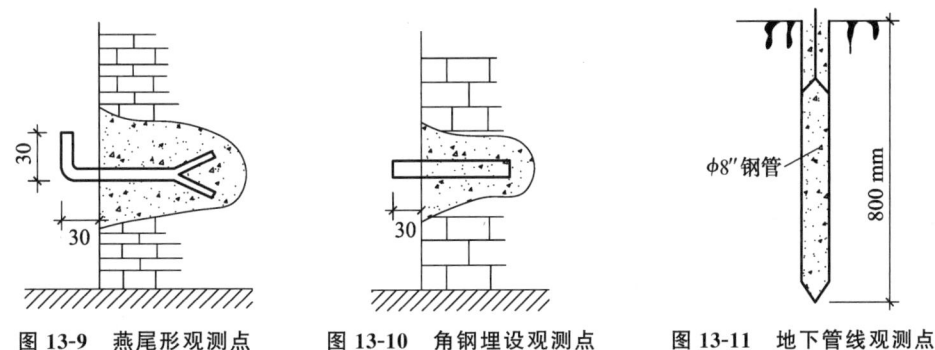

图 13-9　燕尾形观测点　　图 13-10　角钢埋设观测点　　图 13-11　地下管线观测点

② 用长 120 mm 的角钢,在一端焊一铆钉头,另一端埋入墙内,用 1∶2 水泥砂浆填实(图 13-10)。

③ 地下管线观测点,根据具体情况而定,最好将管线开挖暴露,直接观测其本身的升降量,或用间接观测的方法在管线旁边埋设观测点,推算其管线的升降量(图 13-11)。

2. 沉降观测

(1) 沉降观测的方法和一般规定。

① 沉降观测的时间和次数,应根据高层建筑的打桩数量和深度、工程进度、地基土质情况等决定。一般由甲方召集设计、施工、监测以及管线、房管、道路等有关部门协调会,决定观测时间和次数。一般规定打桩期间每天观测一次,如科研需要,须知回弹量,那么最好每天在打桩前和打桩后进行观测。如施工期间中途停工时间较长,应在停工时和复工前进行观测。

② 沉降观测工作的要求。沉降观测是一项较长期的系统观测工作,为了保证观测成果的正确性,应尽可能做到四定:a. 固定人员观测,并整理成果;b. 使用固定的水准仪及水准尺;c. 使用固定的水准点;d. 按规定的日期、方法及路线进行观测。

③ 使用仪器工具的要求。高层建筑的沉降观测所用的仪器要求较高,一般都采用可测二等水准的精密水准仪和铟钢水准尺。

④ 确定沉降观测线路并绘制观测路线图。进行沉降观测时,因施工或生产的影响,造成通视困难,往往为寻找设置仪器的适当位置而花费时间。因此,对观测点较多的建筑物进行沉降观测前,应先到现场进行规划,确定安置仪器的位置,选定若干较稳定的沉降观测点或其他固定点作为临时水准点(转点),并与永久水准点组成环路。再根据选定的水准点,安

置仪器的位置以及观测路线,绘制沉降观测路线图,以后每次都按固定的路线观测。采用这种方法进行沉降测量,不仅可以避免寻找安置仪器位置的麻烦,加快施测进度;而且由于路线固定,比任意选择观测路线可以提高沉降测量的精度。但应注意,必须在测定临时水准点高程的同一天内同时观测其他沉降观测点。

⑤ 沉降观测点的首次高程测定。沉降观测点首次观测的高程值是以后各次观测用以比较的根据,如初测精度不够或存在错误,不仅无法补测,而且会造成沉降工作中的矛盾现象,因此必须提高初测精度。如有条件,最好采用 N_2 或 N_3 类型的精密水准仪进行首次测定。同时每个沉降观测点首次高程,应在同期进行两次观测后决定。

⑥ 观测方法及作业中应遵守的规定。使用精密水准仪光学测微法应按后、前、前、后进行观测,观测应在成像清晰、稳定时进行,有多个前视观测点时前视各点观测完毕以后,应回测后视点,最后应闭合于水准点上。一个测站上观测限差如表13-1所示。

表13-1　一个测站上观测限差

项　目	类　别		
	高精度	较高精度	中精度
视线长度/m	≤20	≤30	≤40
前后视距差/m	≤0.5	≤0.5	≤1.0
前后视距累积差/m	≤1.5	≤1.5	≤3.0
视线离地面高度/m	≥0.5	≥0.5	≥0.5
基辅分划读数差/mm	≤0.2	≤0.3	≤0.4
基辅分划所测高差之差/mm	≤0.3	≤0.4	≤0.6

(2) 沉降观测的精度及成果整理。打桩期间的沉降观测是对施工区周围的建筑物变化的观测,其精度可略低于高层建筑施工过程中的沉降观测。打桩期间一般规定沉降观测点相对于后视点高差测定的允许偏差为±1 mm(即仪器在一测站观测完前视各点以后,再回测后视点,两次读数之差不得超过±1 mm)。每次观测结束后,要检查、记录、计算是否正确,精度是否合格,并进行误差分配,然后将观测高程列入沉降观测成果表中,计算相邻两次观测之间的沉降量,并注明观测日期。为了更清楚地表示沉降与时间的相互关系,还要画出每一观测点的时间与沉降量的关系曲线图,如图13-12所示。

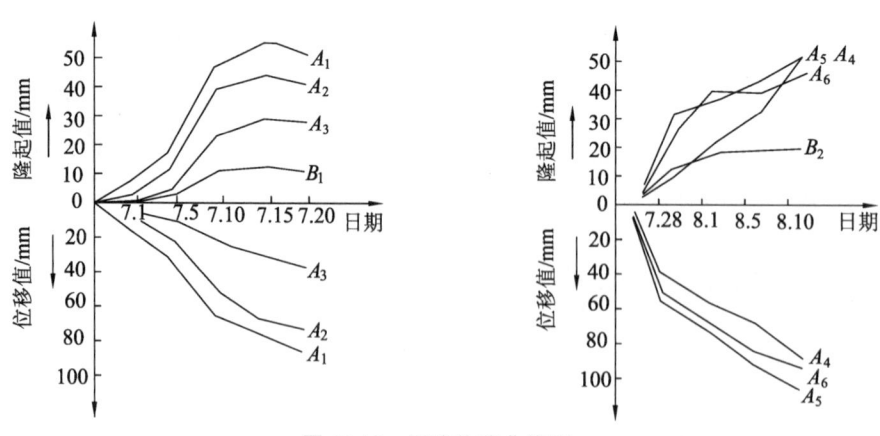

图13-12　沉降位移曲线图

3. 位移观测

当要测定某大型建筑物的水平位移时,可以根据建筑物的形状和大小,布设各种形式的控制网进行水平位移观测。观测点与控制点应位于同一直线上。控制点至少须埋设三个,控制点之间的距离及观测点与相邻的控制点间的距离要大于 30 m,以保证测量的精度。当要测定建筑物在某一特定方向上的位移量时,可以在垂直于待测定的方向上建立一条基准线,定期地测量观测标志偏离基准线的距离,就可以了解建筑物的水平位移情况。位移观测的控制点应设在打桩区影响之外(一般设在 100 m 之外),打桩(特别是钢筋混凝土桩)的影响范围一般为桩长的 1.5 倍,如 400 mm×400 mm×27 000 mm 的混凝土方桩的影响范围为 30~40 m,当然它还与桩的密度、打桩的速率等有关。打桩过程中的变形观测,最好在打桩前和打桩后各测一次,也可以每天打桩后进行一次观测。观测后及时整理记录并于次日提交资料,一个阶段后除了提交观测资料外,还要绘制变形曲线图,以便及时分析原因,采取措施,防止事故的发生。

(1) 视准线法。由经纬仪的视准面形成基准面的基准线法称为视准线法。视准线法又分为直接观测法、角度变化法(即小角法)和活动觇牌法三种。

① 直接观测法。可采用 DJ2 光学经纬仪正倒镜投点的方法直接求出位移值,此种方法最简单且直接,为常用的方法之一,如图 13-13 所示。

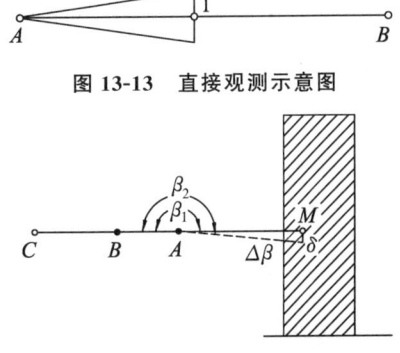

图 13-13 直接观测示意图

图 13-14 小角法位移观测示意图

将仪器架在控制点 A,正镜瞄准控制点 B,投影至观测点 1,用小钢皮尺直接读数;倒镜再瞄准 B,投影至 1 再读数;取两次读数的平均值,即观测点 1 的水平位移值。

② 小角法。小角法是利用精密经纬仪,精确测出基准线与置镜端点到观测点视线之间所夹的角度。

如图 13-14 所示,A、B、C 为控制点,M 为观测点。控制点必须埋设牢固稳定的标桩,每次观测前应对所使用的控制点进行检查,以防其变化。建筑物上的观测点标志要牢固、明显。

设第一次在 A 点所测的角度为 β_1,第二次所测的角度为 β_2,两次观测角度的差数为

$$\Delta\beta = \beta_2 - \beta_1$$

则建筑物的位移值为

$$\delta = \frac{\Delta\beta \cdot AM}{\rho''} \tag{13-1}$$

式中,δ 为位移值,AM 为 A 点至 M 点的距离,$\rho'' = 206\ 265''$。

③ 活动觇牌法。活动觇牌法则直接利用安置在观测点上的活动觇牌来测定偏离值。其专用仪器设备为精密视准仪、固定觇牌和活动觇牌。施测步骤如下:

• 将视准仪安置在基准线的端点上,将固定觇牌安置在另一端点上。

• 将活动觇牌仔细地安置在观测点上,视准仪瞄准固定觇牌后,将方向固定下来,然后由观测员指挥观测点上的工作人员移动活动觇牌,待觇牌的照准标志刚好位于视线方向上时,读取活动觇牌上的读数。然后再移动活动觇牌,从相反方向对准视准线进行第二次读

数,每定向一次要观测四次,即完成一个测回的观测。

• 在第二测回开始时,仪器必须重新定向,其步骤相同,一般对每个观测点需进行往测、返测各 2~6 个测回。

(2) 前方交会法。在测定大型工程建筑物(如塔形建筑物、水工建筑物等)的水平位移时,可利用变形影响范围以外的控制点用前方交会法进行。

如图 13-15 所示,A、B 点为相互通视的控制点,P 为建筑物上的位移观测点。首先,将仪器架设于 A,后视 B,前视 P,测得 $\angle BAP$ 的外角 α_1,则 $\alpha = 360° - \alpha_1$;然后架设 B,后视 A,前视 P,测得 β,通过内业计算求得 P 点的坐标 (x, y)。当 α、β 角值变化时,P 点坐标 (x, y) 亦随之变化,再根据下列公式计算其位移量:

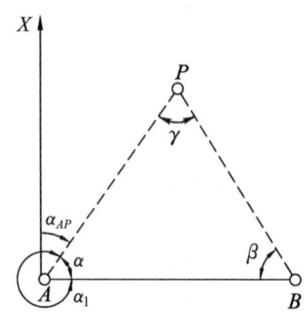

图 13-15 前方交会示意图

$$\delta = \sqrt{(x_2 - x_1)^2 + (y_2 - y_1)^2} \quad (13-2)$$

前方交会法通用方法如下:

① 已知点的坐标反算:

$$\tan\alpha_{AB} = \frac{\Delta y}{\Delta x} = \frac{y_B - y_A}{x_B - x_A} \quad (13-3)$$

$$D_{AB} = \frac{\Delta y}{\sin\alpha_{AB}} = \frac{y_B - y_A}{\sin\alpha_{AB}} \quad (13-4)$$

$$D_{AB} = \frac{\Delta x}{\cos\alpha_{AB}} = \frac{x_B - x_A}{\cos\alpha_{AB}} \quad (13-5)$$

② 待测边的方位角和边长:

$$\alpha_{AP} = \alpha_{AB} - \alpha \quad (13-6)$$

$$\alpha_{BP} = \alpha_{BA} + \beta \quad (13-7)$$

$$D_{AP} = \frac{D_{AB} \cdot \sin\beta}{\sin\gamma} \quad (13-8)$$

$$D_{BP} = \frac{D_{BA} \cdot \sin\alpha}{\sin\gamma} \quad (13-9)$$

③ 待测点的坐标计算。分别从 A、B 两点测得 P 点坐标为

$$x_P = x_A + D_{AP} \cos\alpha_{AP} \quad (13-10)$$

$$x_P = x_B + D_{BP} \cos\alpha_{BP} \quad (13-11)$$

$$y_P = y_A + D_{AP} \sin\alpha_{AP} \quad (13-12)$$

$$y_P = y_B + D_{BP} \sin\alpha_{BP} \quad (13-13)$$

4. 倾斜观测

在进行观测之前,首先要在进行倾斜观测的建筑物上设置上、下两点或上、中、下三点标志,作为观测点,各点应位于同一垂直视准面内。如图 13-16 所示,M、N 为观测点。如果建筑物发生倾斜,MN 将由垂直线变为倾斜线。观测时,经纬仪的位置距离建筑物应大于建筑物的高度,瞄准上部观测点 M,用正倒镜法向下投点得 N',如 N' 点与 N 点不重合,则说明建筑物发生倾斜,以 a 表示 N'、N 之间的水平距离,a 即为建筑物的倾斜值。若以 H 表示其高度,则倾斜度为

$$i = \arcsin\left(\frac{a}{H}\right) \qquad (13\text{-}14)$$

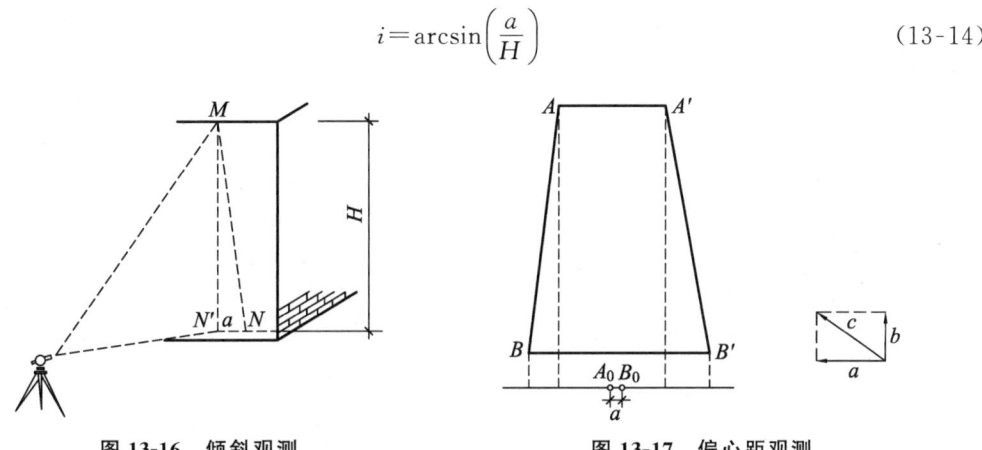

图 13-16 倾斜观测　　　　图 13-17 偏心距观测

高层建筑物的倾斜观测,必须分别在互成垂直的两个方向上进行。

当测定圆形构筑物(如烟囱、水塔、炼油塔)的倾斜度时,首先要求得顶部中心对底部中心的偏距(图 13-17)。为此,可在构筑物底部放一块木板,木板要放平、放稳。用经纬仪将顶部边缘两点 A、A' 投影至木板上而取其中心 A_0,再将底部边缘上的两点 B 与 B' 也投影至木板上而取其中心 B_0,A_0、B_0 之间的距离 a 就是顶部中心偏离底部中心的距离。同理,可测出与其垂直的另一方向上顶部中心偏离底部中心的距离 b。再用矢量相加的方法,即可求得建筑物总的偏心距,也称倾斜值,即

$$c = \sqrt{a^2 + b^2} \qquad (13\text{-}15)$$

构筑物的倾斜度为

$$i = \arcsin \frac{c}{H} \qquad (13\text{-}16)$$

5. 裂缝观测

建筑物发现裂缝,除了要增加沉降观测的次数外,还应立即进行裂缝变化的观测。为了观测裂缝的发展情况,要在裂缝处设置观测标志。设置标志的基本要求是,当裂缝开裂时标志就能相应地开裂或变化,正确地反映建筑物裂缝的发展情况。其形式有下列三种:

(1) 石膏板标志批。

用厚 10 mm、宽 50～80 mm 的石膏板(长度视裂缝大小而定),在裂缝两边固定牢固。当裂缝继续发展时,石膏板也随之开裂,从而观察裂缝继续发展的情况。

(2) 白铁片标志。

如图 13-18 所示,用两块白铁片,一片取 150 mm×150 mm 的正方形,将其固定在裂缝的一侧,并使其一边和裂缝的边缘对齐;另一片取 50 mm×200 mm 的长方形,将其固定在裂缝的另一侧,并使其一部分紧贴相邻的正方形白铁片。当两块白铁片固定好以后,在其表面均涂上红色油漆。如果裂缝继续发展,两白铁片将逐渐拉开,露出正方形白铁上原被覆盖的没有涂油漆的部分,其宽度即为裂缝加大的宽度,可用尺子量出。

(3) 金属棒标志。

如图 13-19 所示,在裂缝两边凿孔,将长约 10 cm、直径为 10 mm 以上的钢筋头插入,并使其露出墙外约 2 cm,用水泥砂浆填灌牢固。在两钢筋头埋设前,应先把钢筋一端锉平,在

上面刻画十字线或中心点,作为量取其间距的依据。待水泥砂浆凝固后,量出两金属棒之间的距离,并记录下来。以后如裂缝继续发展,则金属棒的间距就会不断加大。定期测量两棒的间距并进行比较,即可掌握裂缝开裂情况。

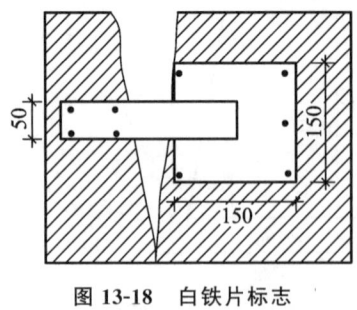
图 13-18　白铁片标志

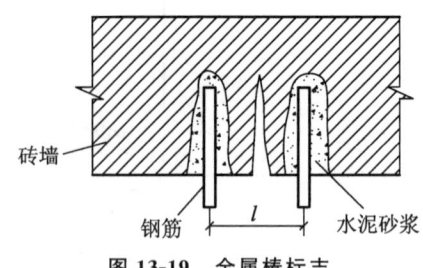
图 13-19　金属棒标志

三、各施工阶段中的变形观测

前面介绍了打桩阶段的变形观测,下面分别介绍高层建筑其他各施工阶段的变形观测。

1. 井点降水与挖土阶段的变形观测

在软土地基上建造高层建筑,采用桩基加箱基的较多,其特点是:① 基础埋置较深,一般大多为 5 m,有的达十余米,视具体情况而定;② 如地下水位较高,在基础施工时多采用井点降水法来降低地下水位,以便于开挖基础和基坑施工。由于井点降水和挖土的影响,施工地区及四周的地面会下沉,邻近建筑物受其影响亦同时下沉,这样就影响了邻近建筑物的正常使用。为此,要在邻近建筑物上埋设变形观测点,一般要埋设沉降观测、位移观测、裂缝观测和倾斜观测点。如图 13-20 所示为某宾馆工程变形观测点的布置。在井点降水时,西侧民房沉降量超过了极限,达到 184.2 mm,裂缝宽度达到 78 mm,由于及时提供观测数据,

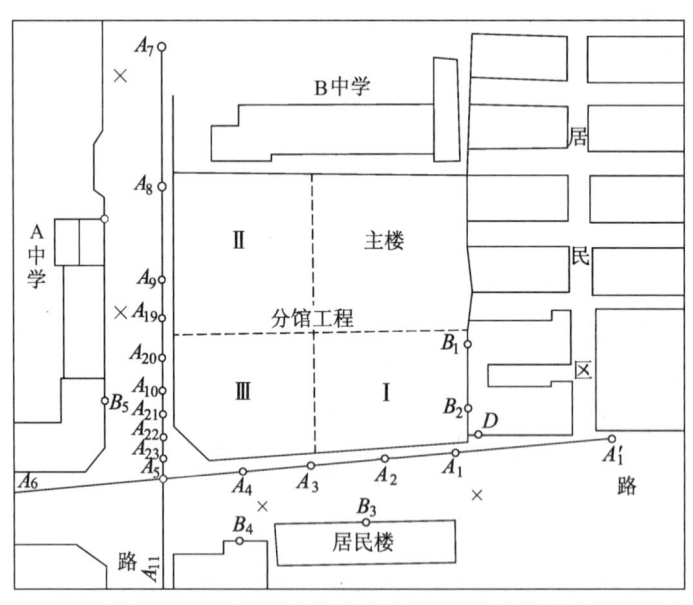

$A_1{'}$、A_6、A_7、A_{11}—基准点;A_i—平面位移兼沉降点;B_i—墙上沉降点;D—倾斜观测点

图 13-20　某宾馆变形观测点布置图

为保证居民的安全,让其搬迁后再继续进行井点降水及开挖。又如上海某工程在 8 m 深基础施工的井点降水和挖土阶段,西边民房最大的沉降量分别达到 191.4 mm 和 200.9 mm,由于及时采取了加固措施,才确保了居民和住宅的安全。

2. 基础和结构施工阶段的变形观测

为了了解地基变形规律,要通过各阶段的实测沉降量与各阶段土工模拟试验所做的试验成果进行比较,以验证计算的精确度。因此,高层建筑的沉降观测应从基础施工开始一直进行观测,以便取得完整的资料。

为了确保第一手资料的正确,沉降观测点、临时点、永久点均必须牢固,不易损坏。

设备基础观测点的埋设一般利用铆钉或钢筋来制作,然后将其埋入混凝土内,其形式如第一节的埋设形式。

3. 柱基及柱身观测点

详见第一节。

四、建筑物全部竣工后的沉降变形观测

在高层建筑的施工过程中,由于速度较快,土层不可能立即承受到全部的荷载,随着时间的进展,沉降量也随之增加。因此,高层建筑竣工后亦需进行变形观测。从以往积累的资料来分析,竣工后第一年应每月一次,第二年每两个月一次,第三年每半年一次,第四年开始每年观测一次,直至稳定为止。但在软土层地基建造高层,虽采取了打桩、深基础等措施,沉降是不可避免的。为此,可以进行长期观测,以确保建筑物的安全。如有不均匀沉降,可及时采取措施。

高层建筑中的沉降观测以二等水准精度要求。位移观测准确至毫米,读数至 0.5 mm。用角度观测时必须用 2″级以上精度的经纬仪进行观测,以算至 0.5 mm 为宜。

五、沉降观测的精度及成果整理

沉降观测的精度一般应符合下列规定:

(1) 连续生产设备基础和动力设备基础、高层钢筋混凝土框架结构及地基土质不均匀的重要建筑物,沉降观测点相对于后视点高差测定的允许偏差为 ±1 mm(即仪器在每一测站观测完前视各点以后,再回视后视点,两次读数之差不得超过 1 mm)。

(2) 一般厂房、基础和构筑物,沉降观测点相对于后视点高差测定的允许偏差为 ±2 mm。

(3) 每次观测结束后,要检查记录、计算是否正确,精度是否合格,并进行误差分配,然后将观测高程列入沉降观测成果表中,计算相邻两次观测之间的沉降量,并注明观测日期和荷重情况。为了更清楚地表示沉降、时间、荷重之间的相互关系,还要画出每一观测点的时间与沉降量的关系曲线及时间与荷重的关系曲线,如图13-21所示。

时间与沉降量的关系曲线,以沉降量 S 为纵轴,时间 T 为横轴,根据每次观测日期和每次下

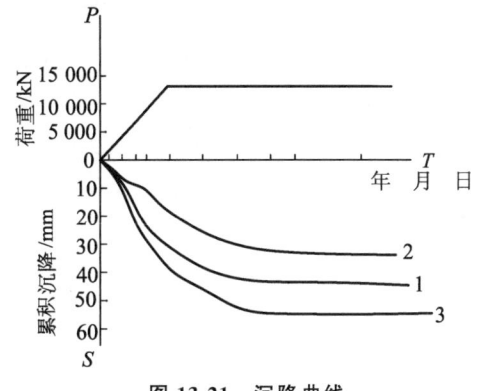

图 13-21 沉降曲线

沉量按比例画出各点，然后将各点连接起来，并在曲线的一端注明观测点号。

时间与荷重的关系曲线，以荷载的重量 P 为纵轴，时间 T 为横轴，根据每次观测日期和每次的荷载重量画出各点，然后将各点连接起来。

两种关系曲线合画在同一幅图上，以便能更清楚地表明每个观测点在一定时间内所受到的荷重及沉降量。

第三节 沉降观测中常遇到的问题及处理

在沉降观测工作中常遇到一些矛盾现象，并从沉降与时间关系曲线上表现出来。对于这些问题，必须分析产生的原因，予以合理的处理。现将常见的几种现象分述如下：

一、曲线在首次观测后即发生回升现象

在第二次观测时即发现曲线上升，至第三次后，曲线又逐渐下降。发生此种现象，一般都是由于初测精度不高，而使观测成果存在较大误差所引起的。

在处理这种情况时，如曲线回升超过 5 mm，应将第一次观测成果作废，而将第二次观测成果作为初测成果；如曲线回升在 5 mm 之内，则可调整初测标高，使之与第二次观测标高一致。

二、曲线在中间某点突然回升

发生此种现象的原因，多半是因为水准点或观测点被碰动所致；而且只有当水准点碰动后低于被碰前的标高及观测点被碰后高于被碰前的标高时，才有出现回升现象的可能。

由于水准点或观测点被碰撞，其外形必有损伤，比较容易发现。如水准点被碰动，可改用其他水准点来继续观测。如观测点被碰后已活动，则需另行埋设新点；若碰后点位尚牢固，则可继续使用。但因为标高改变，对这个问题必须进行合理的处理，其办法是：选择结构、荷重及地质等条件都相同的邻近另一沉降观测点，取该点在同一期间内的沉降量作为被碰观测点的沉降量。此法虽不能真正反映被碰观测点的沉降量，但如果选择适当，可得到比较接近实际情况的结果。

三、曲线自某点起渐渐回升

产生此种现象一般是由于水准点下沉所致，如采用设置于建筑物上的水准点，由于建筑物尚未稳定而下沉；或者新埋设的水准点，由于埋设地点不当，时间不长，以致发生下沉现象。水准点是逐渐下沉的，而且沉降量较小，但建筑物初期沉降量较大，即当建筑物沉降量大于水准点沉降量时，曲线不发生回升现象。到了后期，建筑物下沉逐渐稳定，如水准点继续下沉，则曲线就会发生逐渐回升现象。

因此，在选择或埋设水准点时，特别是在建筑物上设置水准点时，应保证其点位的稳定性。如已查明确系水准点下沉而使曲线渐渐回升，则应测出水准点的下沉量，以便修正观测点的标高。

四、曲线的波浪起伏现象

曲线在后期呈现波浪起伏现象,此种现象在沉降观测中最常遇到。其原因并非建筑物下沉所致,而是由测量误差造成的。曲线在前期波浪起伏之所以不突出,是因为下沉量大于测量误差;但到后期,由于建筑物下沉极微或已接近稳定,因此在曲线上就出现测量误差比较突出的现象。

处理这种现象时,应根据整个情况进行分析,决定自某点起,将波浪形曲线改为水平线。

五、曲线中断现象

由于沉降观测点开始埋设在柱基面上进行观测,在柱基二次灌浆时没有埋设新点并进行观测;或者由于观测点被碰毁,后来设置的观测点绝对标高不一致,而使曲线中断。

为了将中断曲线连接起来,可按照处理曲线在中间某点突然回升现象的办法,估算出未作观测期间的沉降量,并将新设置的沉降点不计其绝对标高,而取其沉降量,一并加在旧沉降点的累计沉降量中去(图13-22)。

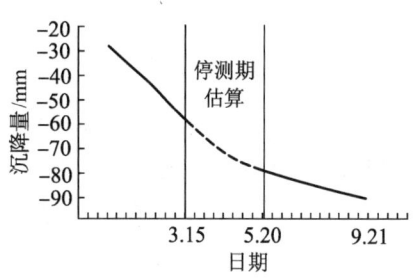

图 13-22　沉降曲线中断示意图

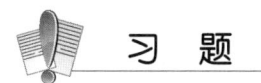

1. 布设水准点时应考虑的因素有哪些?
2. 布设观测点有哪些要求?
3. 简述高层建筑物的倾斜观测。

第十四章 卫星定位技术

第一节 概 述

一、卫星定位技术的发展

20世纪50年代,发展了卫星定位技术,其定位原理是人造地球卫星仅作为一种空间的观测目标,由地面测站点对它进行摄影测量,测定测站至卫星的方向或距离,建立卫星三角网或卫星测距网,从而确定测站坐标。

卫星定位技术可应用于远距离陆地海岛联测定位。20世纪60年代,美国国家大地测量局用卫星三角测量的方法花了几年时间测设了有45个测站的全球三角网,点位精度为±5 m。

受卫星可见条件及天气影响,其观测时间长,定位精度低,且不能测定点位的地心坐标。下面介绍几种目前比较成熟的卫星定位技术。

1. 多普勒卫星定位(NNSS)技术

时间:20世纪60年代。

定位原理:人造地球卫星作为动态已知点,测站接收机通过接收卫星上发来的无线电信号导航电文进行单点定位或联测定位,以获得测站点的三维地心坐标。

系统组成:采用6颗工作卫星,并都通过地球的南北极运行;卫星运行轨道平均高度为1 070 km,卫星射电频率为400 MHz和150 MHz。

应用示例:20世纪70年代,我国采用卫星多普勒接收机进行陆地、西沙的联测定位,定位求得四个点位的中误差为±2.7 m左右;20世纪80年代,国家测绘局和总参测绘局联合测设了全国卫星多普勒大地网,武汉测绘科技大学和青海石油管理局、新疆石油管理局、石油部地球物理勘探局合作测设了西北地区卫星多普勒定位网。

缺点:

① 卫星少,不能实时定位。对于同一颗卫星,每天通过地球同一地区的次数最多为13次,而一台卫星多普勒接收机定位一般需要观测15次合格的卫星通过,才能达到±10 m的精度;而各个测站需要观测公共的17次合格的卫星通过,联测的精度才能达到±0.5 m左右。

② 轨道低,难以精密定轨。地球引力场模型的误差、大气密度、卫星质面比、大气阻力系数等摄动因子的误差等大大影响了卫星定位轨道的精度。

③ 频率低,难以补偿电离层效应的影响。低频率的射电波只能削弱电离层效应的低阶项影响。实验表明,在地球赤道附近,电离层的高阶项将导致测站高程±1 m以上的偏差。

2．全球定位系统（GPS）

概念：以卫星为基础的无线电导航定位系统,具有全能性、全球性、全天候、连续性和实时性的导航、定位和定时的功能,能为用户提供精确的三维坐标、速度和时间。

时间：1974—1978方案论证；1979—1987系统论证；1988—1993生产实验。

建设过程：1978年2月,第一颗GPS实验卫星发射成功；1989年2月,第一颗GPS工作卫星发射成功；1993年,第24颗GPS工作卫星发射完成,共计耗资200多亿美元。

系统组成：卫星数为(21＋3)；卫星轨道面为6个；卫星平均高度为20 200 km；轨道倾角为55°；卫星的运行周期为11小时58分；载波频率为1 575.42 MHz和1 227.60 MHz；卫星通过天顶的可见时间为5个小时,能保证在地球的任何地点、任何时刻都可同时观测到4颗以上的卫星,最多可观测到11颗卫星。

卫星运行原理：卫星的设计寿命为七年半,星内机件靠太阳能电池供电；每个卫星有一个推力系统,以使卫星轨道保持在正确的位置；卫星通过12根螺旋形天线组成的阵列天线发射张角大约为30°的电磁波束；卫星姿态调整采用三轴稳定方式,由四个斜装惯性轮和喷气控制装置构成三轴稳定系统,使天线阵列对准卫星的可见地面。

应用示例：最初的设计是要求能为陆、海、空三个领域提供实时、全天候、全球的导航服务,并用于情报收集、核爆监测和应急通信等军事目的。但随着2000年美国政府取消了限制民用的"SA"技术,GPS不断的应用开发表明：GPS发送的导航定位信号能够进行厘米级甚至毫米级精度的静态定位,米级甚至亚米级精度的动态定位,亚米级甚至厘米级精度的速度测量和毫微秒级精度的时间测量。目前世界上约有几十个厂家生产着多种用途广泛的GPS接收机。

3．全球导航卫星系统（GLONASS）

GLONASS系统是苏联政府于1996年完成的,由24＋1颗卫星组成,定位原理与GPS类似。

4．伽利略卫星导航系统（GNSS）

时间：1994年开始进行方案论证,2002年正式开始建设,2014年完成并投入使用。

系统组成：27＋3颗工作卫星；部署在3个中高度圆轨道面上,轨道高度为23 616 km；卫星倾角为56°。

特点：完全从民用出发,是高精度的全开放型的新一代卫星定位系统,由欧洲各国政府和私营企业共同投资建设。

5．我国的双星导航定位系统（北斗一号）

时间：2000年底。

系统组成：三颗地球静止轨道卫星,即"北斗导航卫星"(其中一颗在轨备用)。

地面中心站：包括地面应用系统和测控系统,具有位置报告、双向报文通信及双向授时功能。

用户：车辆、船舶、飞机及各低动态或静态导航定位的用户。

服务区域：东经70°～145°,北纬5°～55°。

定位精度：平面±20 m,高程±10 m。

定位原理：采用空间球面交会测量原理。如图14-1所示,地面中心站通过两颗卫星向用户广播询问信号,根据用户响应的应答信号,测量并计算出用户到两颗卫星的距离,然后根据地面中心站的数字地图,由地面中心站计算出用户到地心的距离,根据卫星1、卫星2和地面中心站的已知地心坐标以及已知用户目标,在赤道北侧的地面中心站计算出用户的三维位置,用户的高程则由数字地面高程求出,最后经卫星广播信号发送给用户。

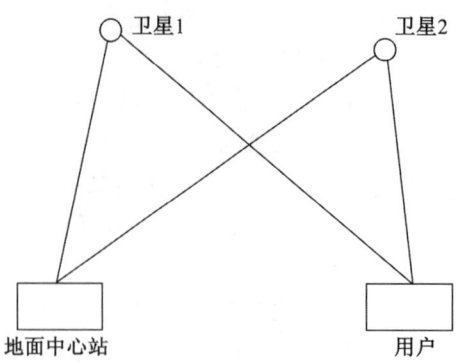

图 14-1　北斗一号系统组成

目前,这四大全球卫星导航系统中,BDS 和 GPS 已服务全球,性能相当;功能方面,BDS 较 GPS 多了区域短报文和全球短报文功能。GLONASS 虽已服役全球,但性能相比 BDS 和 GPS 稍逊,且 GLONASS 轨道倾角较大,导致其在低纬度地区性能较差。GNSS 的观测量质量较好,但星载钟稳定性稍差,导致系统可靠性较差。

二、GPS 组成

GPS 包括三大部分:空间部分——GPS 卫星星座;地面控制部分——地面监控系统;用户设备部分——GPS 信号接收机。

1. GPS 工作卫星及其星座

GPS 卫星星座由(21+3)颗卫星组成;6 个不同的轨道面之间相距 60°,即轨道的升交点赤经(升交点为卫星由南向北运行时与地球赤道面的交点,升交点赤经为卫星轨道的升交点与春分点之间的角距。春分点为黄道面与赤道面在天球上的交点,轨道面与赤道面的另一个交点称为降交点)各相差 60°;每个轨道平面内各颗卫星之间的升交角相差 90°;一个轨道平面上的卫星比西边相邻轨道平面上的相应卫星超前 30°。

当地球相对恒星来说自转一周时,GPS 卫星绕地球运行两周,即 GPS 卫星绕地球一周的时间为 12 个恒星时,这样位于地平线以上的卫星颗数随着时间和地点的不同,最少可见到 4 颗,最多可以见到 11 颗。而用 GPS 信号导航定位时,要得到测站三维坐标必须观测 4 颗 GPS 卫星,称为定位卫星。这 4 颗卫星在观测过程中的几何位置分布对定位精度有一定影响,但并不影响绝大多数地方全天候、高精度的实时导航定位。

GPS 工作卫星的编号一般采用 PRN 编号(指卫星所采用的伪随机噪声码)。

GPS 卫星的核心部件是高精度的时钟、导航电文存储器、双频发射和接收机以及微处理器。而定位成功的关键在于高稳定的频率标准(GPS 信号频率均源于一个基准信号频率 10.23 GHz),这由高度精确的时钟提供,因为 10^{-9} s 的时间误差将会引起 30 cm 的站星距离误差,因此,GPS 工作卫星上一般安置两台铷原子钟和两台铯原子钟,卫星钟由地面站检验,其钟差、钟速连同其他信息由地面站注入卫星后再转发给用户设备。

在 GPS 中,GPS 卫星有以下三个方面的作用:

① 用 L 波段的两个无线载波(19 cm 和 24 cm)向用户连续不断地发送导航定位信号。每个载波用导航信息 D(t)和伪随机码(PRN)测距信号进行双相调制。用于捕捉信号及粗略定位的伪随机码叫作 C/A 码(又叫作 S 码),精密测距码叫作 P 码。由导航电文可以知道卫星当前的位置和工作情况。

② 在卫星飞越注入站上空时,接收由地面注入站用 S 波段(10 cm)发送到卫星的导航电文和其他信息,并通过 GPS 适时地发送给用户。

③ 接收地面主控站通过注入站发送到卫星的调度命令,适时地改正运行偏差或启用备用时钟等。

2. 地面监控系统

对于导航定位而言,GPS 卫星是一动态已知点,星的位置是根据卫星发射的星历——描述卫星运动及其轨道的参数算出的。每颗卫星所播发的星历都是由地面监控系统提供的。地面监控系统的作用主要有:控制卫星上各种设备正常工作,保证卫星一直沿着预定轨道运行;保持各颗卫星处于同一时间标准——GPS 时间系统。

GPS 工作卫星的地面监控系统包括一个主控站、三个注入站、五个监测站。

(1) 主控站(美国科罗拉多)。其任务是收集、处理本站和监测站收到的全部资料,编算出每颗卫星的星历和 GPS 时间系统,将预测的卫星星历、钟差、状态数据以及大气传播改正编制成导航电文传送到注入站;还负责纠正卫星的轨道偏差,监测整个地面系统的工作;必要时还需要调度卫星工作。

(2) 注入站(大西洋的阿森松岛、印度洋的迪戈加西亚岛、太平洋的卡瓦加兰岛)。其任务是将主控站发来的导航电文注入相应卫星的存储器,每天注入三次,每次注入 14 天的星历,同时每分钟自动向主控站报告一次自己的工作状态。

(3) 监测站(美国夏威夷岛)。其任务是为主控站提供卫星的观测数据。每个监测站均用 GPS 信号接收机对每颗可见卫星每 6 分钟进行一次伪距测量和积分多普勒测量,采集气象要素等数据。

3. GPS 信号接收机

GPS 信号接收机的任务是:能够捕获到按一定卫星高度截止角所选择的待测卫星的信号,并跟踪这些卫星的运行,对所接收到的 GPS 信号进行变换、放大和处理,以便测量出 GPS 信号从卫星到接收机天线的传播时间,解译出 GPS 卫星所发送的导航电文,实时地计算出测站的三维坐标,甚至三维速度和时间。

GPS 用户设备包括:接收机硬件、机内软件以及 GPS 数据后处理软件包。接收机的结构分为天线单元和接收单元两部分,接收机一般采用蓄电池作电源,同时采用机内、机外两种直流电源,以防止数据丢失。

GPS 接收机定位分为两种形式:

(1) 静态定位。静态定位是指在捕获和跟踪 GPS 卫星的过程中接收机固定不变,接收机高精度地测量 GPS 信号的传播时间,利用 GPS 卫星在轨的已知位置,计算出接收机天线所在位置的三维坐标。

(2) 动态定位。动态定位可用来测定一个运动物体的运动轨迹,接收机所位于的运动物体被称为载体(飞机、轮船、车辆等)。载体上的 GPS 信号接收机在跟踪 GPS 卫星的过程中相对于地球而运动,此时用 GPS 信号实时测得运动载体的状态参数(瞬间的三维位置和三维速度)。

三、GPS 在国民经济建设中的应用

1．GPS 的优点

(1) 定位精度高。

实践证明,在 300～1 500 m 工程精密定位中,1 小时以上观测的数据解其平面位置的中误差小于±1 mm,与光电测距仪测定边长比较,其边长较差的中误差为±0.3 mm。

(2) 观测时间短。

20 km 以内相对静态定位,仅需 15～20 min;动态差分定位,在与基准站相距 15km 以内时,流动站定位仅需几秒钟。

(3) 测站间无须通视。

点位位置可根据需要,可稀可密,使选点甚为灵活,也省去了大地网中传算点、过渡点的测量工作。

(4) 可提供三维坐标。

大地测量是将平面和高程分别施测,而 GPS 可同时测定测站点的三维坐标,GPS 水准可满足四等水准测量的精度要求。

(5) 操作简单。

测站上的工作就是:开机—量取天线高—等待 20 min 左右—关机,即可完成数据采集工作。

(6) 全天候作业。

GPS 观测在一天 24 h 内都可进行,不受阴天黑夜、刮风下雨等气候的影响。

(7) 功能多,应用广。

GPS 测速的精度可达到 0.1 m/s,测时的精度可达到几十毫微秒。

2．GPS 的应用前景

当初,设计 GPS 的主要目的是用于导航、收集情报等军事目的。但是,后来的应用开发表明,GPS 展现了极其广阔的应用前景。

用 GPS 信号可以进行海、空和陆地的导航,导弹的制导,大地测量和工程测量的精密定位,时间的传递和速度的测量,等等。对于测绘领域,GPS 卫星定位技术已经用于建立高精度的全国性的大地测量控制网,测定全球性的地球动态参数;用于建立陆地、海洋、大地测量基准,进行高精度的海岛陆地联测以及海洋测绘;用于监测地球板块运动状态和地壳形变;用于工程测量,成为建立城市与工程控制网的主要手段;用于测定航空航天摄影瞬间的相机位置,实现仅有少量地面控制或无地面控制的航测快速成图,引起了地理信息系统、全球环境遥感监测的技术革命。

第二节　坐标系统与时间系统

GPS 定位技术是通过安置在地球表面的 GPS 接收机同时观测 4 颗以上的卫星发出的信号测定接收机的位置的。测站的空间位置随着地球的自转而运动,而观测目标所接收信号的 GPS 卫星却总是围绕地球质心旋转且与地球自转无关。怎样才能寻求卫星运动的坐

标系与测站点所在的坐标系之间的关系,实现坐标系之间的转换呢?

卫星定位中一般采用空间直角坐标系及其相应的大地坐标系,取地球质心为坐标系的原点。根据坐标轴的指向不同,分为天球坐标系和地球坐标系。地球坐标系随同地球自转,可看作固定在地球上的坐标系,便于描述测站点的空间位置;天球坐标系与地球自转无关,便于描述 GPS 卫星的空间位置。

一、天球坐标系和大地坐标系

空间直角坐标系用位置矢量在三个坐标轴上的投影作为空间点位置的一组参数(X,Y,Z),一组具体的参数只表示唯一的空间点位,一个空间点位也对应惟一的一组参数值。定义一个空间直角坐标系必须确定:① 坐标原点的位置;② 三个坐标轴的指向;③ 长度单位。

1. 天球坐标系

描述卫星的空间位置采用天球坐标系,它等价于右手空间直角坐标系。

如图 14-2 所示,天球坐标系的原点与空间直角坐标系的原点重合,以原点 O 至空间点 P 的距离 r 为第一参数;以 OP 与 OZ 轴的夹角 θ 作为第二参数($\theta=90°-\delta$);把 ZOX 平面与 ZOP 平面的夹角 α 作为第三参数,自 ZOX 平面起算右旋为正。转换关系如下:

$$X = r \cdot \cos\alpha \cdot \cos\delta, \quad r = \sqrt{X^2+Y^2+Z^2}$$

$$Y = r \cdot \sin\alpha \cdot \cos\delta, \quad \alpha = \arctan\left(\frac{Y}{X}\right)$$

$$Z = r \cdot \sin\delta, \quad \delta = \arctan\left(\frac{Z}{\sqrt{X^2+Y^2}}\right)$$

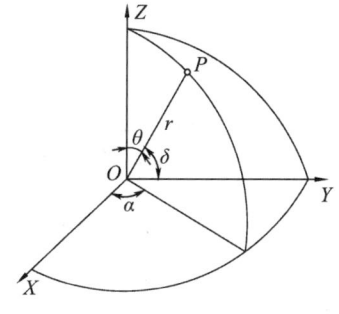

图 14-2 天球坐标系

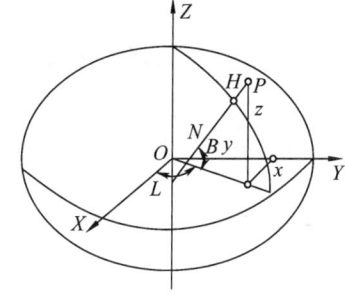

图 14-3 大地坐标系

2. 大地坐标系

在大地测量中表示地面点位置一般使用大地坐标系,它是通过一个辅助面(参考椭球面)定义的,它也等价于右手空间直角坐标系,如图 14-3 所示。

大地坐标系中的参考面是长半轴为 a、短半轴为 b 的参考椭球面,椭球面几何中心与空间直角坐标系原点重合,短半轴与直角坐标系的 Z 轴重合。第一个参数大地纬度 B 为过空间点 P 的椭球面法线与 XOY 平面的夹角,自 XOY 面向 OZ 轴方向量取为正;第二个参数大地经度 L 为 ZOX(首子午面)平面与 ZOP 平面的夹角,自 ZOX 面起算右旋为正;第三个参数大地高程 H 为过 P 点的椭球面法线上自椭球面到 P 点的距离,以远离椭球面中心的方向为正。转换关系如下:

$$x = (N+H)\cos B\cos L$$

$$L = \arctan\left(\frac{Y}{X}\right)$$

$$y = (N+H)\cos B\sin L$$

$$B = \arctan\frac{Z(N+H)}{\sqrt{X^2+Y^2}[N(1-e^2)+H]}$$

$$z = [N(1-e^2)+H]\sin B$$

$$H = \frac{Z}{\sin B} - N(1-e^2)$$

式中,e 为第一偏心率,$e^2 = \frac{(a^2-b^2)}{a^2}$;$N$ 为该点的卯酉圈曲率半径,$N = \frac{a}{\sqrt{1-e^2\sin^2 B}}$。

3. 站心赤道直角坐标系与站心地平直角坐标系

站心地平直角坐标系能够直观地描述卫星与观测站之间的瞬时距离、方位角和高度角,了解卫星在天空中的分布情况。

如图 14-4 所示,P 是测站点,以地球质心 O 为原点,用相互垂直的 X、Y、Z 轴来表示,建立的坐标系为球心空间直角坐标系 $O\text{-}XYZ$。以 P 为原点,建立与 $O\text{-}XYZ$ 相应坐标轴平行的 $P\text{-}X'Y'Z'$ 坐标系,称为站心赤道直角坐标系。

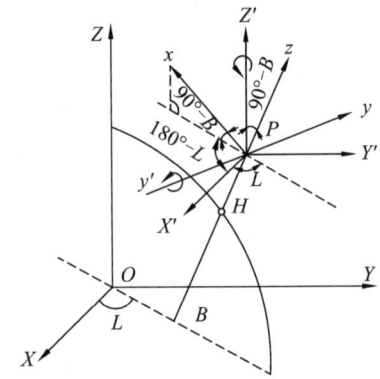

由图可知,$O\text{-}XYZ$ 与 $P\text{-}X'Y'Z'$ 坐标系有简单的平移关系:

$$X = X' + (N+H)\cos B\cos L$$
$$Y = Y' + (N+H)\cos B\sin L$$
$$Z = Z' + [N(1-e^2)+H]\sin B$$

图 14-4　站心赤道直角坐标系与站心地平直角坐标系

以过 P 点的法线为 z 轴(指向天顶为正),以子午线方向为 x 轴(向北为正),y 轴与 x、z 轴都垂直(向东为正),建立的坐标系称为站心地平直角坐标系。由图可知,先将 y 轴反向得 Y',绕 Y' 轴旋转 $(90°-B)$,再绕 z 轴旋转 $(180°-L)$,即可将 $P\text{-}xyz$ 转换成 $P\text{-}X'Y'Z'$。

$$\begin{bmatrix} X' \\ Y' \\ Z' \end{bmatrix} = [R_z(180°-L) \quad R_y(90°-B) \quad P_y] \cdot \begin{bmatrix} x \\ y \\ z \end{bmatrix}_{\text{地平}}$$

式中,R_z、R_y 分别为 Z、Y 轴向半径,P_y 为 P 点在 $O\text{-}XYZ$ 坐标系中的 y 坐标。

$$\begin{bmatrix} -\sin B\cos L & -\sin L & \cos B\cos L \\ -\sin B\sin L & \cos L & \cos B\sin L \\ \cos B & 0 & \sin B \end{bmatrix} \cdot \begin{bmatrix} X \\ Y \\ Z \end{bmatrix}_{\text{球空}} =$$

$$\begin{bmatrix} -\sin B\cos L & -\sin L & \cos B\cos L \\ -\sin B\sin L & \cos L & \cos B\sin L \\ \cos B & 0 & \sin B \end{bmatrix} \begin{bmatrix} x \\ y \\ z \end{bmatrix}_{\text{地平}} + \begin{bmatrix} (N+H)\cos B\cos L \\ (N+H)\cos B\sin L \\ [N(1-e^2)+H]\sin B \end{bmatrix}$$

以测站 P 为原点,用测站 P 至卫星 S 的距离 r、卫星的方位角 A、卫星的高度角 h 可建立与站心地平直角坐标系等价的站心地平极坐标系 P-rAh。其中,方位角 A 为 zOx 平面与 zOP 平面之间的夹角(左旋为正),高度角 h 为 OS 与 xOy 平面的夹角。它与站心地平直角坐标系的转换关系如下:

$$x = r \cdot \cos A \cdot \cos h, \quad r = \sqrt{X^2 + Y^2 + Z^2}$$
$$y = r \cdot \sin A \cdot \cos h, \quad A = \arctan\left(\frac{Y}{X}\right)$$
$$z = r \cdot \sin h, \quad h = \arctan\left(\frac{Z}{\sqrt{X^2 + Y^2}}\right)$$

4. 卫星测量中常用的坐标系

卫星测量中通常定义地球质心为坐标系原点,按其三轴指向分别定义天球坐标系和地球坐标系。

(1) 瞬时极天球坐标系与瞬时极地球坐标系。

应用 GPS 定位,需要把表示卫星位置的天球坐标系与表示测站位置的地球坐标系互相变换。由于地球的自转,地球坐标系与天球坐标系之间存在着相对运动。如果使两坐标系原点重合(取为地球质心),Z 轴重合(取为瞬时地球自转轴),则有:

瞬时极天球坐标系(真天球坐标系):原点位于地球质心,Z 轴指向瞬时地球自转方向(真天极),X 轴指向瞬时春分点(真春分点,黄道与赤道的交点),Y 轴按右手坐标系取向。

瞬时极地球坐标系:原点位于地球质心,Z 轴指向瞬时地球自转轴方向,X 轴指向瞬时赤道面和包含瞬时地球自转轴与平均天文台赤道参考点的子午面之交点,Y 轴按右手坐标系取向。

瞬时极天球坐标系和瞬时极地球坐标系具有简单的变换关系(图 14-5):

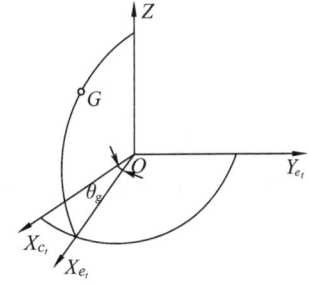

图 14-5 坐标变换

$$\begin{bmatrix} x \\ y \\ z \end{bmatrix}_{e_t} = R_z(\theta_g) \begin{bmatrix} x \\ y \\ z \end{bmatrix}_{c_t}$$

式中,e_t 表示对应 t 时刻瞬时极地球坐标系,c_t 表示对应 t 时刻瞬时极天球坐标系,θ_g 为对应格林尼治子午面的真春分点时角。

(2) 固定极天球坐标系——平天球坐标系。

由于地球近似为旋转椭球,日、月对地球的引力产生力矩,从而使地球自转轴(真天极)在空间产生移动;而自转轴的变化引起与它垂直的赤道面的倾斜,从而使春分点变化。一个长周期变化使春分点每年产生约 $50.2''$ 的变化,称为日月岁差;一系列的短周期变化幅度最大约为 $9''$,周期为 18.6 年,称为章动;春分点还因黄道的缓慢变化(行星引力对地球公转轨道的摄动)而变化,称为行星岁差。因此,瞬时极天球坐标系是一个不断旋转的坐标系。

而历元平天球坐标系是一个三轴指向不变的坐标系,选择某一个历元时刻,以此瞬间的地球自转轴和春分点方向分别扣除此瞬间的章动值作为 Z 轴和 X 轴,Y 轴按右手坐标系取向,坐标原点与真天球坐标系相同。瞬时极天球坐标系与历元平天球坐标系之间的转换可通过岁差和章动两次旋转变换来实现。

(3) 固定极地球坐标系——平地球坐标系。

地球瞬时自转轴在地球上随时间而变,称为地极移动,简称极移。这就使地球上的测站在该坐标系内不能得到一个确定不变的坐标。因此,1900年国际大地测量与地球物理联合会以 1900.00~1905.05 年地球自转瞬时位置的平均位置作为地球的固定极,称为国际协定原点 CIO。定义平地球坐标系的 z 轴指向国际协定原点。

(4) 坐标系的两种定义方式与协定坐标系。

在实际测量中,定义一个坐标系后,任意几何点都具有一组在此坐标系内的坐标值,而在已知若干测站点的坐标值后,通过观测又可以反过来定义该坐标系。前一种方法称为坐标系的理论定义,后一种方法定义的坐标系称为协定坐标系。

由于测量值中不可避免地含有误差,由它们定义的协定坐标系与原来的理论坐标系肯定不同,当已知点坐标的个数多于坐标系定义所必需的参数时,只能通过平差的方法求得协定坐标系的参数值。例如,测定的卫星轨道及利用卫星轨道所测定的点位均属于卫星跟踪站及其坐标值所定义的协定坐标系。GPS 卫星位置采用 WGS-84 大地坐标系。

二、WGS-84 坐标系和我国大地坐标系

GPS 单点定位的坐标以及相对定位中求解的基线向量都属于 WGS-84 大地坐标系,因为 GPS 卫星星历是以 WGS-84 坐标系为根据建立的。

1. WGS-84 大地坐标系

原点位于地球质心,Z 轴指向 BIH 1984.0 定义的协议地球极(CTP)方向,X 轴指向 BIH 1984.0 的零子午面和 CTP 赤道的交点,Y 轴与 Z、X 轴构成右手坐标系,对应着有一 WGS-84 椭球,四个基本参数是:

长半轴 $a = (6\ 378\ 137 \pm 2)$ m

地心引力常数 $G_m = (3\ 986\ 005 \pm 0.6) \times 10^8$ m³/(s² · kg)

正常化二阶带谐系数 $C_{20} = -484.166\ 85 \times 10^{-6} \pm 1.30 \times 10^{-9}$

地球自转角速度 $\omega = (7\ 292\ 115 \times 10^{-11} \pm 0.150\ 0 \times 10^{-11})$ rad/s

WGS-84 大地水准面高 N 等于由 GPS 定位测定的点的大地高 H 减去该点的正常高 $H_正$,N 值可以利用 WGS-84 的地球重力场模型系数计算得出。

2. 国家大地坐标系

(1) 1954 年北京坐标系。

采用苏联的克拉索夫斯基椭球($a = 6\ 378\ 245$ m,$\alpha = 1/298.3$),并与苏联 1942 年普尔科沃坐标系进行联测,大地高程以 1956 年青岛验潮站求出的黄海平均海水面为基准。

(2) 1980 年国家大地坐标系。

该坐标系是参心坐标系(原点不在地球质心),椭球短轴 Z 平行于由地球地心指向 1968.0 地极原点(JYD)的方向;大地起始子午面平行于格林尼治平均天文台子午面,X 轴在大地起始子午面内与 Z 轴垂直,指向经度零方向;Y 轴与 X、Z 轴垂直,构成右手坐标系。

椭球参数采用 1975 年国际大地测量与地球物理联合会推荐的参考椭球,大地原点设在陕西省泾阳县永乐镇,大地高程仍以 1956 年青岛验潮站求出的黄海平均海平面为基准。

3. 地方独立坐标系

我国许多城市、矿区基于实用、方便和科学的目的,将地方独立测量控制网建立在当地

的平均海拔高程上,以当地子午线作为中央子午线进行高斯投影,求得平面坐标。这些地方的独立坐标系对应着一个以当地平均海拔为高程的参考椭球,该椭球的中心、轴向和扁率与国家参考椭球相同,其长半径有一改正量:

$$da = \frac{dN}{N} \cdot \alpha$$

式中,dN 为地方参考椭球长半径的增量;N 为地方独立坐标系原点的卯酉圈曲率半径;α 为国家参考椭球的扁率。

4. ITRF 坐标框架简介

国际地球参考框架 ITRF 是一个地心参考框架,是由空间大地测量观测站的坐标和运动速度来定义的。由于章动、极移的影响,国际协定原点 CIO 变化,所以 ITRF 框架每年也在变化,它们的尺度和定向参数分别由人工激光测距和 ITRF 公布的地球定向参数序列确定。

ITRF 框架是一种固定平地球坐标系,其原点在地球体系的质心,以 WGS-84 椭球为参考椭球。

三、坐标系统之间的转换

1. 不同空间直角坐标系统之间的转换(地心坐标←→参心坐标)

进行两个不同空间直角坐标系统之间的坐标转换,需要求出坐标系统之间的转换参数,转换参数一般是利用重合点的两套坐标值通过一定的数学模型进行计算的。方法有以下两种:

(1)布尔萨 7 参数法。

设 X_{Di} 和 X_{Gi} 分别是地面网点和 GPS 网点的参心和地心坐标向量,由布尔萨模型可知:

$$X_{Di} = \Delta X + (1+k)R(\varepsilon_z)R(\varepsilon_y)R(\varepsilon_x)X_{Gi}$$

式中,$X_{Di} = (X_{Di}, Y_{Di}, Z_{Di})$,$X_{Gi} = (X_{Gi}, Y_{Gi}, Z_{Gi})$,$\Delta X = (\Delta X, \Delta Y, \Delta Z)$,是平移参数矩阵,$k$ 是尺度变化参数。

$$R(\varepsilon_z) = \begin{bmatrix} \cos\varepsilon_z & \sin\varepsilon_z & 0 \\ -\sin\varepsilon_z & \cos\varepsilon_z & 0 \\ 0 & 0 & 1 \end{bmatrix}, R(\varepsilon_y) = \begin{bmatrix} \cos\varepsilon_y & 0 & -\sin\varepsilon_y \\ 0 & 1 & 0 \\ \sin\varepsilon_y & 0 & \cos\varepsilon_y \end{bmatrix}$$

$$R(\varepsilon_x) = \begin{bmatrix} 1 & 0 & 0 \\ 0 & \cos\varepsilon_x & \sin\varepsilon_x \\ 0 & -\sin\varepsilon_x & \cos\varepsilon_x \end{bmatrix}$$

上式为旋转参数矩阵,通常将 ΔX、ΔY、ΔZ、k、ε_x、ε_y、ε_z 称为坐标系间的转换 7 参数。当 k、ε_x、ε_y、ε_z 为微小量时,忽略其间的互乘项,且 $\cos\varepsilon \approx 1$,$\sin\varepsilon \approx \varepsilon$,则模型变为

$$X_{Di} = X_{Gi} + C_i \cdot R$$

其中,$R = (\Delta X \quad \Delta Y \quad \Delta Z \quad k \quad \varepsilon_x \quad \varepsilon_y \quad \varepsilon_z)^T$。

$$C_i = \begin{bmatrix} 1 & 0 & 0 & X_{Gi} & 0 & -Z_{Gi} & Y_{Gi} \\ 0 & 1 & 0 & Y_{Gi} & Z_{gi} & 0 & -X_{Gi} \\ 0 & 0 & 1 & Z_{gi} & -Y_{Gi} & X_{Gi} & 0 \end{bmatrix}$$

通过上述模型,利用重合点的两套坐标值 X_{Di} 和 X_{Gi}($i = 1, 2, 3, \cdots, N$),采用平差的方法可以求得转换参数。求得转换参数后,再利用上述模型进行坐标转换。对于重合点,转换后

的值与已知值有一差值,差值的大小反映了转换后坐标的精度。

(2) 基线向量法。

此法是先求出各重合点相对地面网原点的基线向量,然后利用基线向量求出转换参数。对于地面网原点,有

$$\boldsymbol{X}_{D0} = \Delta\boldsymbol{X} + (1+k)\boldsymbol{R}(\varepsilon_z)\boldsymbol{R}(\varepsilon_y)\boldsymbol{R}(\varepsilon_x)\boldsymbol{X}_{G0}$$

重合点方程为

$$\boldsymbol{X}_{Di} = \Delta\boldsymbol{X} + (1+k)\boldsymbol{R}(\varepsilon_z)\boldsymbol{R}(\varepsilon_y)\boldsymbol{R}(\varepsilon_x)\boldsymbol{X}_{Gi}$$

两式相减,得

$$\boldsymbol{X}_{Di} = \boldsymbol{X}_{D0} + (1+k)\boldsymbol{R}(\varepsilon_z)\boldsymbol{R}(\varepsilon_y)\boldsymbol{R}(\varepsilon_x) \cdot (\boldsymbol{X}_{Gi} - \boldsymbol{X}_{G0})$$

上述模型实际上是重合点与原点的坐标差——基线向量为已知值的坐标转换式,利用此式可列出误差方程,求出四个转换参数:k、ε_x、ε_y、ε_z。实验证明,此法精度高于布尔萨7参数法。

2. 不同大地坐标系的换算

不同大地坐标系的换算,除了上述7个参数外,还应增加2个转换参数:两种大地坐标系所对应的参考椭球的参数 da 和 $d\alpha$,这里不做讲解。

3. 将大地坐标 (B,L) 转换为高斯平面坐标 (x,y)

按照高斯投影正算公式计算:

$$x = X_0 + 0.5N\sin B\cos B \cdot l^2 + \cdots$$

$$y = N\cos B \cdot l + \frac{1}{6} \cdot N\cos^3 B \cdot l^3(1-t^2+\mu^2) + \cdots$$

式中,X_0 表示赤道到地面点 P 在参考椭球上的投影点 P_0 之间的子午线弧长;N 为 P_0 点的卯酉圈曲率半径;l 为 P_0 点的经度 L 与投影带的中央子午线经度之差;$t = \tan B$;$u^2 = e'^2 \cos^2 B$,e' 为第二偏心率。

四、时间系统

在 GPS 卫星定位中,对于观测者来说,卫星的位置(方向、距离、高度)和速度都在不断地变化。在由跟踪站对卫星进行定轨时,每给出卫星位置的同时,必须给出对应的瞬时时刻,当要求 GPS 卫星位置的误差小于 1 cm 时,相应的时刻误差应小于 2.6 μs。在卫星定位测量中,先测定接收机至卫星之间的信号传播时间,再换算成距离,从而确定测站的位置,当要求距离误差小于 1 cm 时,信号传播时间的测定误差应小于 0.03 ns。因此,时间系统对 GPS 定位有着重要的意义。

确定时间系统,应确定其尺度(时间单位)与原点(历元)。

1. 恒星时 ST

概念:以春分点为参考点,由春分点的周日运动所定义的时间系统称为恒星时系统。

时间尺度:春分点连续两次经过本地子午圈的时间间隔为一恒星日,一恒星日分为 24 个恒星时。

原点:恒星时以春分点通过本地子午圈时刻为起算原点,数值上等于春分点相对于本地子午圈的时角。

特点:恒星时以地球自转为基础;恒星时具有地方性,同一瞬间对不同测站的恒星时

是不同的。

2. 世界时 UT

概念：将以平子夜为零时起算的格林尼治平太阳时定义为世界时 UT。

时间尺度：平太阳连续两次经过本地子午圈的时间间隔为一平太阳日，一个平太阳日分为 24 个平太阳时。UT 中秒的单位定义为平太阳日的 1/86 400，UT1 中秒的单位定义为回归年长度的 1/31 556 925.974 7。

原点：以平子夜为零时。

特点：由于地球自转的不稳定性，在 UT 中加入极移改正即得 UT1，它不再作为时间尺度，而是因它数值上表征了地球自转相对恒星的角位置，故用于天球坐标系与地球坐标系之间的转换计算。

3. 原子时 ATI

概念：以物质内部原子运动的特征为基础的时间系统。

时间尺度：秒长被定义为铯原子基态的两个超精细能级间跃迁辐射振荡 9 192 631 170 周所持续的时间。

原点：取为 1958 年 1 月 1 日 0 时 0 秒。

特点：时间尺度根据周期运动具有均匀稳定的周期。

4. 协调世界时 UTC

概念：采用原子时秒长，但仍要求时间系统接近世界时 UT 的时间系统。

时间尺度：采用原子时秒长，采用跳秒（由于原子时比世界时每年快约 1 s，两者之差逐年积累）的方法使协调时与世界时的时刻接近，其差不超过 1 s。

特点：既保持时间尺度的均匀性，又能近似地反映地球自转的变化。

5. GPS 时间系统

时间尺度：采用原子时 ATI 秒长为时间基准。

原点：定义为 1980 年 1 月 6 日 UTC 零时。

特点：为了保持时间的连续性，GPS 时间系统启动后不跳表，以后随着时间的积累，GPS 时与 UTC 时的整秒差以及秒以下的差异通过时间服务部门定期公布。

GPS 时与 ATI 时在任一瞬间均有一常量偏差，如图 14-6 所示，即

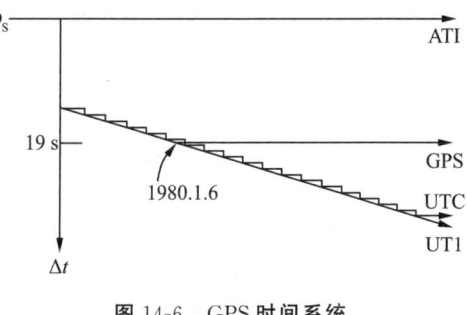

图 14-6 GPS 时间系统

$$T_{ATI} - T_{GPS} = 19 \text{ s}$$

第三节 卫星运动基础与 GPS 卫星星历

人造地球卫星绕地球的运动状态取决于受到的各种作用力，这些作用力主要有：地球对卫星的引力，太阳、月亮对卫星的引力，大气阻力，太阳光压，地球潮汐力，等等。在这些作用力中，地球引力是主要的，如果将地球引力视为 1，其他作用力仅为 10^{-5} 量级。为了研究

卫星运动的基本规律,可将卫星受到的作用力分为两类:一类是地球质心引力,即将地球看作密度均匀或由无限多密度均匀的同心球层所构成的圆球,它对球外一点的引力等效于质量集中于球心的质点所产生的引力,称为中心引力;然而由于地球实际为非球形对称(近似椭球),它对卫星产生非中心的引力,加上日、月引力,大气阻力,太阳光压,地球潮汐等便产生了第二类称为摄动的非中心引力。

把忽略所有的摄动力,仅考虑地球质心引力,研究卫星相对于地球的运动,称为二体问题。二体问题下的卫星运动是一种近似描述,但能得到卫星运动的严密分析解,从而在此基础上再加上摄动力来推导出卫星受摄运动的轨道。

GPS 卫星高度为两万公里。利用 GPS 进行定位测量,要达到厘米级的相对定位精度,要求 GPS 卫星的定轨精度应达到 2 m,因此任何摄动力的模型必须满足和达到 2 m 级的精度(目前,GPS 卫星的广播星历轨道误差约为 30 m)。

一、卫星的无摄运动

1. 卫星运动的轨道参数

只考虑地球质心引力作用的运动称为卫星的无摄运动。将地球和卫星看作两个质点,作为二体问题,研究两个质点在万有引力作用下的运动,卫星 S 围绕地球质心 O 的运动关系如图 14-7 所示。由开普勒定律可知,卫星运行的轨道是通过地心平面上的椭圆,且椭圆的一个焦点与地心重合。

(1)确定椭圆形状和大小需要两个参数:椭圆的长半径 a 及偏心率 e。

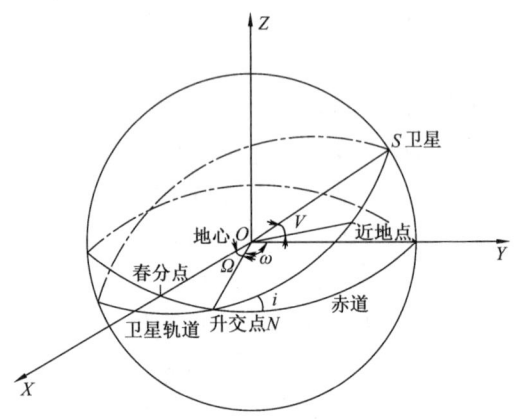

图 14-7 卫星绕地球质心运动

(2)为了确定任意时刻卫星在轨道上的位置,需要一个参数,即真近点角 V(在轨道平面上卫星与近地点之间的地心角距)。

参数 a、e、V 唯一地确定了卫星轨道的形状、大小以及卫星在轨道的瞬时位置。

(3)为了确定卫星轨道平面与地球的相对位置(根据椭圆的一个焦点与地球的质心相重合),需要两个参数:

升交点的赤径 Ω——在地球赤道平面上,升交点 N(卫星由南向北运动时,其轨道与地球赤道的交点)与春分点 r 之间的地心夹角。

轨道面的倾角 i——卫星轨道平面与地球赤道面之间的夹角。

(4)为了确定卫星轨道平面与地球的相对方向,需要一个参数,即近地点角距 ω。ω 指在轨道平面上近地点 A 与升交点 N 之间的地心角距。

卫星的无摄运动,可以通过开普勒轨道参数(a、e、V、Ω、i、ω)来描述。对于 GPS 卫星来说,$e \approx 0.01$,其余参数的大小则由卫星的发射条件来决定。

2. 二体问题的运动方程

研究卫星 S 绕地球 O 的运动,主要是研究卫星运动状态随时间的变化规律。根据牛顿运动定律,由于地球质量远远大于卫星质量,运用万有引力定律时略去卫星质量 m,取 $\mu = G_m$ 为地球引力常数,取地球赤道半径 $a = 6\ 378\ 140$ m 作为长度单位,时间单位取 806.811 66 s,此时

卫星 S 相对地球质心 O 的运动方程为

$$a = -\frac{1}{r^2} \cdot r^\circ$$

式中,a 为引力产生的加速度;r° 为卫星的在轨位置矢量,$r^\circ = \frac{r}{r}$。

设以 O 为原点的地心直角坐标系为 $O\text{-}XYZ$,S 点的坐标为 (X,Y,Z),则将卫星 S 的地心向径 $r=(X,Y,Z)$,加速度 $a=(X'',Y'',Z'')$ 代入上式,得

$$X' = -\mu \cdot \frac{X}{r^3}$$

$$Y' = -\mu \cdot \frac{Y}{r^3}$$

$$Z' = -\mu \cdot \frac{Z}{r^3}$$

式中,$r = \sqrt{X^2 + Y^2 + Z^2}$。

求解上述二体问题的微分方程组,必须找出包含有 6 个相互独立的积分常数,这 6 个常数可用开普勒轨道 6 参数代替,其解为

$$r = g(a,e,i,\Omega,\omega,\tau,t)$$
$$\frac{dr}{dt} = g'(a,e,i,\Omega,\omega,\tau,t)$$

从公式可以看出,给定 6 个轨道参数,即可确定任意时刻 t 的卫星位置及其运动速度。

3. 二体问题微分方程的解

二体问题微分方程的解是与轨道参数有关的卫星运动的状态方程,即卫星的位置、速度与轨道参数和时间的关系式。

(1) 卫星运动的轨道平面方程。

对微分方程求积分,得到卫星运动的轨道平面方程:

$$AX + BY + CZ = 0$$

式中,X、Y、Z 是卫星在地心天球直角坐标系中的坐标,而 A、B、C 是三个待定的积分常数。令 $h = \sqrt{A^2 + B^2 + C^2}$,可以证明:

$$A = h\sin\Omega\sin i$$
$$B = -h\cos\Omega\sin i$$
$$C = h\cos i$$

式中,h 等于卫星 S 对地心 O 的向径在单位时间内所扫过的面积的两倍,称为面积速度常量,$h^2 = \mu \cdot a(1-e^2)$。

(2) 卫星运动的轨道方程。

建立轨道平面坐标系 XOY,原点 O 仍在地球质心,X 轴指向升交点 N,自 X 轴按卫星运行方向旋转 90° 为 Y 轴,得卫星运动的轨道方程为

$$r = \frac{h^2/\mu}{1 + e\cos(\theta - \omega)}$$

式中,e、ω 为新的积分常数,θ 为从 X 轴至卫星向径 r 的角度,$\theta = \omega + V$。

(3) 用偏近点角 E 代替真近点角 V。

如图 14-8 所示,在卫星轨道椭圆上,以椭圆中心 O' 为圆心,以椭圆长半径 a 为半径作一辅助圆,过卫星点 S 作 OA 的垂线 SR,延长交辅助圆于 S',则 $O'S'$ 与 OA 的夹角 E 为偏近点角。V 与 E 的关系式为

$$\cos V = \frac{\cos E - e}{1 - e\cos E}$$

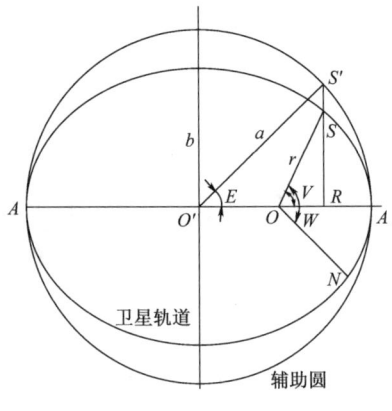

图 14-8 卫星运动轨道

4. 开普勒方程

以地球质心为坐标原点,X 轴指向近地点,Y 轴重合于轨道的短轴,Z 轴为轨道平面的法线方向,构成右手坐标系。得到开普勒轨道方程:

$$n(t-\tau) = E - e\sin E$$

式中,τ 为第 6 个积分常数,它表示了辅助参数 E 与时间 t 的函数关系。

至此,得到了以轨道参数表示的 6 个积分常数 a、e、i、Ω、ω、τ。若已知 6 个轨道参数,就可以唯一地确定卫星在任意时刻的位置及运动速度。

二、卫星的受摄运动

考虑了摄动力作用的卫星运动称为卫星的受摄运动。卫星的受摄运动的轨道参数不再保持为常数(二体问题中 6 个轨道参数均为常数),而是随时间变化的。卫星在地球质心引力和各种摄动力的影响下的轨道参数称为瞬时轨道参数,瞬时轨道不是椭圆,轨道平面在空间的方向也不是固定不变的。

1. 各种作用力的特征及其影响

(1) 地球引力。

地球引力场对卫星的引力包括地球质心引力和地球引力场摄动力(由于地球形状不规则及其质量不均匀而引起的)两部分,是一种保守力。可用位函数表示地球外部空间一个质点所受的作用力:

$$U(r,\varphi,\lambda) = \frac{GM}{r} + R$$

式中,r 为质点地心的矢径;φ、λ 为质点的球面坐标。等式右边第一项为地球形状规则和密度均匀所产生的正常引力位,卫星在它的作用下其轨道为正常轨道;等式右边第二项为摄动位函数,可用无穷级数表示。

(2) 日、月引力。

卫星和地球同时受到日、月的引力。日、月引力造成卫星相对地球的摄动力可表示为

$$\boldsymbol{F}_s + \boldsymbol{F}_m = G_{M_s}\left(\frac{\boldsymbol{r}_s - \boldsymbol{r}}{|\boldsymbol{r}_s - \boldsymbol{r}|^3} - \frac{\boldsymbol{r}_s}{|\boldsymbol{r}_s|^3}\right) + G_{M_m}\left(\frac{\boldsymbol{r}_m - \boldsymbol{r}}{|\boldsymbol{r}_m - \boldsymbol{r}|^3} - \frac{\boldsymbol{r}_m}{|\boldsymbol{r}|^3}\right)$$

式中,M_s、M_m 分别表示太阳与月球的质量;$\boldsymbol{r}_s$、$\boldsymbol{r}_m$ 与 $\boldsymbol{r}$ 分别表示太阳、月球、卫星在地球质心坐标系中的位置矢量。

(3) 太阳辐射压力。

卫星在运动中受到的太阳光辐射的压力为

$$\boldsymbol{F}_p = -K \cdot \rho_p \cdot S \cdot \boldsymbol{r}_s^\circ$$

式中，K 为卫星表面反射系数；ρ_p 为光压强度；S 为垂直于太阳光线的卫星截面积；r_s^0 为太阳在地球质心坐标系中位置的单位矢量。对于 GPS 卫星，太阳辐射压力可使卫星位置偏差达到 1 000 m；当卫星运行至地影区域内时，由于地球遮挡，太阳辐射压力为 0。

（4）地球潮汐作用力。

日、月引力作用于地球，使之产生形变（固体潮）或质量移动（海潮），从而引起地球质量分布的变化，这一变化将引起地球引力的变化，称为潮汐作用力，它对 GPS 卫星的位置影响可达到 1 m。

（5）大气阻力。

大气阻力对低轨道的卫星影响很大，但 GPS 卫星轨道在 2.0×10^4 km 以上，大气阻力已微不足道，可不考虑。

综上所述，摄动力引起卫星位置和轨道参数的变化：考虑地球引力场摄动力，轨道平面不断西移，这种现象称为轨道面的进动，速度取决于轨道倾角和轨道长半径；轨道参数 ω 的变化使近地点在轨道面内不断旋转，即轨道椭圆以其不变的形状在轨道内旋转。

通过求解卫星受摄运动的微分方程，可以得到卫星轨道参数的变化规律。

2. 卫星受摄运动的方程

如果摄动力的性质为保守力，采用拉格朗日行星运动方程，使用级数解法，将含有轨道参数的函数按近似值展开为级数而后逐步迭代，求得一定精度的解。如果摄动力的性质为非保守力，可将摄动力所产生的加速度分解为互相垂直的三个分量 S、T、W，其中 S 为沿卫星矢径方向的分量，T 为在轨道平面上垂直于矢径方向并指向卫星运动的分量，W 为沿轨道平面法线并按 S、T、W 组成右手坐标系取向的分量，采用牛顿受摄方程求其近似解。

GPS 卫星定位中，需要知道 GPS 卫星的位置。通过卫星的导航电文将已知的某一初始历元的轨道参数及其变率发给用户，即可计算出任一时刻的卫星位置。通过在已知的地面站对 GPS 卫星进行观测，求得卫星在某一时刻的位置，即可反算出卫星的轨道参数，从而对卫星的轨道进行改正，实现 GPS 的精密定轨。

三、GPS 卫星星历

卫星星历是描述卫星运行轨道的信息，即一组对应某一时刻的轨道参数及其变率。有了卫星星历，就可以计算出任一时刻的卫星位置及速度。GPS 星历分为预报星历和后处理星历两种。

1. 预报星历

预报星历又叫作广播星历。通常包括相对某一参考历元的卫星开普勒轨道参数和必要的轨道摄动改正项参数。相应参考历元的卫星开普勒轨道参数称为参考星历，它只代表卫星在参考历元的轨道参数，在摄动力的影响下，卫星的实际轨道将偏离参考轨道，偏离的程度取决于观测历元与参考历元之间的时间差。如果用轨道参数的摄动项对已知的卫星参考星历加以改正，就可以推出任一观测历元的卫星星历。所以，广播星历参数采用了开普勒轨道参数加调和项修正的方案，其主要的周期摄动是周期约为 6 h 的二阶带谐项引起的短周期摄动。

GPS 广播星历的参数共 17 个：2 个参考时刻，6 个对应参考时刻的开普勒轨道参数，9 个反映摄动力影响的参数。这些参数通过 GPS 卫星发射的含有轨道信息的导航电文传递给用户。GPS广播星历的参数及定义如下：

t_{oe}：星历表参考历元(s)。

IODE：星历表数据龄期(N)。

M_0：按参考历元计算的平近点角(rad)。

Δn：由精密星历计算的卫星平均角速度与按给定参数计算的平均角速度之差(弧度)。

e：轨道偏心率。

$\sqrt{a}$：轨道长半径的平方根。

Ω_0：按参考历元计算的升交点赤径。

I_0：按参考历元计算的轨道倾角(rad)。

ω：近地点角距(rad)。

$\dot{\Omega}$：升交点赤径变化率(rad/s)。

$\dot{I}$：轨道倾角变化率(rad/s)。

C_{uc}：纬度幅角的余弦调和项改正的振幅(rad)。

C_{us}：纬度幅角的正弦调和项改正的振幅(rad)。

C_{rc}：轨道半径的余弦调和项改正的振幅(m)。

C_{rs}：轨道半径的正弦调和项改正的振幅(m)。

C_{ic}：轨道倾角的余弦调和项改正的振幅(rad)。

C_{is}：轨道倾角的正弦调和项改正的振幅(rad)。

其他参数如下：

GPD：周数(周)。

T_{gd}：载波L1、L2的电离层延迟差(s)。

IODC：星钟的数据龄期(N)。

a_0：卫星钟差-时间偏差(s)。

a_1：卫星钟速-频率偏差系数(s/s)。

a_2：卫星钟速变率-漂移系数(s/s²)。

Δn包括了轨道参数ω的长期摄动；Ω中也包括了极移的影响。星历参考历元t_{oe}是从星期日子夜零点开始计算的参考时刻，星历表数据龄期为从t_{oe}时刻至预报星历测量的最后观测时刻之间的时间，所以IODE是预报星历的外推时间间隔。

GPS卫星播发的星历是用两种波码进行传送的。一种为C/A码，其星历精度为数十米(1991年，美国对GPS卫星实施SA技术，C/A码精度降低至近百米)；一种为P码，其星历精度在5 m左右，只有工作于P码的接收机才能从P码中破译出精密的星历。

2．后处理星历

GPS的非特许用户进行高精度的GPS测量时一般采用精密的后处理星历。它是一些国家某些部门根据各自建立的卫星跟踪站所获得的对GPS卫星的精密观测资料，应用与确定广播星历相似的方法而计算的卫星星历。这种星历是在事后向用户提供的在其观测时间内的精密轨道信息，它不是通过GPS卫星的导航电文传递的，而是利用磁带、电传、卫星通信等方式有偿地为用户服务的。

第四节　GPS卫星的导航电文与卫星信号

一、GPS卫星的导航电文

GPS卫星的导航电文是用户用来定位和导航的数据基础。它主要包括：卫星星历、时钟改正、电离层时延改正、工作状态信息以及C/A码转换到捕获P码的信息。这些信息以二进制码的形式，按规定格式组成，按帧向外播送。导航电文又称数据码（D码），它的基本单位是长1 500 bit的一个主帧，传输速率为50 bit/s，一个主帧30 s传送完毕。一个主帧包括5个子帧，第1、2、3子帧各有10个字码，每个字码有30 bit，第4、5子帧各有25个页面，共有37 500 bit。第1、2、3子帧每30 s重复一次，内容每小时更新一次；第4、5子帧的全部信息则需要750 s才能完成传送，其内容仅在卫星注入新的导航数据后才得以更新。

1．遥测码（TLW）

遥测码位于各子帧的开头，用来表明卫星注入数据的状态。遥测码的第1~8 bit是同步码，使用户便于破译导航电文；第9~22 bit为遥测电文，包括地面监控系统注入数据时的状态信息、诊断信息和其他信息；第23、24 bit是连接码；第25~30 bit为奇偶检验码，用于发现和纠正错误。

2．转换码（HOW）

转换码位于每个子帧的第二个字码，是帮助用户从捕获的C/A码转换到捕获P码的Z计数。Z计数实际是一个时间计数，是以每星期起始时刻开始播发的D码子帧数为单位，给出了一个子帧开始瞬间的GPS时间，下一个子帧开始的时间为$6 \times Z$ s（每一个子帧持续的时间为6 s），用户可以据此将接收机的时钟精确对准GPS时，并快速捕获P码。

3．第一数据块

第一数据块位于第1子帧的第3~10字码，主要内容有：星期序号、数据龄期、卫星时钟改正系数、标识码、卫星的健康状态等。

（1）时延差改正T_{gd}。

时延差改正T_{gd}表示信号在卫星内部的时延差，即P_1、P_2码从产生到卫星发射天线所耗时间的差异。

（2）数据龄期IODC。

数据龄期IODC表示时钟改正数的外推时间间隔，它指明卫星时钟改正数的置信度。

$$IODC = T_{oe} - T_l$$

T_{oe}为第一数据块的参考时刻，T_l是计算时钟改正参数所用数据的最后观测时间。

（3）星期序号WN。

星期序号WN表示从1980年1月6日子夜零时（UTC）起算的星期数，即GPS星期数。

（4）卫星时钟改正系数。

GPS时间系统是以地面主控站的主原子钟为基准。每一颗GPS卫星的时钟相对GPS时间系统都存在着差值：

$$\Delta T_s = a_0 + a_1(T - T_{oe}) + a_2(T - T_{oe})^2$$

4．第二数据块

包含第2和第3子帧，其内容表示 GPS 卫星的星历，这些数据为用户提供了计算卫星运动位置的信息。

(1) 开普勒6参数：a、e、i_0、Ω_0、ω、M_0。

(2) 轨道摄动9参数：Δn、$\dot{\Omega}$、$\dot{I}$、C_{uc}、C_{us}、C_{is}、C_{rs}、C_{ic}、C_{rc}。

(3) 时间2参数：T_{oe}、IODE。

5．第三数据块

包括第4和第5两个子帧，其内容包括了所有 GPS 卫星的星历数据。当接收机捕获到某颗 GPS 卫星后，根据第三数据块提供的其他卫星的概略星历、时钟改正、卫星工作状态等数据，用户可以选择工作正常和位置适当的卫星，并快速捕获到所选择的卫星。

二、GPS 卫星信号

GPS 卫星信号是 GPS 卫星向广大用户发送的用于导航定位的调制波，它包含载波、测距码和数据码。时钟基本频率为 10.23 MHz。GPS 信号的产生如图 14-9 所示。

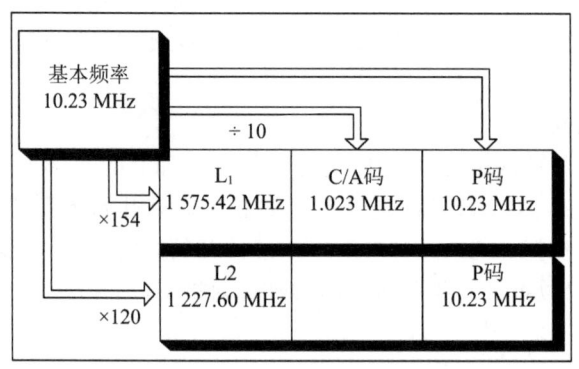

图 14-9 GPS 信号产生

1．载波

作用：搭载其他信号，也可用于测距。

L_1 载波频率：$154 \times f_0 = 1\,575.42$ MHz，波长为 19.032 cm。

L_2 载波频率：$120 \times f_0 = 1\,227.60$ MHz，波长为 24.420 cm。

2．测距码（伪随机噪声码）

GPS 信号中采用伪随机码编码（简称 PRN）技术识别和分离各颗卫星信号，并提供模糊度的测距数据。它不仅具有高斯噪声所有的良好的自相关特性，而且具有某种确定的编码规则，是一个具有一定周期的取值 0 和 1 的离散符号串。GPS 测距码分为 C/A 码和 P 码。

(1) C/A 码。

C/A 码是用于粗测距和捕获 GPS 卫星信号的伪随机码，它由两个 10 级反馈移位寄存器构成的 G 码产生。基本参数：码速为 1.023 MHz，码元长度为 300 m，码元数为 1 023 bit。

(2) P 码。

P 码是卫星的精测距码，它是由两个伪随机码 PN_1 和 PN_2 的乘积得到的。基本参数：

码速为 10.23 MHz,码元长度为 30 m,码元数为 6.19×10^{12} bit(一般都是先捕获 C/A 码,然后根据导航电文给出的有关信息来实现 P 码的捕获)。

三、GPS 卫星位置的计算

GPS 卫星位置是根据卫星电文所提供的轨道参数按一定的公式计算的。

1. 计算卫星运行的平均角速度

根据开普勒第三定律,卫星运行的平均角速度为

$$n_0 = \frac{\sqrt{G_m}}{a^3} = \frac{\sqrt{\mu}}{(\sqrt{a})^3}$$

式中,μ 为 WGS-84 坐标系中的地球引力常数,$\mu=3.986\ 005\times10^{14}\ m^3/s^2$,$a$ 为卫星轨道的半长轴。加上卫星电文给出的摄动改正数 Δn,便得到卫星运行的平均角速度为

$$n = n_0 + \Delta n$$

2. 计算归化时间

对观测时刻 T' 作卫星钟差改正:

$$T = T' - \Delta t_s$$

$$\Delta t_s = \alpha_0 + \alpha_1(T' - T_{oc}) + \alpha_2(T' - T_{oc})^2$$

然后将观测时刻 T 归化到 GPS 时间系中,有

$$T_k = T - T_{oe}$$

3. 计算观测时刻卫星的平近点角 M_k

观测时刻卫星的平近点角 M_k 为

$$M_k = M_0 + nT_k$$

式中,M_0 是卫星电文给出的参考时刻 T_{oe} 的平近点角。

4. 计算偏近点角 E_k

偏近点角 E_k 为

$$E_k = M_k + e\sin E_k$$

采用迭代法,即令 $E_k = M_k$,代入上式,求出 E_k,再代入上式计算。因为 GPS 轨道的偏心率很小,因此收敛得快,迭代两次即可求解。

5. 计算真近点角 V_k

由于

$$\cos V_k = \frac{\cos E_k - e}{1 - e\cos E_k}$$

$$\sin V_k = \frac{\sin E_k \sqrt{1-e^2}}{1 - e\cos E_k}$$

因此有

$$V_k = \arctan\frac{\sin E_k \sqrt{1-e^2}}{\cos E_k - e}$$

6. 计算升交距角 Φ_k

升交距角 Φ_k 为

$$\Phi_k = V_k + \omega$$

式中,ω 为卫星电文给出的近地点角距。

7. 计算摄动改正项 δ_u、δ_r、δ_i

摄动改正项 δ_u、δ_r、δ_i 为

$$\delta_u = C_{uc} \cdot \cos(2\Phi_k) + C_{us} \cdot \sin(2\Phi_k)$$
$$\delta_r = C_{rc} \cdot \cos(2\Phi_k) + C_{rs} \cdot \sin(2\Phi_k)$$
$$\delta_i = C_{ic} \cdot \cos(2\Phi_k) + C_{is} \cdot \sin(2\Phi_k)$$

8. 计算经过摄动改正的升交距角 U_k、卫星矢径 R_k 和轨道倾角 I_k

经过摄动改正的升交距角 U_k、卫星矢径 R_k 和轨道倾角 I_k 为

$$U_k = \Phi_k + \delta_u$$
$$R_k = a(1 - e \cdot \cos E_k) + \delta_r$$
$$I_k = i_0 + \delta_i + \dot{I} \cdot T_k$$

9. 计算卫星在轨道平面坐标系中的坐标 x_k、y_k

卫星在轨道平面坐标系中的坐标 x_k、y_k 为

$$x_k = R_k \cdot \cos U_k$$
$$y_k = R_k \cdot \sin U_k$$

10. 计算观测时刻升交点的经度 Ω_k

升交点经度 Ω_k 等于观测时刻升交点赤径 Ω(春分点与升交点之间的角距)与格林尼治恒星时 GAST(春分点与格林尼治起始子午线之间的角距)之差:

$$\Omega_k = \Omega - \text{GAST}$$

又因为

$$\Omega = \Omega_{oe} + \dot{\Omega} \cdot T_k$$

式中,$\dot{\Omega}$ 是升交点赤径的变化率,Ω_{oe} 是参考时刻 T_{oe} 的升交点赤径。

此外,卫星电文中提供了一周的开始时刻 T_w 的格林尼治恒星时 GAST_w。由于地球的自转作用,GAST 不断增加:

$$\text{GAST} = \text{GAST}_w + \omega_e \cdot T$$

式中,ω_e 为地球自转的速率,T 为观测时刻。

又 $T_k = T - T_{oe}$,整理得

$$\Omega_k = \Omega_0 + (\dot{\Omega} - \omega_e) T_k - \omega_e \cdot T_{oe}$$

式中,$\Omega_0 = \Omega_{oe} - \text{GAST}_w$,$\Omega_0$、$\dot{\Omega}$、$T_{oe}$ 的值从卫星电文中获取。

11. 计算卫星在地心固定坐标系中的直角坐标 X_k、Y_k、Z_k

卫星在地心固定坐标系中的直角坐标 X_k、Y_k、Z_k 为

$$X_k = x_k \cdot \cos\Omega_k - y_k \cdot \cos I_k \cdot \sin\Omega_k$$
$$Y_k = x_k \cdot \sin\Omega_k + y_k \cdot \cos I_k \cdot \cos\Omega_k$$
$$Z_k = y_k \cdot \sin I_k$$

四、GPS 接收机

GPS 卫星发送的导航定位信号,是一种可供无数用户共享的信息资源。用户只要拥有能够接收、跟踪、变换和测量 GPS 信号的接收机,就可进行导航定位测量。

1．GPS 接收机的分类

(1) 依用途分类。

① 测地型：主要用于精密大地测量和精密工程测量。

② 导航型：主要用于运动载体的导航，可以实时给出载体的位置和速度(一般采用 C/A 码)。

③ 授时型：主要利用 GPS 卫星提供的高精度时间标准进行授时，常用于天文台及无线电通信中的时间同步。

(2) 依载波频率分类。

① 单频接收机：只能接收 L_1 载波的信号，测定载波相位观测值进行定位。由于不能有效消除电离层延迟的影响，只适用于短基线(小于 15 km)的精密定位。

② 双频接收机：可以同时接收 L_1 和 L_2 载波信号。利用双频对电离层延迟的不同，能有效消除电离层对电磁波信号延迟的影响，可以用于长达几千公里的精密定位。

(3) 依工作原理分类。

① 码相关型接收机：利用码相关技术得到载波伪距观测值。

② 平方型接收机：利用载波信号的平方技术去掉调制信号，来恢复完整的载波信号，通过相位差测定载波伪距观测值。

③ 混合型接收机：综合上述两种优点，既可以得到码相位伪距，又可以得到载波相位观测值。

④ 干涉型接收机：将 GPS 卫星作为射电源，采用干涉测量的方法测定测站间距离。

2．GPS 接收机的基本构造

(1) 天线单元。

天线单元由接收机天线和前置放大器组成。其作用是将 GPS 卫星信号的极微弱的电磁波转化为相应的电流。主要有以下几种类型：

① 单板天线：单频或双频(双极结构)、需要较大的底板、相位中心稳定、结构简单。

② 微带天线：结构简单、单频或双频、侧视角低(适合于机载应用)、低增益、应用最为广泛。

③ 锥形(螺旋)天线。

四丝螺旋天线：单频、难以调整相位和极化方式、非方位对称、增益特性好、不需要底板。

空间螺旋天线：双频、增益特性好、侧视角高、非方位对称。

④ 背腔平面盘旋天线。

在平面螺旋天线后面添加背腔来提高增益。天线高为标志至平均相位中心所在平面的垂直距离。

(2) 接收单元。

① 接收信号通道。

定义：接收机中用来跟踪、处理、量测卫星信号的部件，由无线电元器件、数字电路等硬件和专用软件组成。

类型：根据信号跟踪方式，可分为序惯通道、多路复用通道和多通道；根据工作原理，可分为码相关通道、平方通道等。

② 存储器。
③ 微处理器：数据处理、控制。
④ 输入/输出设备。
⑤ 电源：一般机内采用锂电池，用于存储器供电；机外可用充电的 12 V 直流电池。

3．GPS 接收机重要的物理与几何特性

(1) 天线相位中心与天线几何中心一致。
(2) 接收机钟差有效修正。
(3) 接收机信号通道间的延迟。

第五节　GPS 卫星定位基本原理

GPS 卫星定位采用测距交会确定点位。

GPS 卫星发射测距信号和导航电文，导航电文中含有卫星的位置信息。用户用 GPS 接收机在某一时刻同时接收三颗以上的 GPS 卫星信号，测量出接收机天线中心 P 至三颗以上 GPS 卫星的距离并计算出该时刻 GPS 卫星的空间坐标。设在时刻 t 测量 P 到三颗 GPS 卫星 S_1、S_2、S_3 的距离为 ρ_1、ρ_2、ρ_3，破译该时刻卫星的三维坐标分别为 (X_j,Y_j,Z_j)，$j=1,2,3$。采用距离交会法求解 P 点三维坐标 (X,Y,Z) 的观测方程为

$$\rho_1^2=(X-X_1)^2+(Y-Y_1)^2+(Z-Z_1)^2$$
$$\rho_2^2=(X-X_2)^2+(Y-Y_2)^2+(Z-Z_2)^2$$
$$\rho_3^2=(X-X_3)^2+(Y-Y_3)^2+(Z-Z_3)^2$$

在 GPS 定位中，GPS 卫星是高速运行的卫星，其坐标值随时间在快速变化着。需要实时地由 GPS 信号测量出测站至卫星间的距离，实时地由卫星导航电文计算出卫星的坐标值，并进行测站点的定位。其定位方法根据测距的原理可分为伪距法定位、载波相位测量定位及差分 GPS 定位等；根据待定点的运动状态可分为静态定位和动态定位；根据定位接收机在待定点的数量可分为单点定位和相对定位。

在实际测量中，为了减弱卫星的轨道误差、卫星钟差、接收机钟差以及电离层和对流层的折射误差的影响，常采用载波相位观测值的各种线性组合作为观测值，获得两点之间高精度的 GPS 基线向量(坐标差)。

一、伪距测量

伪距法定位是由 GPS 接收机在某一瞬间测出四颗以上 GPS 卫星的伪距以及已知的卫星位置，采用距离交会的方法求出接收机天线点的三维坐标。伪距就是由卫星发射的测距码信号到达接收机的传播时间乘以光速所得到的量测距离，由于卫星钟、接收机钟的误差以及无线电信号经过电离层和对流层中的延迟，实际测出的距离 ρ' 与几何距离 ρ 有一定差值，故称测出的距离为伪距。伪距测量具有以下特点：

① 一次定位精度较低(P 码约 10 m，C/A 码约 20～30 m)。
② 定位速度快。
③ 计算的测站坐标唯一，无多值。

④ 可作为载波相位测量中解决整周不确定问题(模糊度)的资料。

1. 伪距测量

GPS卫星依据自己的时钟发出某一结构的测距码,该测距码经过 Γ 时间的传播后到达接收机;接收机在自己时钟的控制下产生一组结构完全相同的测距码——复制码,并通过时延器使其延迟时间 Γ',将这两组测距码进行相关处理,若自相关系数 $R(\Gamma')\neq 1$,则继续调整延迟时间 Γ' 直至自相关系数为1为止,即接收机所产生的复制码与GPS卫星发射的测距码完全对齐,那么延迟时间 Γ' 就是卫星信号从卫星传播到接收机的时间 Γ。卫星信号的传播是一种无线电信号传播,其速度等于光速 c,距离即为 Γ' 与 c 的乘积。

为什么采用码相关技术确定伪距?GPS卫星发射出的测距码是按照某一规律排列的,在一周期内每个码对应着某一特定的时间,即用每个码的某一标志都可推算出延值 Γ,进行伪距测量。但由于每个码在产生过程中都带有随机误差,且信号经过长距离传送也会产生变形,因此采用码相关技术在 $R(\Gamma')=\text{MAX}$ 的情况下来确定信号传播时间(实际采用多个码特征来确定 Γ),这样就最大限度地排除了随机误差的影响。

设由卫星钟控制的测距码 $a(t)$ 在GPS时间 t 时刻自卫星天线发出,经传播延迟 Γ 到达接收机,接收机所收到的信号为 $a(t-\Gamma)$;由接收机钟控制的本地码发生器产生一个与卫星发播相同的本地码 $a'(t+\Delta t)$,其中 Δt 为接收机与卫星的钟差。经过码移位电路将本地码延迟 Γ' 送至积分器后,即可得自相关系数:

$$R(\Gamma') = \frac{1}{T} \cdot \int a(t-\Gamma)a(t+\Delta t - \Gamma')\,\mathrm{d}t$$

调整本地延迟 Γ',可使相关输出达到最大值:

$$R(t)=R_{\max}(t)$$
$$t-\Gamma=t+\Delta t-\Gamma'$$

可得

$$\Gamma'=\Gamma+\Delta t + nT$$

两边同乘以 c,得

$$\rho'=\rho+c\Delta t+n\lambda$$

式中,ρ' 为伪距测量值,ρ 为几何距离,T 为测距码的周期,$\lambda=cT$ 为相应测距码的波长,c 为信号传播速度,此式为伪距测量的基本方程。式中 $n\lambda$ 称为测距模糊度。如果已知待测距离小于测距码的波长,则 $n=0$,且有

$$\rho'=\rho+c\Delta t$$

伪距测量值 ρ' 是待测距离与钟差等效距离之和。钟差 Δt 包含接收机钟差 δT_k 与卫星钟差 δT^j,即 $\Delta t=\delta T_k-\delta T^j$。若再考虑信号传播经电离层的延迟和大气对流层的延迟,则可将公式写为

$$\rho=\rho'+\delta\rho_1+\delta\rho_2+c\cdot\delta T_k-c\cdot\delta T^j$$

式中,$\delta\rho_1$、$\delta\rho_2$ 分别为电离层和对流层的改正项,k 表示接收机号,j 表示卫星号。

2. 伪距定位观测方程

由公式 $\rho=\rho'+\delta\rho_1+\delta\rho_2+c\cdot\delta T_k-c\cdot\delta T^j$ 可以看出,电离层和对流层改正可以按照一定的模型进行计算,卫星钟差 δT^j 可以自导航电文获得,而几何距离 ρ 与卫星坐标 (X_s, Y_s, Z_s) 与接收机坐标 (X, Y, Z) 之间的关系是

$$\rho^2 = (X_s - X)^2 + (Y_s - Y)^2 + (Z_s - Z)^2$$

式中,卫星坐标可根据卫星导航电文求得,上式只包含接收机坐标三个未知数。如果将接收机钟差 δT_k 也作为未知数,则共有四个未知数,接收机必须同时至少测定四颗卫星的距离,才能计算出接收机的三维坐标值,有如下公式:

$$\sqrt{(X_s^j - X)^2 + (Y_s^j - Y)^2 + (Z_s^j - Z)^2} - c \cdot \delta T_k = \rho' + \delta\rho_1^j + \delta\rho_2^j - c \cdot \delta T^j$$

式中,j 为卫星数,$j = 1, 2, 3, \cdots$。此式即伪距定位的观测方程组。

二、载波相位测量

利用测距码进行伪距测量,由于测距码的码元长度较大,对于一些高精度应用还无法满足要求:如果测距精度取至测距码波长的百分之一,对 P 码精度为 30 cm,对 C/A 码精度为 3 m 左右。而如果将载波作为量测信号,由于载波波长较短($L_1 = 19$ cm,$L_2 = 24$ cm),就可达到很高的精度。但载波信号是一种周期性的正弦信号,相位测量只能测定其不足一个波长的部分,因而存在整周数不确定性问题,计算过程较复杂。

GPS 信号中已用相位调整的方法在载波上调制了测距码和导航电文,因此接收到的载波相位已不再连续,故在进行载波相位测量前,必须设法将调制在载波上的测距码和导航电文去掉,重新获得载波,我们称之为重建载波。方法有两种:

码相关法:得到的观测值为全波(同时获得导航电文),信噪比较好,但必须知道测距码的结构。

平方法:无须掌握测距码的结构,但得到的观测值为半波(载波相位整周数 N 更难确定,无法获得导航电文),且信噪比差。

1. 载波相位测量原理

载波相位测量的观测值是 GPS 接收机所接收的卫星载波信号与接收机本振参考信号的相位差。以 $\varphi_k^j(T_k)$ 表示 k 接收机在钟面时刻 T_k 所接收到的 j 卫星载波信号的相位值,$\varphi_k(T_k)$ 表示 k 接收机在钟面时刻 T_k 所产生的本地参考信号的相位值,则 k 接收机在钟面时刻 T_k 时观测 j 卫星所取得的相位观测值为

$$\Phi_k^j(T_k) = \varphi_k(T_k) - \varphi_k^j(T_k)$$

在实际测量中,如果对整周进行计数,则自某一初始取样时刻(T_0)以后就可以得到连续的相位观测值。

如图 14-10 所示,在初始 T_0 时刻,测得小于一周的相位差为 $\Delta\varphi_0$,其整周计数为 N_0^j,此时包含整周数的相位观测值为

$$\Phi_k^j(T_0) = \Delta\varphi_0 + N_0^j = \varphi_k(T_0) - \varphi_k^j(T_0) + N_0^j$$

接收机继续跟踪卫星信号,不断测定小于一周的相位差 $\Delta\varphi(T)$,并利用整波计数器记录从 T_0 到 T_i 时间内的整周变化量 $\text{Int}(\varphi)$,只要卫星 S^j 从 T_0 到 T_i 之间信号没有中断,则初始时刻整周模糊度 N_0^j 就为一常数,任一时刻 T_i 的相位差为

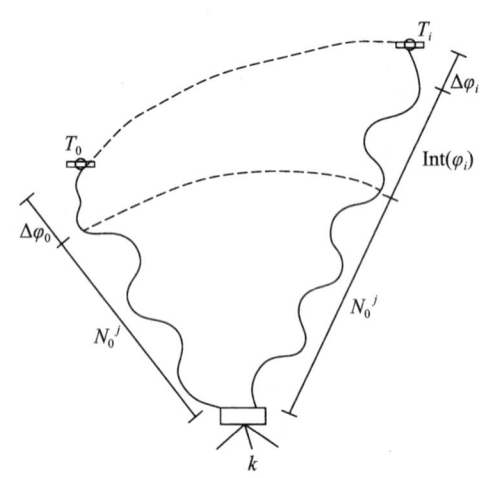

图 14-10 载波相位观测

$$\varPhi_k^j(T_i) = \varphi_k(T_i) - \varphi_k^j(T_i) + \text{Int}(\varphi) + N_0^j$$

2. 载波相位测量的观测方程

设在 GPS 标准时刻 T_a（卫星钟面时刻 t_a）卫星 S^j 发射的载波信号相位为 $\varphi(t_a)$，经传播延迟 $\Delta\varGamma$ 后，在 GPS 标准时刻 T_b（接收机钟面时刻 t_b）到达接收机。根据电磁波传播原理，T_b 时刻接收到的相位和 T_a 时刻发射的相位不变，即 $\varphi^j(T_b) = \varphi^j(T_a)$；而在 T_b 时刻，接收机本振产生的载波相位为 $\varphi(t_b)$，则

$$\varPhi = \varphi(t_b) - \varphi^j(t_a)$$

考虑到卫星钟和接收机钟差，有 $T_a = t_a + \delta t_a$，$T_b = t_b + \delta t_b$，则有

$$\varPhi = \varphi(T_b - \delta t_b) - \varphi^j(T_a - \delta t_a)$$

对于卫星钟和接收机钟，其振荡器频率一般稳定良好，所以其信号的相位与频率的关系可表示为

$$\varphi(t + \Delta t) = \varphi(t) + f \cdot \Delta t$$

式中，f 为信号的频率，Δt 为微小的时间间隔，φ 以 2π 为单位。

设 f^j 为 j 卫星发射的载波频率，f_i 为接收机本振产生的固定参考频率，且 $f^j = f_i = f$，同时有 $T_b = T_a + \Delta\varGamma$，则

$$\varphi(T_b) = \varphi^j(T_a) + f \cdot \Delta\varGamma$$

联系上式，写为

$$\varPhi = \varphi(T_b) - f \cdot \delta t_b - \varphi^j(T_a) + f \cdot \delta t_a = f \cdot \Delta\varGamma - f \cdot \delta t_b + f \cdot \delta t_a$$

传播延迟 $\Delta\varGamma$ 中考虑到电离层和对流层的影响 $\delta\rho_1$ 和 $\delta\rho_2$，则有

$$\Delta\varGamma \cdot c = \rho - \delta\rho_1 - \delta\rho_2$$

代入上式，得

$$\varPhi = \frac{f}{c} \cdot (\rho - \delta\rho_1 - \delta\rho_2) + f \cdot \delta t_a - f \cdot \delta t_b$$

顾及载波相位整周数 $N_k^j = N_0^j + \text{Int}(\varPhi)$，则有

$$\varPhi_k^j = \frac{f}{c} \cdot (\rho - \delta\rho_1 - \delta\rho_2) + f \cdot \delta t_a - f \cdot \delta t_b + N_k^j$$

此式即为接收机 k 对卫星 j 的载波相位测量的观测方程。

3. 整周未知数 N_0 的确定

(1) 伪距法。

在进行载波相位测量的同时又进行伪距测量，将伪距测量值减去载波相位测量值的实际观测值（距离为单位），即可得到 $\lambda \cdot N_0$，但由于伪距测量的精度较低，所以要用较多的 $\lambda \cdot N_0$ 取平均值后才能获得正确的整波段数。

(2) 经典方法。

将整周未知数当作平差中的待定参数。

① 整数解。

整周未知数从理论上讲应该是一个整数，利用这一特性能提高解的精度，短基线定位一般采用此种方法。首先根据卫星位置和修复了整周跳变后的相位观测值进行平差计算，求得基线向量和整周未知数。由于各种误差的影响，解得的整周未知数往往不是一个整数，称为实数解。然后将其固定为整数（四舍五入），并重新进行平差计算。在计算中整周未知数

采用整周值并视为已知数,以求得基线向量的最后值。

② 实数解。

当基线较长时,误差的相关性大大降低,许多误差消除得不够完善,所以无论是基线向量还是整周未知数,都无法估计得很准确。这时将实数解作为最后解,并重新进行平差以检验其正确性。

采用经典方法往往需要一个小时甚至更长的观测时间,影响了作业效率,因此只在高精度的定位领域中才使用。

③ 三差法(多普勒法)。

由于连续跟踪的所有载波相位测量值中均含有相同的整周未知数 N_0,所以将相邻两个观测历元的载波相位相减,就将该未知参数消去。但两个历元之间的载波相位观测值之差受到此期间接收机钟及卫星钟的随机误差的影响,精度较低,因此往往用于计算未知参数的初始值。

④ 快速确定整周未知数法。

利用初始平差的解向量(接收机的坐标及整周未知数的实数解)及其精度信息(单位权中误差和方差、协方差阵),以数理统计理论的参数估计和统计假设检验为基础,确定在某一置信区间整周未知数可能的整数解的组合,依次将每一组合作为已知值,重复地进行平差计算,其中估值的验后方差和为最小的一组整周未知数即为未知数的最佳估值。

实践表明,在基线长小于 15 km 时,根据数分钟的双频观测结果,便能精确地确定整周未知数的最佳估值,使相对定位精度达到厘米级。

三、整周跳变的修复

由载波相位测量的观测方程可知,任意时刻 T_i 的载波相位测量的实际量值是由两部分组成的:一部分是不足一整周的相位差 $\Delta\varphi$,另一部分是整周计数 $\text{Int}(\Phi)$,它是从初始时刻 T_0 至 T_i 时刻为止用计数器逐个累计的差频信号的整周数,加上初始 T_0 时刻的整周数 N_0,即整周数 $N_i = N_0 + \text{Int}(\Phi)$。接收机在跟踪卫星的过程中,整周计数部分应该是连续的,整个观测时段接收机对某个 GPS 卫星的载波相位测量的整周数只有初始时刻 T_0 的整周数 N_0 为未知数。

如果在跟踪卫星的过程中,由于某种原因,如卫星信号被障碍物挡住而暂时中断,或受到无线电信号干扰而造成失锁,这使得计数器无法连续计数。当信号被重新跟踪后,整周计数就不再正确,而不到一周的相位观测值仍是正确的,这种现象称为周跳。

整周跳变的探测与修复是指探测出在何时发生了周跳并求出丢失的整周数,对中断后的整周计数进行改正,将其恢复为正确的计数,使这部分观测值能继续使用。如果是因为电源的故障或振荡器本身的故障使信号暂时中断——信号本身失去了连续性,测量值中不但整周计数不正确,不足整周的部分也不正确,此时必须将观测值分为两个时段,各设一个整周数单独进行处理;如果是因为障碍物遮挡或外界信号干扰造成的整周跳变,则修复的方法有以下几种:

1. 屏幕扫描法

由作业人员在计算机屏幕前依次对每个站、每个时段、每个卫星的相位观测值变化率的图像进行逐段检查,观测其变化率是否连续。如果出现不规则的突然变化,就说明在相应的相位观测中出现了整周跳变的现象,然后用手工的方法编辑、逐段修复。

2. 用高次差法或多项式拟合法

(1) 高次差法。

此法是根据有周跳现象的发生将会破坏载波相位测量的观测值 $\text{Int}(\Phi)+\Delta\varphi$ 随时间而有规律变化的特性来探测的。GPS 卫星的径向速度最大可达 0.9 km/s，因而整周计数每秒钟可变化数千周。因此，如果每 15 s 输出一个观测值的话，相邻观测值间的差数可达数万周，那么对于几十周的跳变就不易发现；但如果在相邻的两个观测值间依次求差而求得观测值的一次差，那么一次差的变化就要小得多。在一次差的基础上再求二次差、三次差、四次差，其变化就小得更多了，此时就能发现有周跳现象的时段来。但由于振荡器的随机误差对载波相位造成的影响一般仅为 2~3 周，求差法一般难以探测出这样小的周跳。

(2) 多项式拟合法。

采用曲线拟合的方法进行计算：根据几个相位测量观测值拟合一个 n 阶多项式，再根据此多项式来预估下一个观测值并与实测值比较，从而发现周跳并修正整周计数。

【例 14-1】 如表 14-1 所示为不同历元由测站 k 对卫星 j 的相位观测值，因为没有周跳，对不同历元观测值取至 4、5 次差之后的差值主要是由于振荡器随机误差而引起的，具有随机特性。

表 14-1 相位观测值

观测历元	$\Phi_k^j(t)$	一次差	二次差	三次差	四次差
T_1	475 833.225 1				
		11 608.753 3			
T_2	487 441.978 4		399.813 8		
		12 008.567 1		2.507 4	
T_3	499 450.545 5		402.321 2		−0.579 7
		12 410.888 3		1.927 7	
T_4	511 861.433 8		404.248 9		0.963 9
		12 815.137 2		2.891 6	
T_5	524 676.571 0		407.140 5		−0.272 1
		13 222.277 7		2.619 5	
T_6	537 898.848 7		409.760 0		−0.421 9
		13 632.037 7		2.197 6	
T_7	551 530.886 4		411.957 6		
		14 043.995 3			
T_8	565 574.881 7				

3. 在卫星间求差法

在 GPS 测量中，每一瞬间要对多颗卫星进行观测，在每颗卫星的载波相位观测量中，所受到的接收机振荡器的随机误差的影响是相同的。在卫星间求差后即可消除此项误差的影响。

4. 用双频观测值修复周跳

对于双频 GPS 接收机，有两个载波频率 f_1 和 f_2，对 GPS 卫星的载波相位观测值应为

$$\Phi_1=\frac{f_1}{c}\cdot(\rho-\delta\rho_{f_1}-\delta\rho_2)+f_1\cdot\delta t_a-f_1\cdot\delta t_b+N_1$$

$$\Phi_2=\frac{f_2}{c}\cdot(\rho-\delta\rho_{f_2}-\delta\rho_2)+f_2\cdot\delta t_a-f_2\cdot\delta t_b+N_2$$

采用双频载波相位观测值的组合，并考虑电离层折射改正 $\delta\rho_f=\dfrac{A}{f^2}$，则有

$$\Delta\Phi = \Phi_1 - \frac{f_1}{f_2} \cdot \Phi_2 = N_1 - \left(\frac{f_1}{f_2}\right) \cdot N_2 - \frac{A}{c \cdot f_1} + \frac{A}{c \cdot \frac{f_2^2}{f_1}}$$

此式右边已把卫星与测站间的距离项 ρ 和卫星与接收机的钟差项以及大气对流层折射改正项消去,只剩下整周数之差和电离层折射的残差项。利用组合后的 $\Delta\Phi$ 值,便可以探测整周数的跳变,而电离层残差项很小。此法也称为电离层残差法。

此种方法无须预先知道测站和卫星的坐标,但不能顾及多路径效应和测量噪声的影响,且当两个载波相位观测值中都出现周跳时,则无法探测出周跳的产生。

5. 根据平差后的残差发现和修复整周跳变

经上述方法处理的观测值中还可能存在一些未被发现的小周跳(修复后的观测值可能引入 1～2 周的偏差),用这些观测值来进行平差计算,求得各观测值的残差。由于载波相位测量的精度很高,因此这些残差的数值一般应是很小的,而含有周跳的观测值中则会有较大的残差,据此可以发现和修复小的周跳。

四、GPS 绝对定位与相对定位

绝对定位即单点定位,利用 GPS 卫星和用户接收机之间的距离观测值直接确定用户接收机天线在 WGS-84 坐标系中相对于坐标系原点(地球质心)的绝对位置。静态绝对定位的精度约为米级,动态绝对定位的精度为 10～40 m。动态绝对定位用于一般性导航定位中,在此不作介绍。

相对定位至少要用两台 GPS 接收机,同步观测相同的 GPS 卫星,才能确定两台接收机天线之间的相对位置(坐标差)。静态相对定位精度为 1～2 mm。

1. 静态绝对定位

静态绝对定位(以伪距法为例):可以连续地在不同历元同步观测不同的卫星,测定卫星至观测站的伪距,获得充分的多余观测量,通过数据处理求得观测站的绝对坐标。

(1) 距观测方程的线性化。

令 $(X_0 \; Y_0 \; Z_0)^T$、$(\delta_x \; \delta_y \; \delta_z)^T$ 分别为观测站坐标的近似值与改正数,将伪距方程展开为克劳台级数:

$$\rho_0^j - \begin{pmatrix} l^j & m^j & n^j \end{pmatrix} \begin{vmatrix} \delta_x \\ \delta_y \\ \delta_z \end{vmatrix} - c \cdot \delta T_k = \rho' + \delta\rho_1^j + \delta\rho_2^j - c \cdot \delta T^j$$

式中,

$$\rho_0^j = \sqrt{(X_s^j - X_0)^2 + (Y_s^j - Y_0)^2 + (Z_s^j - Z_0)^2}$$

$$l^j = \left(\frac{d\rho}{dx}\right)_{x_0} = \frac{X_s^j - X_0}{\rho_0^j}$$

$$m^j = \left(\frac{d\rho}{dy}\right)_{y_0} = \frac{Y_s^j - Y_0}{\rho_0^j}$$

$$n^j = \left(\frac{d\rho}{dz}\right)_{z_0} = \frac{Z_s^j - Z_0}{\rho_0^j}$$

(2) 距法绝对定位的解算。

对于任一历元 T_i,由观测站同步观测 j 颗卫星($j=1,2,3,4$),令 $c \cdot \delta T_k = \delta\rho$,则方程组

应写为

$$\rho_0^j - \begin{pmatrix} l^j & m^j & n^j & -1 \end{pmatrix} \begin{vmatrix} \delta_x \\ \delta_y \\ \delta_z \\ \delta_p \end{vmatrix} = \rho' + \delta\rho_1^j + \delta\rho_2^j - c \cdot \delta T^j$$

此式可简写为

$$\boldsymbol{A}_i \cdot \boldsymbol{\delta}_x + l_i = 0$$
$$\boldsymbol{A}_i = \begin{pmatrix} l^j & m^j & n^j & -1 \end{pmatrix}$$
$$\boldsymbol{\delta}_x = (\delta_x \quad \delta_y \quad \delta_z \quad \delta_p)^{\mathrm{T}}$$
$$l_i = \rho' + \delta\rho_1^j + \delta\rho_2^j - c \cdot \delta T^j - \rho_0^j$$

当同步观测的卫星数多于四颗时,则需要运用最小二乘平差求解,误差方程组的形式为

$$V_i = \boldsymbol{A}_i \cdot \boldsymbol{\delta}_x + l_i$$

通过最小二乘原理求解未知数 $\boldsymbol{\delta}_x$:

$$\boldsymbol{\delta}_x = -(\boldsymbol{A}_i^{\mathrm{T}} \boldsymbol{A}_i)^{-1} (\boldsymbol{A}_i^{\mathrm{T}} l_i)$$

2. 静态相对定位

静态相对定位:利用两台接收机确定基线向量(以载波相位法为例),在一个端点坐标已知的情况下,用基线向量推求另一个待定点的坐标。

(1) 观测值的线性组合。

在两个观测站或多个观测站同步观测相同卫星的情况下,卫星的轨道误差、卫星钟差、接收机钟差以及电离层和对流层的折射误差等对观测量的影响具有一定的相关性,利用这些观测量的不同组合(求差)进行相对定位,可有效地减弱或消除相关误差的影响,提高定位精度。

GPS 载波相位观测值可以在卫星间求差,在接收机间求差,也可以在不同历元间求差。

将观测值直接相减称为求一次差,所获得的结果被当作虚拟观测值,常用方法是在接收机间求一次差。设测站 1 和测站 2 分别在 T_i 和 T_i+1 时刻对卫星 k 和 j 进行了载波相位测量,T_i 时刻在测站 1 和测站 2 对 k 卫星的载波相位观测值为 $\Phi_{1k}(T_i)$ 和 $\Phi_{2k}(T_i)$,对此观测量求差,得到接收机间对 k 卫星的一次差分观测值为

$$\mathrm{SD}_{1\_2k}(T_i) = \Phi_{2k}(T_i) - \Phi_{1k}(T_i)$$

同样地,对 j 卫星其在 T_i 时刻站间一次差分观测值为

$$\mathrm{SD}_{1\_2}^j(T_i) = \Phi_2^j(T_i) - \Phi_1^j(T_i)$$

对另一时刻 T_i+1 同样可以列出差分观测值的方程。

对载波相位观测值的一次差分观测值继续求差,所得的结果仍被当作虚拟观测值,称为载波相位观测值的二次差,常用方法是在卫星间求二次差。例如,对在 T_i 时刻 k、j 卫星观测值的站间一次差观测值 $\mathrm{SD}_{1\_2k}(T_i)$ 和 $\mathrm{SD}_{1\_2}^j(T_i)$ 求差,得到星站二次差分 $\mathrm{DD}_{1\_2k}^j(T_i)$,即双差观测值:

$$\mathrm{DD}_{1\_2k}^j(T_i) = \mathrm{SD}_{1\_2}^j(T_i) - \mathrm{SD}_{1\_2k}(T_i) = \Phi_2^j(T_i) - \Phi_1^j(T_i) - \Phi_{2k}(T_i) + \Phi_{1k}(T_i)$$

对二次差继续求差称为求三次差,所得结果称为载波相位观测值的三次差,常用方法是在历元间求三次差:

$$\mathrm{TD}_{1\_2k}^j(T_i, T_i+1) = \mathrm{DD}_{1\_2k}^j(T_i+1) - \mathrm{DD}_{1\_2k}^j(T_i)$$

上述各种差分观测值模型能够有效地消除各种偏差项;单差观测值可以消除与卫星有

关的载波相位及其钟差项；双差观测值可以消除与接收机有关的载波相位及其钟差项；三差观测值中可以消除与卫星和接收机有关的初始整周模糊度项 N_0。

（2）观测方程的线性化及平差模型。

为了求解观测站之间的基线向量，首先应将观测方程线性化，然后列出相应的误差方程式，应用最小二乘原理求解基线向量。

设测站 k 的坐标近似值向量为 $(X_{k0} \quad Y_{k0} \quad Z_{k0})$，其改正数向量为 $(\delta_{xk} \quad \delta_{yk} \quad \delta_{zk})$，则观测站 k 至所测卫星 j 的距离 $\rho_k^j(t)$ 有以下公式：

$$\rho_k^j(t) = -(l_k^j(t) \quad m_k^j(t) \quad n_k^j(t)) \begin{vmatrix} \delta_{xk} \\ \delta_{yk} \\ \delta_{zk} \end{vmatrix} + \rho_{0k}^j(t)$$

式中，$\rho_{0k}^j(t) = \rho'^j_k(t) + \delta\rho_{1k}^j + \delta\rho_{2k}^j - c \cdot \delta T^j + c \cdot \delta T_k$。

设测站 1 为已知坐标点，测站 2 为待求坐标点。

① 一差观测方程的误差方程：

$$\Delta V^j(t) = -\frac{f}{c} \cdot (l_2^j(t) \quad m_2^j(t) \quad n_2^j(t)) \begin{vmatrix} \delta_{x2} \\ \delta_{y2} \\ \delta_{z2} \end{vmatrix} + f\Delta t(t) - \Delta N^j + \Delta L^j(t)$$

上式中，消除了卫星钟差的影响，Δt 为两次测站接收机相对钟差：

$$\Delta L^j(t) = \frac{f}{c} \cdot [\rho_{02}^j(t) - \rho_1^j(t)] - \mathrm{SD}_{1\_2}^j(t)$$

$$\Delta t(t) = \delta_{T_2(t)} - \delta T_1(t)$$

$$\Delta N^j = N_2^j(t_0) - N_1^j(t_0)$$

② 二差观测方程的误差方程：

$$V_k(t) = -\frac{f}{c} \cdot (\Delta l_{2k}(t) \quad \Delta m_{2k}(t) \quad \Delta n_{2k}(t)) \begin{vmatrix} \delta_{x2} \\ \delta_{y2} \\ \delta_{z2} \end{vmatrix} - \Delta\Delta N_{2k}(t) + \Delta\Delta L_k(t)$$

式中，消除了接收机钟差等有关项：

$$\Delta l_{2k}(t) = l_{2k}(t) - l_2^j(t), \quad \Delta m_{2k}(t) = m_{2k}(t) - m_2^j(t), \quad \Delta n_{2k}(t) = n_{2k}(t) - n_2^j(t)$$

$$\Delta\Delta N_{2k}(t) = \Delta N_k - \Delta N^j$$

$$\Delta\Delta L_k(t) = \frac{f}{c} \cdot [\rho_{02k}(t) - \rho_{1k}(t) - \rho_{02}^j(t) + \rho_1^j(t)] - \mathrm{DD}_{1\_2k}^j(t)$$

③ 三差观测方程的误差方程。

三差观测方程的误差方程中消除了整周不确定数，通过列立误差方程、法方程，可以直接解出基线解（不做讲解）。

（3）相对定位方法（求差法）的特点。

① 求差法数据利用率低。

② 求差法引入了基线向（矢）量的概念。

③ 差分观测值之间具有相关性。

④ 求差法无法确定一些多余参数。

五、差分 GPS 技术

差分 GPS 技术：将一台 GPS 接收机安置在基准站上进行观测；根据基准站已知精密坐标，计算出基准站到卫星距离的改正数，并由基准站实时地将这一改正数发送出去；流动站接收机在进行 GPS 观测的同时，也接收到基准站的改正数，并对其定位结果进行改正，从而能达到厘米级的测量精度。

GPS 测量误差主要有三类：

① 多台接收机公有的误差：卫星钟误差、星历误差。

② 传播延迟误差：电离层误差、对流层误差。

③ 接收机固有的误差：内部噪声、通道延迟、多路径效应。

采用差分 GPS 技术，可以完全消除第一部分误差，消除大部分的第二部分误差（与基准站至流动站的距离有关）。

1. 位置（坐标）差分

设基准站的精密坐标已知(X_0, Y_0, Z_0)，在基准站上的接收机测出的坐标为(X, Y, Z)（包含轨道误差、时钟误差、SA 影响、大气影响、多路径效应及其他误差），则坐标改正数为

$$\Delta X = X_0 - X, \quad \Delta Y = Y_0 - Y, \quad \Delta Z = Z_0 - Z$$

基准站用数据链将这些改正数发送出去，流动站在解算坐标时加入以上改正数：

$$X_p = X_p' + \Delta X + \frac{1}{t - t_0} \cdot \frac{d(\Delta X)}{dt}$$

$$Y_p = Y_p' + \Delta Y + \frac{1}{t - t_0} \cdot \frac{d(\Delta Y)}{dt}$$

$$Z_p = Z_p' + \Delta Z + \frac{1}{t - t_0} \cdot \frac{d(\Delta Z)}{dt}$$

优点：计算简单，适用于各种型号的 GPS 接收机，但精度为米级。

缺点：基准站和流动站必须观测同一组卫星，在距离较近时（小于 10 km）适用。

2. 伪距（距离）差分

设基准站的精密坐标已知(X_0, Y_0, Z_0)，在基准站上观测所有卫星，根据各卫星的地心坐标(X^j, Y^j, Z^j)，计算出每颗卫星每一时刻到基准站的真正距离R^j：

$$R^j = \sqrt{(X^j - X_0)^2 + (Y^j - Y_0)^2 + (Z^j - Z_0)^2}$$

其伪距为ρ_0^j，则伪距改正数为

$$\Delta \rho^j = R^j - \rho_0^j$$

其变化率为

$$d\rho^j = \frac{\Delta \rho^j}{\Delta t}$$

基准站将$d\rho^j$和$\Delta \rho^j$发给用户，用户在测出的伪距ρ^j上加以改正，求出经改正后的伪距：

$$\rho_g^j(t) = \rho^j(t) + \Delta \rho^j(t) + d\rho^j(t - t_0)$$

并按下式计算坐标：

$$\rho_g^j = \sqrt{(X^j - X_g)^2 + (Y^j - Y_g)^2 + (Z^j - Z_g)^2} + c \cdot \delta t + V_1$$

式中，δt 为钟差，V_1 为接收机噪声。

优点：基准站提供所有卫星的改正数，用户接收机观测任意 4 颗卫星，就可以定位，但精度为米级。

缺点：差分精度随基准站到用户的距离增加而降低。

3. 载波相位差分原理

载波相位差分又称为 RTK 技术，是实时处理两个测站载波相位观测量的差分方法。

① 修正法：将基准站的载波相位修正值发给用户，改正用户接收到的载波相位，再解求出坐标。

② 差分法：将基准站采集的载波相位发给用户，进行求差，从而求出坐标。

载波相位差分的观测方程为

$$R_0^j + \lambda(N_{0g}^j - N_0^j) + \lambda(N_g^j - N^j) + \varphi_g^j - \varphi_0^j = \sqrt{(X^j - X_g)^2 + (Y^j - Y_g)^2 + (Z^j - Z_g)^2} + \Delta d_\rho$$

式中，N_{0g}^j 表示用户接收机起始相位模糊度，N_0^j 为基准点接收机起始相位模糊度，N_g^j 为用户接收机起始历元至观测历元相位整周数，N^j 为基准点接收机起始历元至观测历元相位整周数，φ_g^j 为用户接收机测量的小数部分，φ_0^j 为基准点接收机测量相位的小数部分，Δd_ρ 为同一观测历元各项残差。

载波相位差分的关键是求解起始相位模糊度。求解方法有：删除法、模糊度函数法、FARA 法、消去法等。

优点：定位精度达到厘米级，可广泛用于海上精密定位、地形测图和地籍测绘。

缺点：定位过程中高波特率数据传输的可靠性和抗干扰性差，同时受到基准站至用户距离的限制（分为局部区域差分和广域差分）。

第六节　GPS 测量的误差来源

一、GPS 测量误差分类

GPS 测量通过地面接收机接收卫星信号来确定测站的三维坐标。测量结果的误差主要来源于 GPS 卫星、卫星信号的传播过程和地面接收设备三部分。按误差的性质，可分为以下几种。

① 偶然误差：信号的多路径效应。

② 系统误差：卫星的星历误差、卫星钟差、接收机钟差以及大气折射的误差等。

③ 其他误差：软件模型误差、地球潮汐影响。

表 14-2 给出了 GPS 测量的误差分类及对距离测量的影响。

表 14-2　各误差对距离测量的影响

误差来源		对距离的影响/m
卫星部分	星历误差、星钟误差、相对论效应	1.5～15
信号传播	电离层、对流层、多路径效应	1.5～15
信号接收	接收机钟误差、位置误差、天线相位中心变化	1.5～5
其他影响	地球潮汐、负荷潮	1.0

(一) 与信号传播有关的误差

1. 电离层折射

概念：地球上空 50～10 000 km 之间的大气层，气体分子由于受到太阳等天体各种射线辐射，产生强烈的电离，形成大量的自由电子和正离子，称为电离层。

误差影响：GPS 信号通过电离层时，信号的路径会发生弯曲，传播速度也会发生变化。

误差特点：

① 与信号频率的平方成反比（色散效应）。

② 与信号传播途径上的电子密度有关，而电子密度又与高度、时间、季节、地理位置、太阳活动等有关。

③ 电离层对载波和测距码的影响，其大小相等，符号相反。

应对措施：

① 利用电离层改正模型加以改正。

② 利用双频观测值改正。

③ 利用同步观测值求差。

2. 对流层折射

概念：高度为 40 km 以下的大气层，其大气密度比电离层更大。对流层与地面接触并从地面得到辐射热能，其温度随高度的上升而降低。

误差影响：使 GPS 信号传播的路径发生弯曲，从而使距离测量产生偏差。

误差特点：

① 相对于 GPS 信号，与信号的频率无关（非色散）。

② 对流层折射与地面气候、大气压力、温度和湿度的变化密切相关。

③ 对流层折射的影响与信号的高度角成反比。

应对措施：

① 利用对流层模型加以改正，其气象参数在测站上直接测定。

② 利用同步观测值求差。

③ 利用水汽辐射计直接测定信号传播的影响。

3. 多路径效应

概念：在 GPS 测量中，如果测站周围的反射物所反射的卫星信号进入接收机天线，这就将和直接来自卫星的信号产生干涉，使得观测值偏离真值，称为多路径效应。

误差影响：多路径效应是 GPS 测量中重要的误差源，会严重影响 GPS 测量的精度，甚至会引起 GPS 信号的失锁。

应对措施：

① 选择合适的站址。

多路径误差不仅与卫星信号的方向、反射系数有关，还与反射物离测站的远近有关。

Ⅰ. 测站应远离大面积平静的水面，灌木丛、草和其他地面植被能较好地吸收微波信号的能量，是较为理想的测站选址。

Ⅱ. 测站不宜选择在山坡、山谷和盆地中，以避免反射信号从天线抑径板上方进入天线。

Ⅲ. 测站应离开高层建筑物。观测时，汽车也不要停放得离测站过近。

② 为了减弱误差，接收机天线下应配制抑径板。

③ 由于多路径误差是时间的函数,在静态定位中可以通过较长的观测时间减弱误差的影响。

(二) 与卫星有关的误差

1. 卫星星历(轨道)误差

概念:由卫星星历所给出的卫星在空间的位置与实际位置之差,称为卫星星历误差。

误差影响:由于卫星在运行中要受到多种摄动力的复杂影响,而通过地面监测站又难以充分可靠地测定这些作用力的规律,因此,预报星历误差会较大。在一个观测时段内星历误差属系统误差,是一种起算数据误差。

应对措施:

① 建立自己的卫星跟踪网精密定轨。

② 轨道松弛法:在平差模型中把卫星星历给出的卫星轨道作为初识值,视其改正数为未知数,通过平差同时求得测站位置及轨道的改正数。

③ 同步观测值求差:利用两个或多个观测站对同一卫星的同步观测值求差,以减弱卫星星历误差的影响。

2. 卫星钟的钟差

概念:无论是伪距测量还是载波相位测量,都要求卫星钟和接收机钟严格保持同步。由于钟差、频偏、频漂以及卫星钟的随机误差的影响,使得卫星钟与理想的 GPS 时间存在偏差,称为卫星钟的钟差。

误差影响:钟差在 1 ms 以内,引起的等效距离误差约达 300 km;经改正后的钟差在 20 ns 以内,引起的等效误差不会超过 6 m。

应对措施:

① 星钟差改正式:$\Delta T = a_0 + a_1(T-T_0) + a_2(T-T_0)^2$。

② 在接收机间求一次差。

3. 相对论效应

概念:由于卫星钟和接收机钟所处的状态(运动速度和重力位)不同而引起卫星钟和接收机钟之间相对钟误差的现象。

误差影响:

① 狭义相对论效应:与钟的运动速度有关,使卫星星钟变慢。

② 广义相对论效应:与钟所处位置的重力位有关,使卫星星钟变快。

应对措施:事先调整钟速,根据卫星轨道进行修正。

(三) 与接收机有关的误差

1. 接收机钟差

概念:GPS 接收机一般采用高精度的石英钟,其稳定度约为 10^{-9} s。若接收机与卫星同步时间差为 1 μs,则引起的等效距离误差约为 300 m。

应对措施:

① 把每个观测时刻的接收机钟差当作一个独立未知数,在数据处理中与观测站的位置参数一并求解。

② 通过在卫星间求一次差来消除接收机钟差。

2. 接收机位置误差

概念：接收机天线相位中心相对测站标志中心位置的误差，称为接收机位置误差。包括天线的置平和对中误差、量取天线高误差。

误差影响：当天线高度为 1.6 m 时，置平误差为 0.1°，产生的对中误差约为 3 mm。

应对措施：操作仔细，必要时采用有强制对中装置的观测墩。

3. 天线相位中心位置的偏差

概念：天线的相位中心随着信号输入的强度和方向不同而变化，即观测时相位中心的瞬时位置和理论上的相位中心之间存在偏差。

应对措施：

① 天线定向：定向偏差应保持在 3°以内。

② 模型改正。

二、误差的处理方法

(一) 模型改正法

原理：利用模型计算出误差影响的大小，直接对观测值进行修正。

适用情况：对误差的特性、机制及产生原因有较深刻的了解，能建立理论或经验公式。

所针对的误差源：相对论效应、电离层延迟、对流层延迟、卫星钟差。

限制：有些误差难以模型化。

(二) 求差法

原理：通过观测值间一定方式的相互求差，消去或削弱求差观测值中所包含的相同或相似的误差影响。

适用情况：误差具有较强的空间、时间或其他类型的相关性。

所针对的误差源：对流层延迟、电离层延迟、卫星轨道误差、卫星钟差、接收机钟差。

限制：空间相关性将随着测站间距离的增加而减弱。

(三) 参数法

原理：采用参数估计的方法，将系统性偏差求解出来。

适用情况：几乎适用于任何情况。

限制：不能同时将所有影响均作为参数来估计。

(四) 回避法

原理：选择适宜的观测地点，避开易产生误差的环境；采用特殊的观测方法；采用特殊的硬件设备，消除或减弱误差的影响。

适用情况：对误差产生的条件及原因有所了解；具有特殊的设备。

所针对的误差源：电磁波干扰、多路径效应。

限制：无法完全避免误差的影响，具有一定的盲目性。

第七节　南方网络 RTK 操作流程

一、连接主机和手簿

打开主机和手簿,双击"工程之星"(首次运行时,桌面上可能没有相应的快捷方式,可以到设备中的 flash disk\setup\目录下查找,之后便可以在桌面上直接运行),默认情况下软件会自动进行蓝牙连接,如果弹出提示窗口"端口打开失败,请重新连接",这时只需点击"设置"菜单下的"连接仪器",然后用光笔点中输入端口项,在文本框中输入"7"(数字 7 取决于蓝牙搜索设备后随机分配的端口号,可以在蓝牙管理器中查看到),然后点击"连接"按钮,就可以轻松连接手簿和主机。连接成功后软件有一个自动搜索过程,搜索完毕后,如果是网络 RTK,屏幕左上角会有 R 标志,这时"设置"菜单中才会显示"网络连接",否则会显示"电台设置"。如果显示无数据,表明蓝牙没有连接(或者运行了两次"工程之星"程序),这时请检查蓝牙设置或重新连接。

二、新建工程

一般情况下,新建工程只需要输入工程名和中央子午线,转换参数可以暂时不用理会。运行"工程之星",软件默认打开上一次的工程文件。

三、配置网络参数

注:此设置只需初始时设置一次即可,无须反复设置。

当手簿与 GPS 主机(GPRS 模块)连通之后,手簿读取了主机的模块类型,则"设置"菜单下面的"电台设置"自动变为"网络连接",如图 14-11 所示。

点击"网络连接",出现如图 14-12 所示的"网络连接"对话框。

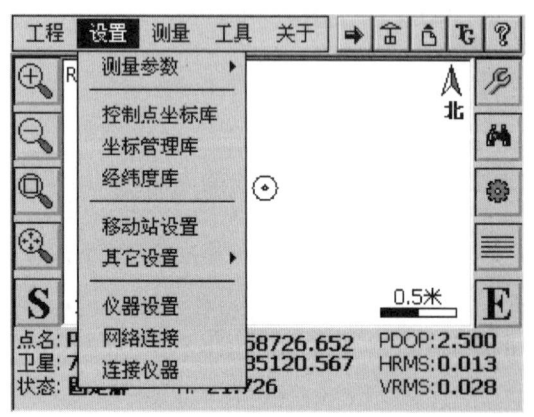

图 14-11　配置网络

图 14-12　"网络连接"对话框

点击"设置"按钮,打开如图 14-13 所示的界面。

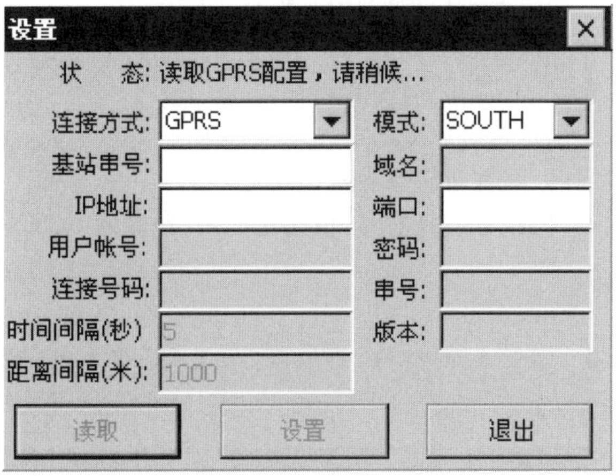

图 14-13 设置网络

根据手机卡类型"连接方式",选择"GPRS"或"CDMA","模式"选择"VRS-NTRIP",然后输入 IP 地址、域名、端口、用户帐号和密码,设置完成后点击"设置"按钮,提示设置成功后退出即可。该设置只需要输入一次,以后无须重复设置。例如,使用江苏省 CORS 系统,该参数一般为:

IP 地址:58.213.159.132。

域名:RTCM1819 或者 RTCMiMAX3.0(用 RTCM1819 时需要把"设置"菜单下"移动站设置"中的差分数据格式改为"RTCM",用 RTCMiMAX3.0 时需要改为"RTCM3",如图 14-14 所示)。

端口:48665。

用户帐号和密码请联系 CORS 中心自行申请。

此时软件上的网络参数已设置完毕。只要参数设置正确,一般情况下用户很快就可以看到读取的基站距离,同时在屏幕左上角可看到基准站播发的差分信息。

网络 RTK 依托无线网络进行数据传输,有时很久都收不到差分信息,这时用户要学会从以下几方面进行诊断和处理:

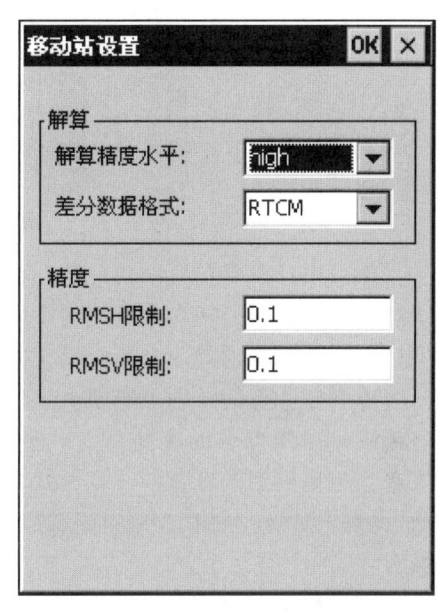

图 14-14 "移动站设置"对话框

① 通过"设置"菜单下的"网络连接"中的设置,读取网络参数,查看参数设置是否正确。

② 查看"设置"菜单下的"移动站设置",检查差分数据格式是否正确。

③ 检查手机卡是否欠费(如为新卡,检查所开通的上网业务是否为 NET 方式,而不是 WAP 方式)。

④ 检查所使用 GPRS 或 CDMA 网络是否覆盖作业区域。

如果用户可以收到差分信息,一直处于浮点解,无法达到固定解,可从以下几方面进行处理:

① 检查作业地区的网络是否稳定,网络延迟是否严重。
② 检查可用卫星分布及状态是否满足要求。
③ 检查流动站离主参考站的距离是否过远。
④ 检查作业地区周围是否有较大的电磁场干扰源。
⑤ 如果没有上述问题,则重新启动主机初始化。
⑥ 如经过以上检查,仍然有差分信息,但无法固定,请联系 CORS 中心。

四、求转换参数

如果用户已经获得工作区域的参数,可以在"设置"菜单下的"测量参数"中进行设置(图 14-15)。

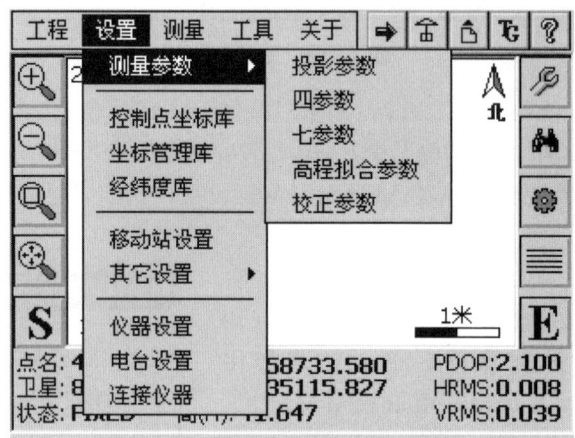

图 14-15 选择"测量参数"

如果用户没有转换参数,这时就需要用控制点来求。转换参数有四参数和七参数之分,二者只能用其一。四参数是同一个椭球内不同坐标系之间进行转换的参数,而七参数是分别位于两个椭球内的两个坐标系之间的转换参数。

四参数计算的控制点原则上至少要用两个或两个以上的点,控制点等级的高低和分布直接决定了四参数的控制范围。经验上四参数理想的控制范围一般都在 5~7 km 以内。工程之星提供的四参数的计算方式有两种:一种是利用"工具"→"参数计算"→"计算四参数"计算,另一种是用"控制点坐标库"计算。下面仅以常用的"控制点坐标库"为例来求解四参数。

利用控制点坐标库的做法大致是这样的:假设我们利用 A、B 这两个已知点来求校正参数,首先,要有 A、B 两点的 GPS 原始记录坐标和测量施工坐标。A、B 两点的 GPS 原始记录坐标可以是 GPS 移动站没有任何校正参数起作用的固定解状态下记录的 GPS 原始坐标。其次,在操作时,先在控制点坐标库中输入 A 点的已知坐标,之后软件会提示输入 A 点的原始坐标,然后输入 B 点的已知坐标和 B 点的原始坐标,录入完毕并保存后(保存文件为 *.cot 文件),控制点坐标库会自动计算出四参数(*.cot 文件可以在不同的工程中直接调用)。

具体操作方法是:取两个或两个以上控制点,在固定解状态下按手簿的快捷键<A>采点,然后可以依照图 14-16 所示来求。

操作步骤如下：

选择"设置"→"控制点坐标库"命令，打开"控制点坐标库"对话框，单击"增加"按钮，出现如图14-17所示的界面，输入已知坐标点。

软件界面上有具体的操作说明和提示，根据提示输入控制点的已知平面坐标，控制点已知平面坐标的录入有三种方式：

(1) 通过键盘直接按照提示录入。

(2) 坐标管理库录入。如图14-17所示，点击■按钮，弹出"坐标管理库"对话框，从"坐标管理库"对话框中选择已经录入的控制点已知坐标。

(3) 测量图录入。如图14-17所示，点击■按钮，从测量界面上选取已经测量的点后，软件会自动录入该点的测量坐标。一般很少会用到此功能。

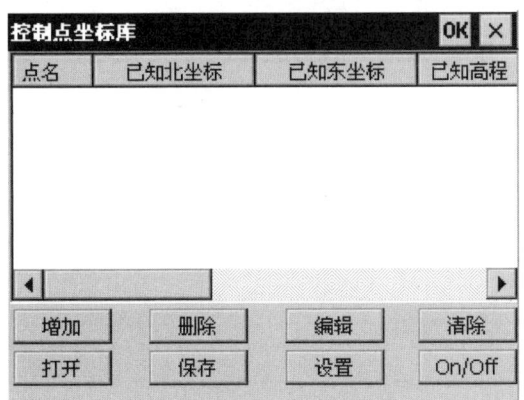

图14-16 "控制点坐标库"对话框

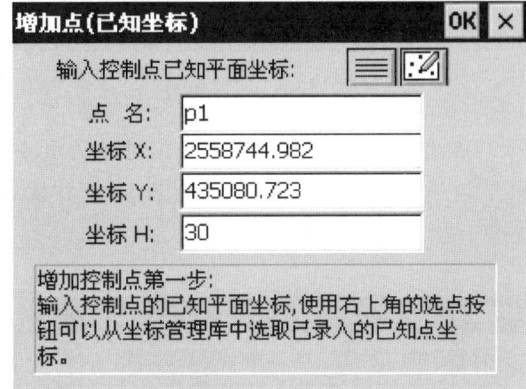

图14-17 控制点录入

控制点已知平面坐标输入完毕之后，点击右上角的"OK"按钮（点击"×"，则退出），进入如图14-18所示的界面。

点击"从坐标管理库选点"，进入如图14-19所示的界面，新建工程坐标管理库中会没有点显示，这时需要点击"增加"按钮，将所测控制点原始坐标导入"坐标管理库"对话框中（导入的文件名为工程名.RTK文件），然后选中与所输入已经点对应的点，确定后，增加下一个控制点的已知坐标，直到所有点完成匹配（图14-20）。

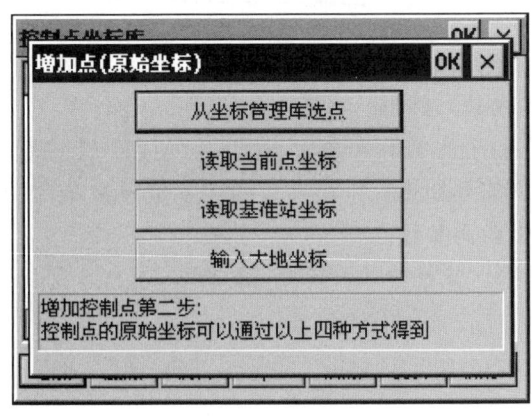

图14-18 控制点保存

图14-19 "坐标管理库"对话框

所有的控制点都输入完以后,如图 14-21 所示,向右拖动滚动条查看水平精度和高程精度,检查"水平精度"和"高程精度"是否满足精度要求。

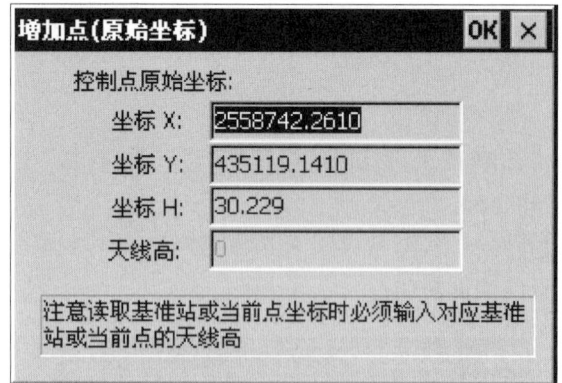

图 14-20　原始坐标

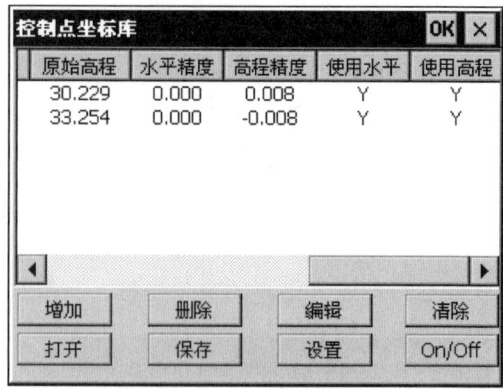

图 14-21　精度检查

查看确定无误后,单击"保存"按钮,出现如图 14-22 所示的界面。

在这里选择参数文件的保存路径并输入文件名,完成之后单击"确定"按钮,出现如图 14-23 所示的界面。

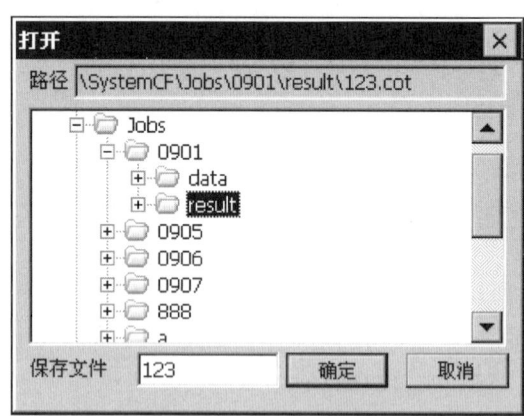

图 14-22　保存坐标数据

图 14-23　保存成功

然后点击跳出界面中的"应用"按钮,参数就会自动应用到当前工程中。之后选择"设置"→"测量参数"→"设置四参数",打开"设置四参数"对话框,查看四参数(图 14-24)。

七参数计算时至少需要三个公共的控制点,且七参数和四参数不能同时使用。七参数的应用范围较大(一般大于 50 km^2),计算时用户需要知道三个已知点的地方坐标和 WGS-84 坐标,即 WGS-84 坐标转换到地方坐标的七个转换参数。

注意:三个点组成的区域最好能覆盖整个测区,这样的效果较好(图 14-25)。

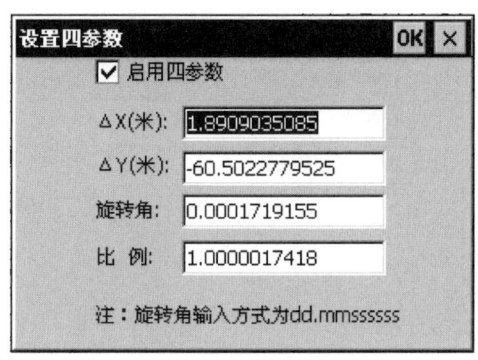

图 14-24 "设置四参数"对话框

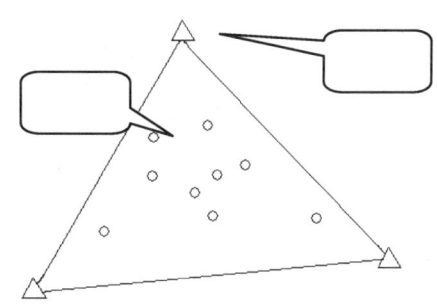

图 14-25 七参数控制点

工程之星提供了一种七参数的计算方式,选择"工具"→"参数计算"→"计算七参数",在弹出的对话框中可以进行求解。如果用户拥有三对以上的控制点 WGS-84 坐标和地方坐标,可以直接输入,用软件进行计算。否则的话,可以去实地采点进行计算,软件具体操作与求解四参数类似,每一步软件会有操作提示,用户可参考提示按步骤求解,在此不再赘述。

参数求好之后,便可以开始正常的作业了。在作业过程中,可以随时按两下<B>键,查看测量点。

五、成果输出

选择"工程"→"文件输出",弹出如图 14-26 所示的对话框。

说明:测量完成后,要把测量成果以不同的格式输出(不同的成图软件要求的数据格式不一样,如南方测绘的成图软件 CASS 的数据格式为"点名,属性,y,x,h")。

文件输出后,在"数据格式"里面选择需要输出的格式。

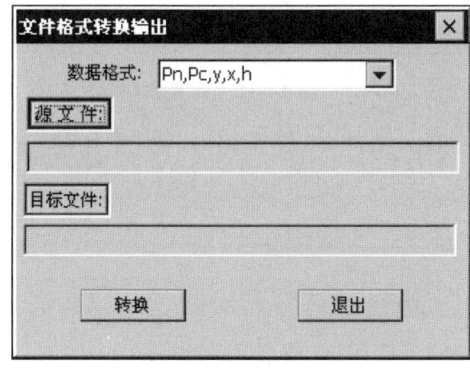

图 14-26 "文件格式转换输出"对话框

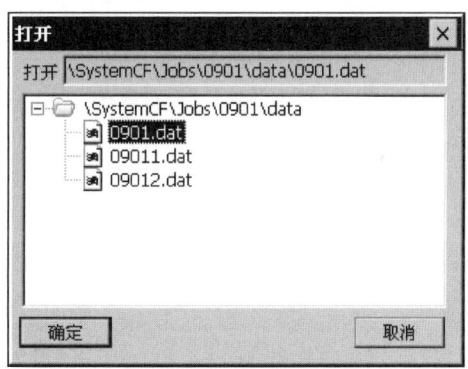

图 14-27 "打开"对话框

选择数据格式后,首先点击"源文件"按钮,选择需要转换的原始数据文件,如图 14-27 所示。然后点击"确定"按钮,出现如图 14-28 所示的对话框。

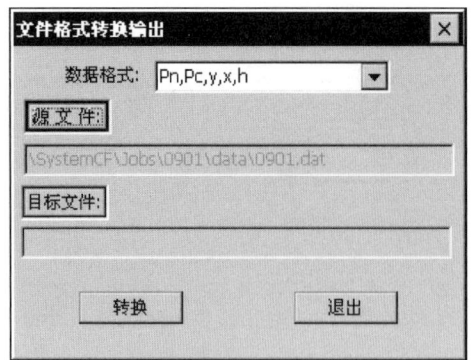

图 14-28 "文件格式转换输出"对话框(二)

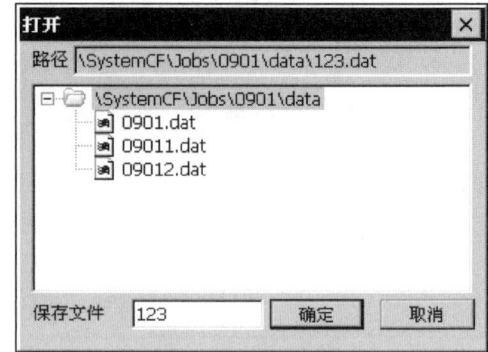

图 14-29 目标文件位置

此时点击"目标文件"按钮,输入转换后保存文件的名称(不要和已有文件重名),如图 14-29 所示。

然后点击"确定"按钮,出现如图 14-30 所示的对话框。

最后点击"转换"按钮,出现如图 14-31 所示的界面,则文件已经转换为所需要的格式。

图 14-30 "文件格式转换输出"对话框(三)

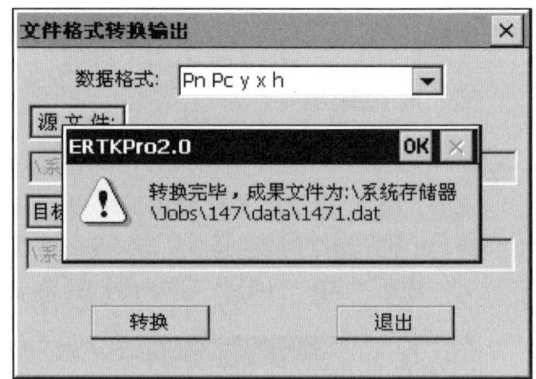

图 14-31 转换完毕

然后在系统文件夹下找到工程文件夹,打开 data 文件夹,找到转换后的文件,把该文件复制到 SD 卡上即可。

习 题

1. 叙述 GPS 的组成。
2. GPS 广播星历的参数主要有哪些?
3. GPS 接收机的分类有哪些?

建筑工程测量实训指导书

（第二版）

主　编　李涛会　朱胜兰
副主编　费　伟　程　忠

苏州大学出版社

图书在版编目(CIP)数据

建筑工程测量实训指导书 / 李涛会，朱胜兰主编.
2版. —— 苏州：苏州大学出版社，2025.1. —— ISBN
978－7－5672－5105－2

Ⅰ．TU198

中国国家版本馆 CIP 数据核字第 2024B3W958 号

建筑工程测量实训指导书(第二版)
李涛会　朱胜兰　主编
责任编辑　周建兰

苏州大学出版社出版发行
(地址：苏州市十梓街1号　邮编：215006)
苏州市越洋印刷有限公司印装
(地址：苏州市南官渡路20号　邮编：215100)

开本 787 mm×1 092 mm　1/16　印张 19.5(共两册)　字数 474 千
2025 年 1 月第 2 版　2025 年 1 月第 1 次印刷
ISBN 978-7-5672-5105-2　定价：59.00 元(共两册)

若有印装错误，本社负责调换
苏州大学出版社营销部　电话：0512-67481020
苏州大学出版社网址　http://www.sudapress.com
苏州大学出版社邮箱　sdcbs@suda.edu.cn

前言
Preface

为贯彻落实《教育部关于以就业为导向深化高等职业教育改革的若干意见》的精神,本书按行动导向教学法的思路,以任务式教学为主要方式,在总结教学改革成功经验的基础上,结合教学实践中的具体应用,按照技术型、实用型人才培养的特点来组织内容。

本书在编排上,充分考虑到教学与工程实践相结合,以项目为驱动,以任务和工程的实际应用作为学习的主要目的。本书共分为 22 个部分,包括测量实训须知,水准仪的认知与使用,水准测量测站的检验,普通水准测量实测方法,四等水准测量,经纬仪的认知与使用,测回法观测水平角,全圆方向法观测水平角,竖直角观测,全站仪的认知与使用,全站仪坐标测量,经纬仪导线测量,全站仪导线测量,全站仪支导线法坐标检测,高程测设,经纬仪测设水平角,全站仪坐标放样,建筑物轴线测设和高程测设,建筑基线测设,纵、横断面测量,圆曲线测设,RTK 放线。每个项目都以实际工程实践为支撑,使学生更能贴近工程实际。

本书由无锡城市职业技术学院李涛会、朱胜兰担任主编,无锡城市职业技术学院的费伟和江苏省科佳工程设计有限公司的程忠担任副主编。具体编写分工为:李涛会编写绪论、项目九至项目二十,费伟编写项目一至项目三,朱胜兰编写项目四至项目八,程忠编写项目二十一。

本书可供工程类院校建筑工程技术、工程造价、道路桥梁、工程监理、工程管理、市政、给排水、园林、城市规划等专业学生和相关专业技术人员使用,也可作为测量放线工、工程测量员等的考试培训教材。

在编写本书的过程中参考了大量文献资料,在此谨向这些文献的作者表示衷心的感谢。由于编者水平有限,在课程改革方面也处于探索阶段,书中可能存在不妥之处,恳请读者批评指正。

目录 Contents

绪　论　测量实训须知 / 1
项目一　水准仪的认知与使用 / 9
项目二　水准测量测站的检验 / 13
项目三　普通水准测量实测方法 / 16
项目四　四等水准测量 / 19
项目五　经纬仪的认知与使用 / 23
项目六　测回法观测水平角 / 26
项目七　全圆方向法观测水平角 / 28
项目八　竖直角观测 / 30
项目九　全站仪的认知与使用 / 32
项目十　全站仪坐标测量 / 35
项目十一　经纬仪导线测量 / 37
项目十二　全站仪导线测量 / 41
项目十三　全站仪支导线法坐标检测 / 45
项目十四　高程测设 / 47
项目十五　经纬仪测设水平角 / 49
项目十六　全站仪坐标放样 / 51
项目十七　建筑物轴线测设和高程测设 / 53
项目十八　建筑基线测设 / 56
项目十九　纵、横断面测量 / 59
项目二十　圆曲线测设 / 62
项目二十一　RTK 放线 / 65

绪 论 测量实训须知

第一节　实训目的与要求

一、实训目的

1. 掌握测量仪器的操作方法。
2. 掌握正确的观测、记录和计算方法,能求出正确的测量结果。
3. 巩固并加深理解课堂所学的基本理论,并能在实践中加以运用。

二、实训要求

1. 实训开始前,以小组为单位到仪器室领取仪器和工具,做好仪器使用登记工作。领到仪器后,到指定实训地点集中,待实训指导教师作全面讲解后,方可开始实训。
2. 对实训规定的各项内容,小组内每人均应轮流操作,并能独立完成实训报告。
3. 实训应在规定时间内进行,不得无故缺席、迟到或早退;实训应在指定地点进行,不得擅自变更地点。
4. 必须遵守绪论"第二节　测量仪器的借用规则"和"第五节　测量记录与计算规则"。
5. 应认真听取教师的指导,具体操作应按实训指导书的要求、步骤进行。
6. 实训中出现仪器故障、工具损坏和丢失等情况,必须及时向指导教师报告,不可随意自行处理。
7. 实训结束后,应把观测记录和实训报告交实训指导教师审阅,经教师认可后方可收拾和清理仪器工具,归还仪器室。

第二节　测量仪器的借用规则

测量仪器精密贵重,对测量仪器的正确使用、精心爱护和科学保养,是测量工作人员必须具备的素质和应该掌握的技能,也是保证测量成果质量、提高工作效率和延长仪器使用寿命的必要条件。测量仪器工具的借用必须遵守以下规则:

1. 每次实训前,以小组为单位,由组长(或指定专人)向仪器室领借仪器、工具,借用者应当场清点检查,若有不符,应立即向发放人说明,以分清责任。领借仪器、工具时,必须遵守仪器室的规章制度,做到文明礼让、不大声喧哗。
2. 领借仪器、工具时,无关人员到实训现场等候,保持安静和秩序。

3. 各组借用的仪器、工具不许任意转借或调换；若发现丢失、损坏，应立即向指导教师和仪器室报告，并填写"仪器损坏报告单"，视情节轻重，给予适当处理。

4. 实训完毕，应清理仪器、工具上的泥土，及时收装仪器、工具，送还仪器室，待仪器发放人员检查验收后方可离开。

第三节　测量仪器、工具的正确使用与维护

一、常规测量仪器的使用和维护

1. 携带仪器时，要检查仪器箱是否锁好，提手和背带是否牢靠。

2. 开箱时将箱子置于平稳处；开箱后注意观察仪器在箱内安放的位置，以便用完按原样放回，避免因放错位置而盖不上箱盖。

3. 拿取仪器前，应将所有制动螺旋松开。拿水准仪时，应握住基座部分；拿经纬仪时，应握住支架部分。严禁一边握住望远镜，一边拿取仪器。

4. 安置仪器三脚架之前，应将架高调节适中，拧紧架腿螺丝；安置时，先使架头大致水平，然后一手握住仪器，一手拧连接螺旋。

5. 野外作业时，必须做到：

（1）人不离仪器，严防无人看管仪器；切勿将仪器靠在树上或墙上；严禁小孩摆弄仪器；严禁在仪器旁打闹。

（2）在阳光下或雨天作业时必须撑伞，以防日晒和雨淋。

（3）透镜表面有尘土或污物时应先用专用毛刷清除，再用镜头纸擦拭，严禁用手绢、粗布等物擦拭。

（4）各制动螺旋切勿拧得过紧，以免损伤；各微动螺旋切忌旋至尽头，以免失灵。

（5）转动仪器时，应先松开制动螺旋，动作力求准确、轻捷，用力要均匀。

（6）对其性能不了解的部件，不得擅自使用。

（7）仪器装箱时，须将各制动螺旋旋开；装入箱后，小心试关一次箱盖，确认安放稳妥之后再关箱上锁。

（8）仪器远距离搬站时，应装箱搬运。其余情况下一手握住仪器，另一手抱拢脚架竖直地搬移，切忌扛在肩上搬站。罗盘仪搬站时，应将磁针固定，使用时再松开。

二、测量工具的使用和维护

1. 钢尺须防压（穿越马路量距时应特别注意车辆）、防扭、防潮，用毕应擦净上油后再卷入盒内。

2. 皮尺应防潮。一旦皮尺潮湿，须晾干后卷入盒内。

3. 禁止水准尺、花杆横向受力，以防弯曲变形。作业时，应由专人认真扶持，不用时安放稳妥，不得垫坐，不准斜靠在树上、墙上等，以防倒下摔坏。要平放在地面或可靠的墙角处。

4. 不准拿测量工具进行玩耍。

三、测距仪、全站仪及其他光电仪器的使用与维护

电子经纬仪、电磁波测距仪、全站仪、GPS 接收机等光电测量仪器,除应按上述普通光学仪器进行使用和保养外,还应按电子仪器的有关要求进行使用和保养。特别应注意以下几点:

1. 尽量选择在大气稳定、通视良好的时候观测。
2. 避免在潮湿、肮脏、强阳光下以及热源附近充电。
3. 不要把仪器存放在湿热环境下。使用前,要及时打开仪器箱,使仪器与外界温度一致。应避免温度剧变,使镜头起雾,从而影响观测成果质量和工作效率(如全站仪会缩短仪器测程)。
4. 观测时不要将望远镜直视太阳。
5. 观测时,应尽量避免日光持续暴晒或靠近车辆热源,以免降低仪器精度和效率。
6. 使用测距仪或全站仪望远镜瞄准反射棱镜进行观测时,应尽量避免在视场内存在其他反射面,如交通信号灯、猫眼反射器、玻璃镜等。
7. 在潮湿的地方观测完毕,将仪器装箱前,要立即彻底除湿,使仪器完全干燥。
8. 要养成及时关闭电源的良好习惯。在拆接仪器时,一定要关闭电源。一般电子仪器的微处理器(电子手簿)都有内置电池,不会因为关闭电源而丢失数据。若长时间不观测又不关闭电源,不仅会浪费电能,而且容易误操作。

第四节 仪器操作规范

一、水准仪

1. 打开三脚架,使架头大致水平,然后从箱中取出仪器,安置到脚架上,拧紧中心螺旋。
2. 转动脚螺旋,使圆气泡居中,然后将仪器旋转 180°,再转动脚螺旋,使圆气泡再居中,这项工作要反复操作。
3. 对于自动安平水准仪,读数前要检查补偿器是否正常。

具体检查办法是:在水准仪整平后,先读一个数值,然后再按一下补偿器按钮或轻敲一下水准仪,如果读数没有变化,则补偿器正常;否则,补偿器异常,仪器不能使用。

4. 转动调焦螺旋,使尺子的成像十分清晰,并且在消除视差后进行读数。

消除视差的办法是:仔细地反复交替调节目镜和调焦螺旋,直至成像稳定、读数不变为止。

5. 如果不是自动安平水准仪,粗平后,每次读数之前,都要进行精平,即用微倾螺旋使水准管气泡居中。
6. 施测时,司仪人员不能离开仪器,如果遇到特殊情况,须将仪器装箱后,方能离开。
7. 如因工作需要,需在下雨天进行测量,必须对仪器进行遮挡。
8. 施测时,不能让非测量人员使用仪器,更不能让非测量人员指挥。
9. 施测完后,要将仪器外表清理干净,脚螺旋拧至最底部。

二、经纬仪

(一) 操作前的准备工作

1. 到达工作地点后,要先打开经纬仪箱盖,使仪器逐渐适应环境。
2. 打开三脚架,调节好三脚架高度,使架头大致水平并稳固地架设在所测角点的上方。
3. 用中心连接螺旋将经纬仪固连在三脚架上。

(二) 操作方法

1. 对中。

(1) 对中时,在连接中心螺旋的钩上悬挂垂球,移动三脚架,使垂球尖大致对准测站点,将三脚架的各脚稳固地踩入地中。

(2) 若垂球尖偏离测站点较大,需平移三脚架,使垂球尖大致对准测站点,并踩紧脚架;若偏离较小,可略旋移连接中心螺旋,使仪器在架头的圈孔范围内移动,使垂球尖对准测站点,再拧紧连接中心螺旋。

(3) 使用光学对中器进行对中时,应首先目估对中和使仪器概略整平。用光学对中器时,要先对光,然后将仪器在架头上平移,交替使用对中和整平的方法,直到测站点的像落在对中器圆圈的中央,达到既对中又整平,最后拧紧中心连接螺旋。

2. 整平。

(1) 使照准部水准管平行于任意两个脚螺旋中心的连线方向。

(2) 两手同时向内或向外旋转两个脚螺旋,使气泡居中。

(3) 旋转照准部90°,使水准管垂直于上述两个脚螺旋连线的方向,然后旋转第三个脚螺旋,使气泡居中。

(4) 反复进行上述步骤,直至照准部转到任意位置,气泡偏离中央均不超过半格时为止。

3. 瞄准。

(1) 调节目镜,使十字丝最清晰,然后用望远镜上的准星和照门(或粗瞄器),先从镜外找到目标。

(2) 当在望远镜内看到目标后,拧紧水平制动螺旋,调节对光螺旋,消除视差,然后调节水平微动螺旋,用十字丝精确瞄准目标。

4. 水平角观测方法。

(1) 测回法,只适用于观测两个方向的单角。

① 盘左位置。

a. 松开照准部和望远镜螺旋,转动望远镜外的制动螺旋(或扳手),通过照门和准星,粗略瞄准左目标A,拧紧制动螺旋,仔细对光,转动照准部与望远镜的微动螺旋,精确瞄准目标A,读取水平度盘读数,记入观测手簿。

b. 松开照准部和望远镜制动螺旋,顺时针转动照准部,用上述方法瞄准右目标B,读取水平度盘读数。

c. 以上两步称上半测回,测得该角角值。

② 盘右位置。

a. 松开照准部和望远镜制动螺旋,倒转望远镜,逆时针转动照准部,瞄准B,读取水平度盘读数。

b. 再松开照准部和望远镜制动螺旋,逆时针方向转动照准部,瞄准 A,读取水平度盘读数。

c. 以上两步称下半测回,又测得该角的角值。上、下两半测回合称一测回,当两个半测回角值之差不超过规定值时,则取它们的平均值作为一测回的最后角值。

(2) 方向观测法。此法适用于在一个测站上有两个以上的观测方向,须要测量多个角度的情况。

① 盘左位置观测。

a. 将水平度盘安置在 0°00′或稍大的读数处,先选择明显目标作为起始方向,用前述方法精确瞄准,再按顺时针方向依次观测各方向目标,并将各方向的水平度盘读数依次记入观测手簿。

b. 若方向超过三个,最后还要继续沿顺时针方向转动照准部,照准起始方向,读数并记入观测手簿。

② 盘右位置观测。倒转望远镜,逆时针依次照准各方向,读记水平度盘读数。上、下两测回方向值的平均值即为一测回平均方向值。

5. 竖直角的观测方法。

(1) 将经纬仪安置在测站上,对中、整平、盘左瞄准目标,固定望远镜和照准部,用望远镜微动螺旋,使十字丝的横丝精确地切准目标的顶部。

(2) 旋转水准管微动螺旋,使气泡居中,再查看十字丝横丝是否仍切准目标,确认后立即读数并记入手簿中。

(3) 盘右照准目标同一部位,以同样的方法读数并记录。

(4) 通过计算得竖直角。

(三) 注意事项

1. 操作过程中严禁碰动经纬仪。

2. 仪器必须架稳、架牢。

3. 观测竖直角时,指标水准管气泡必须居中。

4. 观测竖直角时,应尽量瞄准目标底部。当目标较近、成像较大时,用十字丝竖丝单丝平分目标;当目标较远、成像较小时,可使十字丝竖丝与目标重合或将目标夹在双竖丝中央。

5. 在操作经纬仪时,用力要轻。

6. 从仪器箱中取出经纬仪时,要用双手握住经纬仪基座部分,慢慢取出。作业完毕后,应将所有微动螺旋旋至中央位置,然后慢慢放入箱中,并紧固制动螺旋,不可强行或猛力关箱盖。仪器放入箱中后应立即上锁。

7. 在外作业时,经纬仪旁要随时有人防护,以免造成重大损失。

8. 在井下使用经纬仪时,要注意必须架设在顶板完好、无滴水的地方。

9. 搬站时,应把经纬仪的所有制动螺旋略微拧紧,但不要拧得太紧,搬运过程中仪器脚架必须竖直拿稳,不得横扛在肩上。

10. 搬站时,若距离远或者环境情况不好等,经纬仪必须装箱搬运。

11. 清洁物镜和目镜时,应先用干净的软毛刷轻轻拂拭,然后用擦镜纸擦拭,严禁用其他物品擦拭镜面。

12. 经纬仪上的螺旋不润滑时不可强行旋转,必须检查其原因,及时排除经纬仪任何部位的故障,不应勉强继续使用,要立即检修,否则会加剧损坏的程度。

13. 凡是经纬仪外露部分,上面不能留存油渍,以免积累灰沙。

14. 严禁随便拆开仪器。

三、全站仪

(一) 水平角度测量

1. 找准目标点(不一定是棱镜)。
2. 按 F4 键两次。
3. 按 F1 键一次。
4. 出现提问时,按 F1 键将角度置零 0°00′00″。
5. 按 F4 键确认。
6. 从零度角转到测量点的角度即为水平角度值。

(二) 距离测量

1. 按 F4 键,找到设站。
2. 按 F1 键一次。
3. 在屏幕内,用下翻键(倒三角符号)找到"仪器高"栏目,将测量到的仪器高度值填入该栏目内,按回车键保存。
4. 按 F4 键。
5. 用下翻键调至"棱镜高"栏目,将棱镜高度值填上,按回车键。
6. 按 F4 键确认。
7. 照准棱镜,按"测量"键,所测数值便出现在屏幕上。
8. 距离分为斜线距离与水平距离,可根据需要按翻页键调换。

(三) 坐标放线程序

1. 按 F1 键,出现"设置作业"程序。
2. 再按 F1 键,出现"新建作业",输入作业编号,按回车键确认。"新建作业"相当于新建一个文件夹,避免出现重复现象。
3. 按 F4 键,表示"作业已储存",第一步完成。之后,仪器会自动跳到第二步内进行"放样设置"。
4. 按 F2 键,设置测站。
5. 输入点名,为避免重复,要按一定顺序,按回车键确认。
6. 按 F1 键检索,经提示没有重复可用。
7. 按 F3 键,输入全站仪下坐标,先输入"X",按回车键;再输入"Y",按回车键;在高程处输入"0",按回车键。
8. 按 F4 键保存。输入全站仪高度,按回车键,第二步完成,仪器会自动跳到第三步"定向"程序。
9. 按 F3 键定向(棱镜点即为定向点)。
10. 按 F2 键进行坐标定向。
11. 输入棱镜点名,如"2",按回车键,仪器若出现"点名未找到",按 F3 键,输入棱镜点下坐标。先输入"X",按回车键;再输入"Y",按回车键;再输入高程"0",按回车键。

12. 按 F4 键保存,完成后,仪器会自动跳到"坐标定向"。

13. 用望远镜瞄准棱镜,按测存 F1,仪器会出现"多余观测"。

14. 按 F1 键取消"多余观测",便出现"定向结果"。

15. 按 F4 键确认,第三步完成,仪器进入第四步。

16. 按 F4 键。

17. 按正三角符号键,将光标移到"搜索"键,要放几号点,就输几号点,如要放 3 号点,就输入"3"。

18. 按回车键,仪器出现"点名未找到",按 F3 键。输入该点坐标,先输入"X",按回车键;然后输入"Y",按回车键;最后输入高程"0",按回车键;点击"保存"按钮。

19. 在仪器上会出现提示箭头和距离、水平角读数,根据提示,将水平角转到 0°,在此方向用棱镜测量距离差至±0.0。

20. 第四步即完成。

四、GPS 操作规程

1. 使用前首先要检查仪器各部件是否完好,电池、内存是否足够。

2. 检查脚架、基座是否完好,否则不能使用。

3. 作业运输时,应将接收机放置到仪器箱内,并采取防震措施,不得碰撞、倒置和重压。

4. 架设仪器前要检查脚架是否稳固、安全,仪器是否稳固地连接在脚架、基座上,以防止仪器意外跌落。

5. 架设好 GPS 接收机,检查确认接收机的各项功能设置。

6. GPS 接收机采集信号时,每个时段观测前后各量取天线高度一次,两次互差不得大于 3 mm;GPS 天线高的量测一般都是量斜高,不要人为地改为量垂直高;要对称地量两个方向,然后取平均值;观测中作业员要逐项填写测量手簿。

7. 一个时段观测过程中严禁以下操作:关闭接收机重新启动;进行自测试;改装接收机预设参数,改变天线位置;按关闭和删除文件功能键;等等。

8. 在做 GPS 静态复核测量时,根据控制测量等级要求,CPⅠ点应连续观测 2 小时以上,CPⅡ点应连续观测 1 小时以上;在做 GPS 加密点测量时,应保证 1 小时以上连续观测。

9. GPS 接收机在采集数据时,其仰角 15°范围内不得有任何障碍物;周围 50 m 范围内不得有高压输电线和大的水面、湖泊,防止产生多路径效应。

10. 在观测过程中,不应靠近接收机使用手机、对讲机,其距离应保持在 10 m 以上,以防止降低观测精度。

11. GPS 接收机在搬站的过程中,应将前两台接收机固定不动,将后两台接收机向前移动,确保异步环之间通过相同的基线边连接。

12. 在传输 GPS 接收机数据前,应设置好各项参数并将各观测数据对应的点名、观测时段、天线高输入观测数据,以备解算基线使用。

13. 解算基线向量时,可根据不同情况,设置好是解算部分基线还是解算全部基线,软件将自动解算。

14. 解算基线向量后,可初步检查、评判各基线的置信参数,检查同步环、异步环等闭合差,检查不同时段同一条边的较差,查出超限原因,剔除有粗差的基线。若发现有问题的基线,还可以查看各点接收到的卫星状况及其他有关因素,以查找原因,确定此基线是重新解算还是重测。

15. GPS 定位成果属于 WGS-84 大地坐标系,而实用的测量成果属于国家坐标系或地方坐标系,因此必须解决成果的坐标转换问题。

第五节　测量记录与计算规则

1. 所有观测成果均用绘图铅笔(H—3H)记录在专用表格内,不得先记在零星纸上,再行转抄。

2. 字体力求工整、清晰,按稍大于格的一半的高度填写,留出可供改错用的空隙。

3. 记录数字要齐全,不得省略必要的零位,如水准读数 1.600 不能写作 1.6,度盘读数 185°00′06″不能写作 185°0′6″或 185°6″。普通测量记录的位数规定见表 0-1。

表 0-1　测量记录规范

测量数据单位及记录的位数			不得更改的测量数据数位及应重测的范围		
测量种类	单位	记录位数	测量种类	不准更改的数位	重测范围
水准测量	m	小数点后三位	水准测量	厘米及毫米的读数	该测站
距离测量	m	小数点后三位	水平角	分及秒的读数	该测回
角度的分	′	两位	竖直角	分及秒的读数	该测回
角度的秒	″	两位	距离测量	厘米及毫米的读数	该尺段

4. 观测者读出读数后,记录者要复诵一遍,以防听错、记错。

5. 禁止擦拭、涂改和挖补数据。记录数字如有差错,不准用橡皮擦去,也不准在原数字上涂改,应根据具体情况进行改正:如果是米、分米或度位数字读(记)错,则可在错误数字上画一斜线,保持数据部分的字迹清楚,同时将正确数字记在其上方;如为厘米、毫米、分或秒位数字读(记)错,则该读数无效,应将本站或本测回的全部数据用斜线划去,保持数据部分的字迹清楚,并在备注栏中注明原因,然后重新观测,并重新记录。测量过程中,不准更改的数据及重测范围规定见表 0-1。

6. 按"四舍五单双,过五就进上"的原则进行小数位的取舍。例如,要保留三位小数,则 3.233 499≈3.233,3.233 500≈3.224,1.224 500≈1.224,4.224 501≈4.224。

7. 每测站观测结束后,必须在现场完成规定的计算和检核,确认无误后方可迁站,严禁因超限等原因而更改观测记录数据,一经发现,将取消实训成绩并严肃处理。

项目一 水准仪的认知与使用

一、目的与要求

1. 认识 DS3 微倾式水准仪的基本构造、各操作部件的名称和作用,并熟悉其使用方法。
2. 掌握 DS3 微倾式水准仪的安置、瞄准和读数方法。
3. 练习普通水准测量一测站的测量、记录和计算。

二、组织与学时

每组 3 人,实验时数为 2 学时。

三、仪器及用具

每组借 DS3 微倾式水准仪 1 台、水准尺 1 对、尺垫 2 个、记录板 1 块、测伞 1 把。

四、实训步骤

(一)认识 DS3 微倾式水准仪

了解 DS3 微倾式水准仪各操作部件的名称和作用,并熟悉其使用方法(图 1-1)。

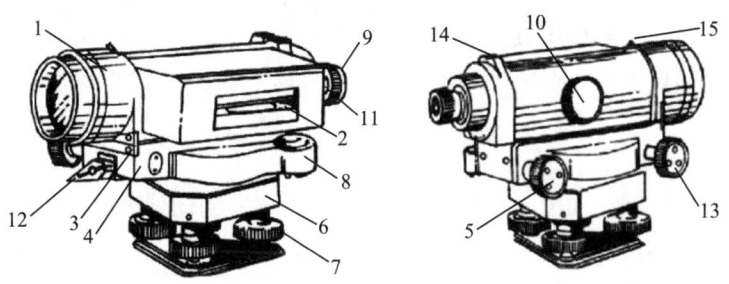

1—望远镜物镜;2—水准管;3—簧片;4—支架;5—测微螺旋;6—基座;7—脚螺旋;8—圆水准器;9—望远镜目镜;10—物镜调焦螺旋;11—符合气泡观察窗;12—制动螺旋;13—微动螺旋;14—缺口;15—准星

图 1-1 DS3 微倾式水准仪的构造

(二)水准仪的使用

水准仪在一个测站上的操作顺序为:安置仪器—粗平—瞄准—精平—读数。

1. 安置仪器。

(1)松开三脚架,使架头大致水平,并使其高度适中。对泥土地面,应将三脚架的脚尖踩入土中,以防仪器下沉;对水泥地面,要采取防滑措施;对倾斜地面,应将三脚架的一个脚安放在高处,另两只脚安置在低处。

(2)打开仪器箱,记住仪器的摆放位置,以便仪器装箱时按原位放回。将水准仪从箱中取出,用中心连接螺旋连在三脚架上,中心连接螺旋松紧要适度。

2. 粗平。

粗平就是旋转脚螺旋,使圆水准器气泡居中,从而使仪器大致水平。

(1) 先旋转任意两个脚螺旋,将圆水准器气泡调至与这两个脚螺旋方向垂直的位置线上,脚螺旋的旋转方向与气泡移动方向之间的规律是:气泡移动的方向与左手大拇指转动脚螺旋的方向一致,与右手大拇指转动方向相反。如图 1-2 所示,可先转动①、②两个脚螺旋,使气泡从图 1-2(a)所示 a 点位置转至图 1-2(b)所示 b 点位置。

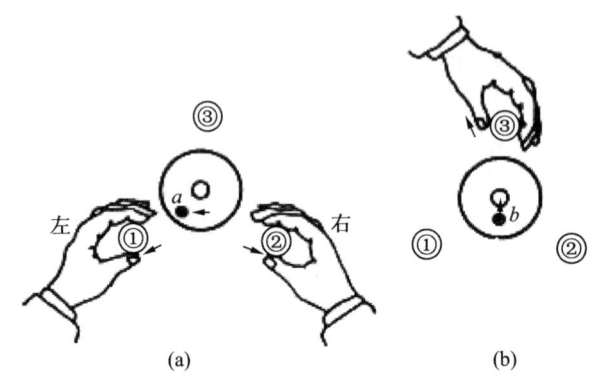

图 1-2 圆气泡整平

(2) 转动脚螺旋③,使气泡居中(旋转脚螺旋是为了快速粗平,对坚实地面,可固定脚架的两条腿,一只手扶住脚架顶部,另一只手握住第三条腿做前后左右移动,看着圆水准器气泡,使之离中心不远,然后再用脚螺旋粗平)。

(3) 若第(2)步仍不能使气泡居中,则应重复上述两步工作,直到气泡居中为止。

要从仪器构造上理解脚螺旋的旋转方向与气泡移动方向之间的规律:气泡在哪个方向,说明仪器哪个方向位置高;脚螺旋顺时针方向(俯视)旋转,则此脚螺旋位置升高,反之则降低。

3. 瞄准。

先用望远镜上的照门和准星粗略瞄准水准尺,将仪器制动;转动目镜对光螺旋,使十字丝清晰;再转动物镜对光螺旋,使水准尺分划成像清晰;消除视差后,再转动微动螺旋,使十字丝交点精确瞄准水准尺。

4. 精平。

如图 1-3 所示,精平就是转动微倾螺旋,使水准管气泡居中,即在目镜旁的气泡观察窗内看到"U"形影像,即使水准管气泡两端的半边影像吻合成圆弧抛物线形状。

5. 读数。

精平后立即读取中丝在水准尺上所截取的读数(图 1-4),读数时须从上到下,从小到大,并估读到毫米。读完数立即检查仪器是否仍精平,若气泡偏离较大,需重新调平再读数。一般应读出四位数,即米、分米、厘米及毫米数,且以毫米为单位,如 1.568 m 应读记为 1568,0.860 m 应读记为 0860。

读数应迅速、果断、准确,读数后应立即重新检视附合水准器气泡是否仍旧居中,如仍居中,则读数有效;否则应重新使附合水准器气泡居中后再读数(图 1-3)。

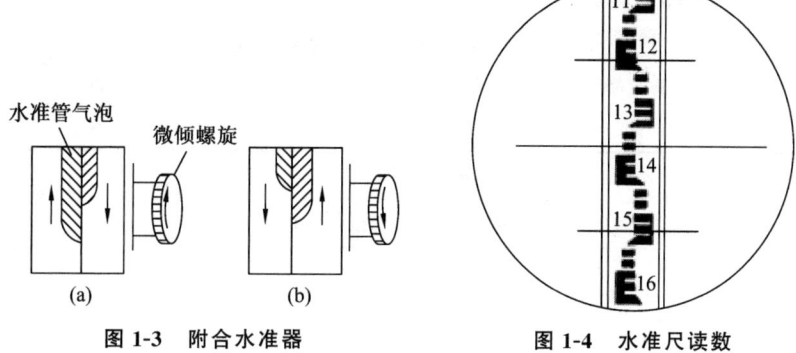

图 1-3　附合水准器　　　图 1-4　水准尺读数

6. 一测站水准测量练习。

在地面选定两点分别作为后视点和前视点,放上尺垫并立尺,在距两尺距离大致相等处安置水准仪,粗平,瞄准后视尺,精平后分别对黑红两面读数;再瞄准前视尺,精平后分别对黑红两面读数。

黑红两面读数之差不得超过±3 mm,两次所测高差之差不得超过±6 mm。

五、注意事项

1. 水准仪安放到三脚架上后,必须立即将中心连接螺旋旋紧,严防仪器从脚架上掉下摔坏。

2. 在读数前,注意消除视差;必须使附合水准器气泡居中(微倾式水准仪水准管气泡两端影像吻合)。

3. 注意倒像望远镜中水准尺图形与实际图形的变化。

六、上交资料

1. 实验心得体会:

2. 实验记录表(表1-1)。

表 1-1　水准测量观测记录计算表

日　期　　　　　　仪器编号　　　　　　天　气　　　　　　地　点
观测者　　　　　　记录者　　　　　　计算者　　　　　　检核者

测站	点号	水准尺读数		高差 h/m	平均高差/m
		后视读数/m	前视读数/m		

水准测量测站的检验

一、目的与要求

1. 学习用 DS3 微倾式水准仪做普通水准测量的实际作业方法,掌握普通水准测量一个测站的工作程序。
2. 掌握普通水准测量手簿的记录及单个测站检验方法。

二、组织与学时

每组 4 人,实验时数为 2 学时。

三、仪器及用具

每组借 DS3 微倾式水准仪 1 台、塔尺和双面水准尺各 1 对、记录板 1 块、测伞 1 把。

四、实训步骤

1. 由教师指定一已知水准点,一人观测、一人记录、两人立尺。
2. 双仪高法检验。

(1) 以已知高程的水准点作为后视点,在施测路线的前进方向上选取另一个地面点作为前视点,将水准仪置于距后视点、前视点距离大致相等的位置(用目估或步测),在后视点、前视点上分别竖立水准尺。

(2) 在测站上,观测员按一个测站上的操作程序进行观测,即:安置—粗平—瞄准后视尺—精平、读数—瞄准前视尺—精平、读数—变动仪器高度—粗平—瞄准前视尺—精平、读数—瞄准后视尺—精平、读数。

观测员读数后,记录员必须向观测员回报,经观测员默许后方可记入记录手簿,并立即计算高差及平均高差 $\bar{h}$。

(3) 精度要求:双仪高法每站两次变更仪器高大于 10 mm,所观测高差差值不应该大于 5 mm,该站高差按照"奇进偶舍"的原则取两次高差的平均值。

3. 双面尺法检验。

(1) 以已知高程的水准点作为后视点,在施测路线的前进方向上选取另一个地面点作为前视点,将水准仪置于距后视点、前视点距离大致相等的位置(用目估或步测),在后视点、前视点上分别竖立双面尺。

(2) 在测站上,观测员按一个测站上的操作程序进行观测,即:安置—粗平—瞄准后视尺—精平、读数—瞄准前视尺—精平、读数。

观测员读数后,记录员必须向观测员回报,经观测员默许后方可记入记录手簿,并立即计算高差及平均高差 $\bar{h}$。

（3）精度要求：每把尺子红黑面读数"黑面读数＋K－红面读数"不应该大于 3 mm，所观测红黑面高差差值不应该大于 5 mm，该站高差按照"奇进偶舍"的原则取两次高差的平均值。

五、注意事项

1. 标尺员应认真将水准尺扶直，各测站的前、后视距离应尽量相等。
2. 读数前注意消除视差，水准管气泡应居中。
3. 同一测站，只能用脚螺旋整平圆水准器气泡居中一次（该测站若返工重测，应重新整平圆水准器）。

六、上交资料

1. 实验心得体会：

2. 测站检验记录与计算（表 2-1、表 2-1）。

表 2-1 双仪高法检验记录计算表

日　期		仪器编号		天　气		地　点	
观测者		记录者		计算者		检核者	

测站	点名	后视读数/m	前视读数/m	高差/m	平均高差/m	高程/m	备注
			—				
		—					
			—				
		—					
			—				
		—					

表 2-2　双面尺法检验记录计算表

日　期　　　　　　　仪器编号　　　　　　　天　气　　　　　　　地　点
观测者　　　　　　　记　录　者　　　　　　计算者　　　　　　　检核者

测站	点名	后视读数/m	前视读数/m	高差/m	平均高差/m	往返平均高差/m	高程/m	尺常数 K 检验	备注
			—						
		—							
			—						
		—							
			—						
		—							

项目二　水准测量测站的检验

项目三 普通水准测量实测方法

一、目的与要求

1. 进一步熟练掌握使用水准仪的步骤和方法。
2. 掌握普通水准测量的观测、记录、计算及检核的方法。
3. 掌握闭合差的调整及高程计算的方法。

二、组织与学时

每组 4 人,实验时数为 2 学时。

三、仪器及用具

1. DS3 微倾式水准仪 1 台、水准尺 2 把、尺垫 2 个,视需要加测伞 1 把。
2. 记录板 1 个、铅笔、计算器(自备)。

四、实训步骤

先在指定场地上选定一已知高程点 A(其高程由教师给出),然后选一条至少能测五个站的闭合(或附合)水准路线,在路线中间位置选取一个坚固点 B 作为待测高程点。按下列步骤施测:

1. 甲尺手在水准点 A 上立尺(A 上不放尺垫),观测者在闭合水准路线上的适当位置 1 处(距 A 不宜超过 50 m)安置水准仪,乙尺手步量 A_1 的距离,并从仪器起在去 B 的路线上步量同样的距离后,选转点 TP_1,以尺垫标记之,并在尺垫上立尺。

2. 观测者操作水准仪按一个测站上的程序瞄准后视尺(本站为甲尺),精平后读后视读数 a_1,记入手簿;再瞄准前视尺(本站为乙尺),精平后读前视读数 b_1,记入手簿。

3. 升高或降低仪器 10 cm 以上,重新安置仪器,并重复第 2 步的工作。

4. 计算测站高差,若两次测得高差之差小于或等于 6 mm,取平均值作为本站高差并记入手簿。

5. 观测者将水准仪搬至适当位置处安置,同时甲尺手将尺移至转点 TP_2(注意用目估或步量使前、后视距离大致相等),以尺垫标记之,并在尺垫上立尺,TP_1 处的乙尺不动。

6. 观测者后视 TP_1 读 a_2,记入手簿;前视 TP_2 读 b_2,记入手簿,并重复第 3 步、第 4 步的工作。

7. 按以上方法继续进行,最后测回到 A 点(或另一个已知水准点)。

8. 计算检核。

9. 根据已知点高程及各测站的高差,计算水准路线的高差闭合差,并检查高差闭合差是否超限,其计算与调整限差公式为 $f_{h容}=\pm12\sqrt{n}$ mm,或 $f_{h容}=\pm40\sqrt{L}$ mm。式中,n 为测站数;L 为水准路线的长度,以 km 为单位。

10. 若高差闭合差在容许范围内,则对高差闭合差进行调整,计算待定点的高程;若超限,应重测。

五、上交资料

1. 实验心得体会:

2. 实验记录计算表(表 3-1、表 3-2)。

表 3-1 水准测量记录表(双仪高法)

日　期　　　　　仪器编号　　　　　天　气　　　　　地　点
观测者　　　　　记　录　者　　　　计算者　　　　　检核者

测站	点号	水准尺读数		高差/m	平均高差/m	备注
		后视读数/m	前视读数/m			
	Σ					
计算校核						

表 3-2 水准测量成果计算表

日　期　　　　　　仪器编号　　　　　　天　气　　　　　　地　点
观测者　　　　　　记　录　者　　　　　计算者　　　　　　检核者

点号	测站数	距离/km	实测高差/m	改正数/mm	改正后高差/m	高程/m
辅助计算						

项目四 四等水准测量

一、执行规范

参照《GB/T12898－2009 国家三、四等水准测量规范》。

二、组织与学时

每组 3 人,实验时数为 2 学时。

三、实训内容

1. 水准路线形式。

三个未知点和一个已知点 M 组成的闭合水准路线如图 4-1 所示,水准路线总长约为 900 m。

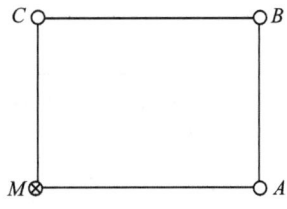

图 4-1 闭合水准路线示意图

2. 具体内容。

(1) 参赛小组在规定的时间内用精度不低于 3 mm 的自动安平水准仪独立完成规定路线的四等水准测量。

(2) 根据观测高差和起算点高程在规定时间内独立计算出水准路线上另外 3 个未知水准点的高程。

3. 实验要求。

(1) 小组的四个同学,编号为 1、2、3、4 号,按规范要求独立完成指定闭合水准路线的全部观测任务。

(2) 各组独立观测一条路线,路线的起始点及待定点由指导教师事先确定,如第 1 组起算点为 1M,待定点分别为 1A、1B、1C;第 2 组起算点为 2M,待定点分别为 2A、2B、2C;依此类推。数字为组号,字母为水准点号。

(3) 小组每位同学须独立完成一个测段(即两个指定水准点之间的一段路线)的观测、另一测段的记录和计算,具体方案如下:

1 号测段(已知点 M 到 A 未知点)由本组 1 号组员独立进行仪器安置、观测,2 号组员进行记录、计算,3、4 号组员负责放置水准尺。

2 号测段(A 点到 B 未知点)由本组 2 号组员独立进行仪器安置、观测,3 号组员进行记录、计算,1、4 号组员负责放置水准尺。

3 号测段(B 点到 C 未知点)由本组 3 号组员独立进行仪器安置、观测,4 号组员进行记录、计算,1、2 号组员负责放置水准尺。

4 号测段(C 点到已知点 M)由本组 4 号组员独立进行仪器安置、观测,1 号组员进行记录、计算,2、3 号组员负责放置水准尺。

(4)外业观测时间为 90 min,内业计算时间为 30 min,超出规定时间将终止比赛,整个水准测量比赛成绩无效。

(5)仪器操作应符合规范;仪器在迁站过程中不必装箱,但要带箱,迁站时仪器和脚架应在一竖直状态;手簿记录须规范、完整。

(6)闭合差分配采用与路线长度成比例的近似平差,计算所用计算器自备。

(7)搬站时,不允许出现不顾安全的狂跑现象,以观测人员行走速度为标准。

(8)各小组独立作业,不得故意妨碍或阻挡其他小组进行观测。

四、技术要求

1. 根据规范,水准观测和计算限差见表 4-1。

表 4-1　水准测量基本技术要求

等级	项目					
	视线长度/m	前后视较差/m	任一测站前后视累积差/m	黑红面读数之差/mm	黑红面所测高差较差/mm	闭合路线闭合差/mm
四等	≤100	≤5.0	≤10.0	≤3.0	≤5.0	$\leq 20\sqrt{L}$

注:L 为水准路线长度,以 km 计。

2. 记录时,所记数字应稍大于半个格子,以便于错漏之处改正。读数时若发现厘米和毫米的读数有误,应用短线划掉错误,将正确的数字写在其右上角。

3. 观测顺序按"后—后—前—前"进行,在没有换站时,不得移动后视尺。

4. 记录字迹应工整、清晰,不得任意修改,记录者必须回报读数。

5. 水准测量各测段测站数不限,但每测段测站数必须为偶数。

6. 高差的计算采用"奇进偶舍"的原则;记录、计算时的占位"0"必须填写。正的高差的"+"号必须填写,"K+黑面读数-红面读数"所得结果为正的"+"号必须填写。

五、上交资料

将实验数据填写在表 4-2 中,内业计算结果填写在表 4-3 中。

表 4-2　四等水准测量观测记录手簿

日　期　　　　　　　仪器编号　　　　　　天　气　　　　　　地　点
观测者　　　　　　　记　录　者　　　　　计算者　　　　　　检核者

测站编号	视准点	后视 上丝 / 下丝 / 后视距 / ∑视距差	前视 上丝 / 下丝 / 前视距 / ∑视距差	方向及尺号	水准尺读数		黑面读数+K－红面读数	平均高差/m
					黑面读数	红面读数		
				后				
				前				
				后－前				
				后				
				前				
				后－前				
				后				
				前				
				后－前				
				后				
				前				
				后－前				
				后				
				前				
				后－前				
计算检核								

注：各测站高差中数的计算采用"奇进偶舍"的原则，取位至 1 mm。

表 4-3　四等水准测量成果计算表

日　期　　　　　　　仪器编号　　　　　　天　气　　　　　　地　点

观测者　　　　　　　记　录　者　　　　　计算者　　　　　　检核者

点号	路线长度/km	实测高差/m	改正数/mm	改正后高差/m	高程/m	备注
Σ						
辅助计算：						

注：距离取位至 0.01 km，测段高差、改正数及点的高程取位至 1 mm。

项目五 经纬仪的认知与使用

一、目的与要求

1. 认识 DJ6 光学经纬仪的基本结构及主要部件的名称和作用。
2. 掌握 DJ6 光学经纬仪的基本操作和读数方法。

二、组织与学时

每组 3 人,实验时数为 2 学时。

三、仪器及用具

每组借 DJ6 光学经纬仪 1 台、记录板 1 块、测钎 2 支。

四、实训步骤

1. 认识 DJ6 光学经纬仪的各操作部件(图 5-1),掌握其使用方法。

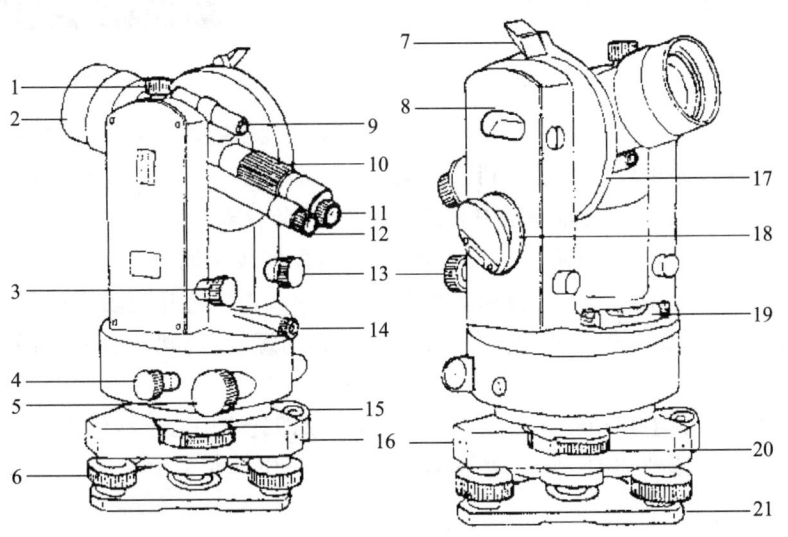

1—望远镜制动螺旋;2—望远镜物镜;3—望远镜微动螺旋;4—水平制动螺旋;5—水平微动螺旋;6—脚螺旋;7—竖盘水准管观察镜;8—竖盘水准管;9—瞄准器;10—物镜调焦环;11—望远镜目镜;12—度盘读数镜;13—竖盘水准管微动螺旋;14—光学对中器;15—圆水准器;16—基座;17—竖直度盘;18—度盘照明镜;19—照准部水准管;20—水平度盘变换手轮;21—基座底板

图 5-1 DJ6 光学经纬仪的构造

2. 练习安置仪器。

DJ6级光学经纬仪除有挂垂球对中外,还设有精度较高的光学对中器,利用光学对中器对中,其具体的操作方法如下:

(1) 对中。

① 将三脚架安置在测站点上,并使架头大致水平,移动两个架腿,利用光学对中器初步对准测站点,踩实脚架。

② 调整仪器的三个脚螺旋,使光学对中器的中心标志对准测站点。

③ 伸缩三脚架腿,使照准部圆水准器气泡大致居中。

④ 反复操作步骤②、③。

(2) 整平。使照准部水准管轴平行于两个脚螺旋的连线,转动这两个脚螺旋,使水准管气泡居中,将照准部旋转90°,转动另一脚螺旋,使水准管气泡居中,在这两个位置反复数次,直到气泡在任何方向都居中为止。若整平后发现对中有偏差,松开三脚架连接螺旋,移动照准部再进行对中,拧紧连接螺旋后仍需重新整平仪器,这样反复几次,就可对中整平。

(3) 练习用望远镜精确瞄准目标。掌握正确的调焦方法,消除视差。

(4) 学会 DJ6 光学经纬仪的读数方法(图 5-2),将读数记录于表 5-1 中。

(5) 练习配置水平度盘的方法。

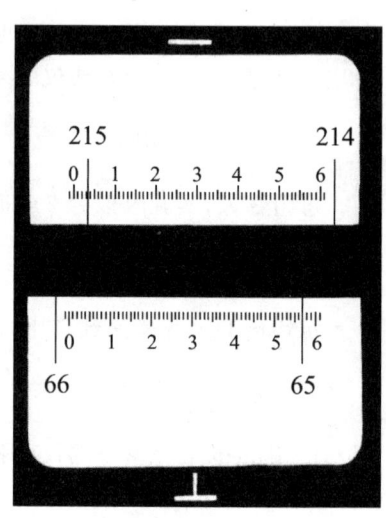

图 5-2　经纬仪读数

五、注意事项

1. 仪器从箱中取出前,应看好它的放置位置,以免装箱时不能恢复到原位。

2. 将经纬仪由箱中取出并安放到三脚架上时,必须是一只手握住经纬仪的一个支架,另一只手托住基座底部,并立即旋紧中心连接螺旋,严防仪器从脚架上掉下摔坏。

3. 安置经纬仪时,应使三脚架架头大致水平,以便能较快地完成对中、整平操作。

4. 操作仪器时应用力均匀。转动照准部或望远镜,要先松开制动螺旋,切不可强行转动仪器。旋紧制动螺旋时用力要适度,不宜过紧。微动螺旋、脚螺旋有一定调节范围,宜使用中间部分。

5. 在三脚架架头上移动经纬仪完成对中后,要立即旋紧中心连接螺旋。

6. 读数时应估读到 0.1′,即 6″,故读数的秒值部分应是 6″ 的整数倍。

六、上交资料

将实验数据填写在表 5-1 中。

表 5-1 水平度盘读数记录表

日　期　　　　　　　仪器编号　　　　　　天　气　　　　　　地　点
观测者　　　　　　　记　录　者　　　　　计算者　　　　　　检核者

测站	目标	水平度盘读数 /(° ′ ″)	水平角 /(° ′ ″)	备　注

项目六 测回法观测水平角

一、目的与要求

掌握用 DJ6 光学经纬仪按测回观测法测水平角的方法及记录、计算方法,了解各项限差。

二、组织与学时

每组 3 人,实验时数为 1.5 学时。

三、仪器及用具

每组借 DJ6 光学经纬仪 1 台、记录板 1 块、测钎 2 支。

四、实训步骤

测回法为测定某一单独的水平角的最常用的方法。设测站为 B,右目标为 A,左目标为 C,测定水平角 β,操作方法与步骤如下:

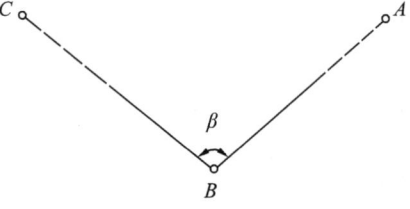

左、右方向和水平角

图 6-1 测回法观测

(1) 将经纬仪安置于测站 B,经过对中和整平,从盘左位置(垂直度盘在望远镜左边)瞄准左目标 C,得读数 a,记下该水平度盘读数。

(2) 瞄准右目标 A,得读数 b,记下该水平度盘读数。

(3) 计算盘左半测回测得的水平角值:

$$\beta_L = b - a$$

(4) 倒转望远镜成盘右位置(垂直度盘在望远镜右边),瞄准右目标 A,得读数 b',记下该水平度盘读数。

(5) 瞄准左目标 C,得读数 a',记下该水平度盘读数。

(6) 计算盘右半测回测得的水平角值:

$$\beta_R = b' - a'$$

(7) 如果 β_L 与 β_R 的差值不大于 40″,则取其平均值作为一个全测回(简称一测回)的水平角值:

$$\beta = \frac{1}{2}(\beta_L + \beta_R)$$

(8) 一测回观测完毕,进行下一个测回观测时,先用水平度盘变换手轮,改变度盘读数

约 $\frac{180°}{n}$（n 为测回数），然后进行下一个测回观测。

观测时，每一水平度盘读数均应当场记入表 6-1，并当场计算半测回角值和平均角值。

五、注意事项

1. 要旋紧三脚架连接螺旋和纵轴固定螺旋，防止仪器出现事故。
2. 瞄准目标时，应尽量瞄准目标底部，以减少由于目标倾斜引起水平角观测的误差。
3. 为避免发生错误，在同一测回观测过程中，切勿碰动水平度盘变换手轮。
4. 记录员听到观测员读数后必须向观测员回报，经观测员默许后方可记入手簿，以防听错而记错。
5. 观测过程中，若照准部水准管气泡偏离居中位置，其值不得大于一格。同一测回内若气泡偏离居中位置大于一格，则该测回应重测。不允许在同一个测回内重新整平仪器。不同测回，则允许在测回间重新整平仪器。

六、上交资料

1. 实验心得体会：

2. 观测、记录、计算表（表 6-1）。

表 6-1 水平角观测（测回法）记录

日　期　　　　　　仪器编号　　　　　　天　气　　　　　　地　点
观测者　　　　　　记　录　者　　　　　计算者　　　　　　检核者

测站	竖盘位置	目标	水平度盘读数 /(° ′ ″)	半测回角值 /(° ′ ″)	一测回角值 /(° ′ ″)	备注
	左					
	右					
	左					
	右					

项目七 全圆方向法观测水平角

一、目的与要求

1. 加深对水平角测量原理的理解。
2. 进一步熟悉经纬仪使用的步骤和方法。
3. 掌握用全圆方向法测水平角的观测、记录和计算方法。
4. 要求每人至少测一测回,上、下半测回互差不超过±40″。

二、组织与学时

每组 3 人,实验时数为 2 学时。

三、仪器及用具

每组借 DJ6 光学经纬仪 1 台、铅笔、小刀(自备)。

四、实训步骤

每组在地面上任选一点,用小钉标志之,作为测站点 O,再任选 A、B、C、D 四个固定目标,然后按下列步骤进行实训:

1. 在 O 点安置经纬仪(对中、整平)。
2. 观测步骤。

(1) 使竖盘位于观测者左手侧(盘左,又称正镜位置),瞄准目标 A,调整水平度盘读数为 0°00′00″或稍大于 0°00′00″,读水平度盘读数 $a_左$,并记入手簿(表 7-1)。

(2) 松开照准部和望远镜制动螺旋,顺时针转动照准部,依次瞄准目标 B、C、D、A,读水平度盘读数 $b_左$、$c_左$、$d_左$、$a_左$,并记入手簿(表 7-1)。

(3) 计算并检验,半测回归零差值不应大于 18″。

(4) 纵转望远镜,使竖盘位于观测者右手侧(盘右,又称倒镜位置),瞄准目标 A,读水平度盘读数 $a_右$,逆时针转动照准部,依次瞄准目标 D、C、B、A,读水平度盘读数 $d_右$、$c_右$、$b_右$、$a_右$ 并记入手簿,注意每读取一个盘右读数要和对应盘左读数检验,上、下半测回 $2c$ 互差不超过 ±40″。

(5) 下半测回归零差不应大于 18″。

3. 计算平均读数。

(1) 若对应点上、下两个半测回 $2c$ 互差不超过±40″,取平均读数,如果盘左读数>盘右读数,平均读数=(盘左读数+盘右读数+180°)/2;如果盘左读数<盘右读数,平均读数=(盘左读数+盘右读数−180°)/2。

(2)计算 A 点两次平均读数。

4．计算归零方向值。

5．计算各测回方向值的平均值。

五、上交资料

实验所测数据如表 7-1 所示。

表 7-1 全圆方向法观测记录表

日　期			仪器编号		天　气		地　点		
观测者			记　录　者		计算者		检核者		

测站	测回数	目标	读数		2c /″	平均读数 /(° ′)	归零后方向值 /(° ′ ″)	同方向各测回互差 /″	各测回归零方向值的平均值 /(° ′)
			盘左 /(° ′)	盘右 /(° ′)					
检核计算	归零差计算： 第一测回： 第二测回：								

项目八 竖直角观测

一、目的与要求

1. 了解经纬仪竖盘注记形式,掌握竖直角及竖盘指标差的计算公式。
2. 掌握竖直角的观测、记录、计算方法。

二、组织与学时

每组 3 人,实验时数为 1 学时。

三、仪器及用具

每组借 DJ6 光学经纬仪 1 台、记录板 1 块、测伞 1 把。

四、实训内容及步骤

1. 写出竖直角及竖盘指标差的计算公式。

安置仪器,转动望远镜,观测竖盘读数的变化,确定竖盘注记形式。

(1) 当望远镜视线上倾,竖盘读数增加时,竖直角为

$$\alpha = 瞄准目标时竖盘读数 - 视线水平时竖盘读数$$

(2) 当望远镜视线上倾,竖盘读数减少时,竖直角为

$$\alpha = 视线水平时竖盘读数 - 瞄准目标时竖盘读数$$

2. 竖直角观测。

选定远处一觇标(标牌或其他明显标志)作为目标,采用中丝法测竖直角。一人观测,一人记录,分别对三个目标用中丝法观测竖直角一测回。

(1) 在测站上安置仪器,对中、整平。

(2) 盘左:依次瞄准各目标,使十字丝的中横丝切目标于某一位置。

(3) 转动竖盘指标水准管微动螺旋,使竖盘指标水准管气泡居中,读取竖盘读数 L。记录并计算盘左半测回竖直角值(表 8-1)。

(4) 盘右:观测方法同(2)、(3)步,读取竖盘读数 R。记录并计算盘右半测回竖直角值。

(5) 计算指标差及一测回竖直角值。指标差变化容许值为 $25''$,如果超限,则应重测。

然后交换工种,进行另一测回的竖直角观测。

五、注意事项

1. 务必弄清计算竖直角和指标差的公式。
2. 对同一目标观测时,要用十字丝横丝切准同一部位。

3. 每次读数前都要使指标水准管气泡居中。对于带竖盘自动补偿器的仪器,需要在观测前打开补偿器,回收仪器前一定要关闭补偿器,防止损坏。

4. 计算竖直角和指标差时,应注意正、负号。

六、上交资料

1. 实验心得体会:

2. 观测记录计算表(表 8-1)。

表 8-1 竖直角观测记录手簿

日　期　　　　　　　仪器编号　　　　　　　天　气　　　　　　　地　点
观测者　　　　　　　记　录　者　　　　　　计算者　　　　　　　检核者

测站	目标	竖盘位置	竖盘读数 /(° ′ ″)	半测回竖直角 /(° ′ ″)	指标差 /″	一测回竖直角 /(° ′ ″)

项目九 全站仪的认知与使用

一、目的与要求

1. 认识全站仪的构造,了解仪器各部件的名称和作用。
2. 初步掌握全站仪的操作要领。
3. 掌握全站仪测量角度和距离的方法。
4. 要求每人操作一次。

二、组织与学时

每组 3 人,实验时数为 2 学时。

三、仪器及用具

全站仪 1 台、测伞 1 把(根据需要)、铅笔 1 支(自备)。

四、实训内容及步骤

1. 全站仪的认识。

全站仪由照准部、基座、水平度盘等部分组成,采用编码度盘或光栅度盘,读数方式为电子显示。它有功能操作键及电源,还配有数据通信接口。它不仅能测角,还能测出距离,并能显示坐标以及一些更复杂的数据。全站仪有许多型号,其外形、体积、重量、性能各不相同。该实训应在指导教师演示后进行操作。

2. 全站仪的使用。

(1) 测量前的准备工作。

① 仪器的安置。

a. 在实训场地上选择一点 O,作为测站,另外两点 A、B 作为观测点。

b. 将全站仪安置于 O 点,对中、整平。

c. 在 A、B 两点分别安置棱镜。

② 按下开关键,使电源接通,旋转望远镜,竖直角过零,进入测角状态。

③ 调焦与照准目标。操作步骤与一般经纬仪相同,注意消除视差。

(2) 角度测量。

① 首先从显示屏上确定是否处于角度测量模式,如果不是,则按操作键,使其转换为角度测量模式。

② 盘左瞄准左目标 A,按置零键,使水平度盘读数显示为 0°00′00″,顺时针旋转照准部,瞄准右目标 B,读取显示读数。

③ 以同样的方法,可以进行盘右观测。

④ 如要测竖直角,可在读取水平度盘读数的同时读取竖盘的显示读数。

(3) 距离测量。

① 首先从显示屏上确定是否处于距离测量模式,如果不是,则按操作键,使其转换为距离测量模式。

② 照准棱镜中心,这时显示屏上能显示箭头前进的动画,前进结束则完成测量,得出距离。HD 为水平距离,VD 为倾斜距离。

(4) 坐标测量。

① 首先从显示屏上确定是否处于坐标测量模式,如果不是,则按操作键,使其转换为坐标测量模式。

② 输入本站 O 点及后视点坐标,以及仪器高、棱镜高。

③ 瞄准棱镜中心,这时显示屏上能显示箭头前进的动画,前进结束则完成坐标测量,得出点的坐标。

五、注意事项

1. 搬运仪器时,要提供合适的减震措施,以防止仪器受到突然的震动。

2. 近距离一起搬动仪器和脚架时,应保持仪器竖直向上。

3. 在保养物镜、目镜和棱镜时,使用干净的毛刷扫取灰尘,再用干净的绒棉布沾酒精由透镜中心向外一圈圈地轻轻擦拭。

4. 应保持插头清洁、干燥,使用时要吹出插头上的灰尘与其他细小物体。在测量过程中,若拔出插头,则可能丢失数据。拔出插头之前应先关机。

5. 装卸电池时,必须关闭电源。

6. 仪器只能存放在干燥的室内,充电时周围温度应在 10℃～30℃ 之间。

7. 全站仪是精密贵重的测量仪器,要防日晒、雨淋、碰撞震动。严禁仪器直接照准太阳。

8. 操作前应仔细阅读本实训指导书和认真听指导教师讲解。不明白操作方法与步骤者,不得操作仪器。

六、上交资料

观测记录表如表 9-1 所示。

表 9-1　全站仪观测记录表

日　期　　　　　　仪器编号　　　　　　天　气　　　　　　地　点
观测者　　　　　　记　录　者　　　　　计算者　　　　　　检核者

测点数	站名或编号	站点高 /m	高差 /m	水平角 /(° ′ ″)	方位角 /(° ′ ″)	平距 /m	坐标		高程 /m
							x/m	y/m	
1	后视站：								
	仪器站：								
	测站点：								
2	后视站：								
	仪器站：								
	测站点：								

项目十 全站仪坐标测量

一、目的与要求

1. 熟悉全站仪坐标测量的方法和步骤。
2. 掌握全站仪坐标测量程序的设置与观测方法。

二、组织与学时

每组3人,实验时数为2学时。

三、仪器及用具

每3人一组,每组全站仪1台、单棱镜及对中杆1套、记录板1个、钢卷尺1把。

四、实训步骤

1. 架设全站仪,调平、对中(改点为测站点),同步在另一点(即后视点)架设棱镜。
2. 选择"程序—放样(或测量)",设置"作业"(选做)。
3. 设置测站,步骤为:输入点号,确认,再输入该点坐标,最后确认完成。
4. 测量仪器高度:用钢卷尺测量出地面到目镜中心线的高度,并输入所测高度。
5. 定向:输入后视点的点号及坐标,瞄准后视点并确认(如果站点和后视点不是假定点位,要检测后视点)。
6. 将棱镜架设在要观测点,盘左瞄准观测点,将测量结果记入表10-1中。
7. 以同样的方法盘右观测并记录。

五、上交资料

1. 实验心得体会:

(2) 观测记录表(表10-1)。

表 10-1 全站仪坐标测量记录表

日　期　　　　　　　仪器编号　　　　　　天　气　　　　　　　地　点
观测者　　　　　　　记录者　　　　　　　计算者　　　　　　　检核者
棱镜高度为(v):_____ m　　　　仪器高度(i):_____ m

点名	点号		x/m	y/m	z/m
测站点	A		45 671.256	85 773.268	2.456
后视点	B		47 896.247	86 553.378	
待测点	C	盘左			
		盘右			
		均值			
待测点	D	盘左			
		盘右			
		均值			

项目十一　经纬仪导线测量

一、目的与要求

掌握经纬仪导线外业观测和内业计算的方法。用DJ6光学经纬仪和钢尺联合观测由4~6个导线点组成的闭合导线外业工作,根据外业观测数据进行内业计算。

二、组织与学时

每组4人,实验时数为2学时。

三、仪器及用具

DJ6光学经纬仪1台、罗盘仪1台、钢尺1副、测钎1组、斧子1把、木桩及小钉若干、铅笔(自备)、小刀等。

四、实训内容及步骤

(一) 外业观测

1. 选点。根据选点注意事项,在测区内选定4~6个导线点组成闭合导线(边长不短于30 m),在各导线点打下木桩,钉上小钉标定点位,绘出导线略图。

2. 量距。用钢尺往、返丈量各导线边的边长(读至mm),若相对误差小于1/3 000,则取其平均值。

3. 测角。采用经纬仪测回法观测闭合导线各转折角(内角),每角观测一个测回,若上、下半测回差不超过±40″,则取平均值。若为独立测区,则需用罗盘仪观测起始边的磁方位角。

4. 计算角度闭合差和导线全长相对闭合差。外业成果合格后,内业计算各导线点的坐标。

(二) 内业计算

1. 检查所有已知数据和外业数据资料。

2. 角度闭合差的计算和调整。

角度闭合差:　　　　　　$f_\beta = \sum \beta - (n-2) \cdot 180°$

限差:　　　　　　　　　$f_{\beta_{允}} = \pm 40'' \sqrt{n}$

式中,n为转折角个数。

角度闭合差调整:反号平均分配f_β,对β改正。

3. 坐标方位角的推算。

顺时针编号，$\alpha_{前}=\alpha_{后}+180°-\beta_{右}$；逆时针编号，$\alpha_{前}=\alpha_{后}+\beta_{左}-180°$。

由起始边 AB 算起，再算回 AB，并校核无误。

4. 坐标增量计算（见配套教材中图 6-6）：

$$\Delta x_{AB}=D_{AB}\cdot\cos\alpha_{AB}$$

$$\Delta y_{AB}=D_{AB}\cdot\sin\alpha_{AB}$$

5. 坐标增量闭合差的计算和调整。

纵坐标增量闭合差： $f_x=\sum\Delta x_{测}$

横坐标增量闭合差： $f_y=\sum\Delta y_{测}$

导线全长绝对闭合差： $f=\sqrt{f_x^2+f_y^2}$

导线全长相对闭合差： $K=\dfrac{f}{\sum D}$

若 $K<\dfrac{1}{2\,000}$，符合精度要求，可以平差。将 f_x、f_y 按符号相反、边长成正比例的原则分配给各边的坐标增量，余数分给长边。各边分配数如下：

$$V_{xi}=-\dfrac{f_x}{\sum D}\cdot D_i$$

$$V_{yi}=-\dfrac{f_y}{\sum D}\cdot D_i$$

分配后要符合：

$$\sum V_x=-f_x$$

$$\sum V_y=-f_y$$

6. 坐标计算：

若不与国家控制点联测，可假定起点坐标：

$$x_B=x_A+\Delta x_{AB}$$

$$y_B=y_A+\Delta y_{AB}$$

由 A 算起，再算回 A，并校核无误。

五、注意事项

1. 选点时注意方便安置仪器，相邻导线点间应互相通视且便于量距。若边长较短，测角时应特别注意提高对中和瞄准的精度。

2. 做好分工，有计划地进行实验，使每个同学都能完成整个过程的各个工序。

六、上交资料

1. 实验心得体会：

2. 实验报告(表 11-1、表 11-2、表 11-3)。

表 11-1　经纬仪导线测量(距离)记录表

日　期　　　　　仪器编号　　　　　天　气　　　　　地　点
观测者　　　　　记 录 者　　　　　计算者　　　　　检核者

尺段编号	往测/m	返测/m	平均距离/m	相对误差	备注

表 11-2　经纬仪导线测量(水平角)记录表

日　期　　　　　仪器编号　　　　　天　气　　　　　地　点
观测者　　　　　记 录 者　　　　　计算者　　　　　检核者

测站	竖盘位置	目标	水平度盘读数 /(° ′ ″)	半测回角值 /(° ′ ″)	一测回角值 /(° ′ ″)	备　注
	左					起始边磁方位角 ＝
	右					
	左					
	右					
	左					
	右					
	左					
	右					

续表

测站	竖盘位置	目标	水平度盘读数 /(° ′ ″)	半测回角值 /(° ′ ″)	一测回角值 /(° ′ ″)	备 注
	左					
	右					

表 11-3 经纬仪导线内业计算表

日 期　　　　　　仪器编号　　　　　　天 气　　　　　　地 点
观测者　　　　　　记 录 者　　　　　　计算者　　　　　　检核者

点号	内角		方位角 /(° ′ ″)	边长 /m	坐标增量		改正后坐标增量		坐标		点号
	观测值 /(° ′ ″)	改正后角度 /(° ′ ″)			Δx/m	Δy/m	$\Delta x_{改}$/m	$\Delta y_{改}$/m	x/m	y/m	
Σ											
辅助计算									略图:		

项目十二 全站仪导线测量

一、目的与要求

1. 熟悉全站仪导线测量的基本方法和步骤。
2. 掌握导线测量的成果计算方法。
3. 了解导线测量技术规范要求。

二、组织与学时

每组 3 人,实验时数为 2 学时。

三、仪器及用具

全站仪、棱镜、记录板、水笔。

四、技术规范

技术规范如表 12-1 所示。

表 12-1 技术规范

等级	测回数	水平角上下半测回较差/″	距离一测回三次读数较差/mm	方位角闭合差/″	导线相对闭合差
三级	1	24	5	$24\sqrt{n}$	≤1/5 000

五、实训内容及步骤

1. 导线形式。

一个已知点和已知方向与三个未知点组成的闭合导线如图 12-1 所示,四条边总长约 400 m。

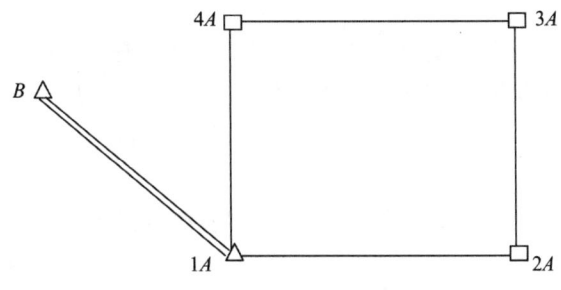

图 12-1 闭合导线示意图

2. 实训内容。

规定时间内按三级导线精度要求独立完成指定的闭合导线测量外业观测和内业计算。外业观测包括一个连接角和四个转折角（左角）的测量（5个角度均采用测回法测一测回进行观测）以及四条导线边的测量，内业计算根据给定的已知点 1A 点的坐标和 1A 点到 B 点的坐标方位角，经平差计算出 3 个指定未知点的平面坐标。

3. 操作步骤。

（1）每组成员按顺序分别编号为 1、2、3、4 号（观测过程中不得变更），按规则要求独立完成指定闭合导线的测量任务。

（2）闭合导线的起始点及待定点由指导教师事先确定。

（3）每位同学完成一个测站的观测和记录计算，具体方案如下：

① A 测站点由本组 4 号独立进行仪器安置、观测，1 号进行记录、计算，2、3 号负责安置棱镜。

② 1 测站点由本组 1 号独立进行仪器安置、观测，2 号进行记录、计算，3、4 号负责安置棱镜。

③ 2 测站点由本组 2 号独立进行仪器安置、观测，3 号进行记录、计算，1、4 号负责安置棱镜。

④ 3 测站点由本组 3 号独立进行仪器安置、观测，4 号进行记录、计算，1、2 号负责安置棱镜。

（4）外业观测时水平角观测一测回，起始方向水平度盘须设置为 $0°01'12''$ 附近，角度观测和计算单位取位至 $1''$；导线边水平距离测量一测回，读数 3 次（3 次读数可以通过盘左、盘右分别观测得到，也可以只通过盘左或盘右观测得到），只进行往测，不进行返测，边长取至 1 mm。

（5）数据记录使用导线测量观测记录表（表 12-3），由负责记录的同学用签字笔当场准确无误地填写到相应栏内，并及时计算和填写表中其他数据。要求记录规范完整，符合规定，计算准确；水平角观测数据不得改动秒值，度、分不得连环涂改。

（6）用闭合导线测量成果计算表进行业内计算（表 12-4），此表的"辅助计算"栏中必须填入导线的方位角闭合差、坐标增量闭合差和导线全长相对闭合差。

（7）仪器操作应符合要求。导线测量不得使用三联脚架法观测，观测顺序按先测连接角，再分别按序号进行导线前进方向左角的测量。每测站起始观测应从盘左开始，盘左照准目标是先起始目标后终止目标，盘右照准目标是先终止目标后起始目标，即盘左顺时针旋转，盘右逆时针旋转。全站仪迁站时仪器必须关机装箱，带觇牌的棱镜可不装箱但棱镜不得从觇牌上卸下。

（8）应规范作业，注意测量安全及仪器保护，不允许妨碍或阻挡其他人观测。迁站时不允许出现不顾安全的狂跑现象，必须沿水泥或沥青路面稳步前进，不允许穿越草地。

六、技术要求

1. 根据国家标准《工程测量规范（GB50026—2007）》，三级导线测量主要技术要求如表 12-2 所示。

表 12-2 导线测量技术要求

等级	测回数	水平角上下半测回较差/″	距离一测回三次读数较差/mm	方位角闭合差/″	导线相对闭合差
三级	1	24	5	$24\sqrt{n}$	≤1/5 000

注：表中 n 为转折角的个数。

2. 仪器和觇牌的对中误差不得超过 2 mm，整平水准管气泡偏差不得超过 1 格。
3. 所测导线点点位误差不得超过 20 mm。
4. 记录字迹工整、清晰，不得任意修改，记录者必须回报读数。
5. 角度、距离的计算采用"奇进偶舍"的原则，记录、计算时的占位"0"及"±"必须填写。
6. 水平角方向观测法的技术要求：半测回归零差≤12″，各测回同一方向值较差≤12″，同测回 $2c$ 互差≤18″。

七、上交资料

表 12-3 导线测量观测记录表

测站	竖盘位置	目标	水平度盘读数/(° ′ ″)	半测回角值/(° ′ ″)	一测回平均角值/(° ′ ″)	备注
	左					
	右					
	左					
	右					

边 名	一测回平距读数/m			
	第一次	第二次	第三次	平均值

注：角度取位至1″，距离取位至 1 mm。

表 12-4　闭合导线测量成果计算表

点号	观测角 /(° ′ ″)	改正数 /″	改正角 /(° ′ ″)	坐标方位角 /(° ′ ″)	距离 /m	坐标增量 Δx			坐标增量 Δy			纵坐标 x/m	横坐标 y/m
						计算值/m	改正数/mm	改正值/m	计算值/m	改正数/mm	改正值/m		
B													
				160 35 42									
A												667.07	867.09
1													
2													
3													
A												667.07	867.09
1													
Σ													
辅助计算	$f_\beta = \sum\beta_{测} - 360° = \quad ″,\ f_x = \sum\Delta x = \quad \text{m},\ f_y = \sum\Delta y = \quad \text{m}$ $f_{\beta允} = \pm 24″\sqrt{n} = \pm 48″,\ f = \sqrt{f_x^2 + f_y^2} = \quad \text{m},\ K = \dfrac{f}{\sum D} = K_允 = \dfrac{1}{5\,000}$													

注：角度及改正数的计算取位至 1″，距离、坐标及相关改正数的计算取位至 1 mm。

项目十三 全站仪支导线法坐标检测

一、目的与要求

1. 掌握利用全站仪及坐标方位角测坐标的方法。
2. 熟悉利用支导线检验坐标精度的方法。

二、组织与学时

每组 3 人,实验时数为 2 学时。

三、仪器及用具

全站仪、棱镜、钢卷尺。

四、实训内容

如图 13-1 所示,已知测站点 A 的坐标和 AB 的方位角 $123°37'26''$,通过观测水平角 $\angle BAC$ 及 AC 的平距,计算 C 点坐标(AB、AC 的平距为 30～40 m),并进行 C 点坐标的复测。

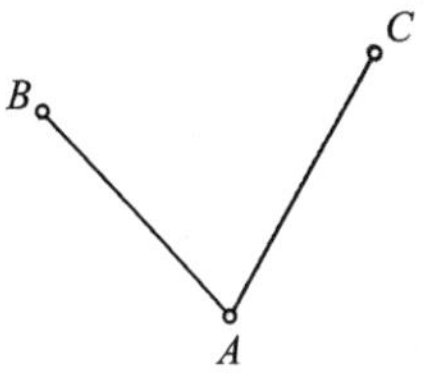

图 13-1 支导线

五、上交资料

1. 实验心得体会:

2. 实验记录计算(表 13-1、表 13-2、表 13-3、表 13-4)。

表 13-1　水平角观测记录表

日　期　　　　　　仪器编号　　　　　　天　气　　　　　　地　点
观测者　　　　　　记 录 者　　　　　　计算者　　　　　　检核者

测站点	竖盘位置	目标点	读数/(°　′　″)	半测回角值/(°　′　″)	一测回角值/(°　′　″)
	盘左				
	盘右				

表 13-2　水平距离观测记录表

测站	目标点	第一次测量	第二次测量	第三次测量	平均距离/m
A	C				

表 13-3　坐标计算表

点号	角度观测值	方位角	水平距离	Δx/m	Δy/m	x/m	y/m
B							
A						1 245.614	1 056.215
C							

表 13-4　坐标复测表

名　称	x/m	y/m
A(测站点)	1 245.614	1 056.215
B(后视点)	$\alpha_{AB}=123°37′26″$	
C(待视点)		

项目十四 高程测设

一、目的与要求

1. 进一步熟练掌握水准仪的使用方法。
2. 掌握水准仪测设标高的方法和步骤。

二、组织与学时

每组 3 人,实验时数为 2 学时。

三、仪器及用具

每 3 人一组,每组水准仪 1 台、水准尺 1 对、尺垫 1 只、方木桩 5 根、记号笔 1 支。

四、实训步骤

1. 由指导教师指定已知点 A,现场标定出房屋四个交点桩±0.000 标高线。
2. 架设水准仪于 A 点与四个桩点大致等距且地面比较坚实的地方,整平后瞄准后视点 A 并读数,根据已知点 A 高程和后视读数,计算出视线高和待测设点前视读数。
3. 立尺人员在待测设桩点沿桩身立尺,转动水准仪,瞄准待测设桩点所立水准尺,指挥立尺人员上下调节尺子,直至十字丝中丝读数等于所计算出的前视读数,另一个组员沿尺子底部用记号笔在桩身上划一水平线,则该线即为该桩点的所测设的标高位置。
4. 调整仪器高度,整平后观测后视点 A 的后视读数以及把水准尺立在所标水平线上的前视读数,并计算高差以检验精度。

五、上交资料

1. 实验心得体会:

2. 实验记录表(表14-1、表14-2)。

表14-1　高程测设记录表

日　期　　　　　　　仪器编号　　　　　　天　气　　　　　　地　点
观测者　　　　　　　记　录　者　　　　　　计算者　　　　　　检核者

已知水准点		后视读数 /m	仪器视线高 /m	设计高程 /m	前视读数 /m	备注
点名	高程/m					

表14-2　高程测设复测表

日　期　　　　　　　仪器编号　　　　　　天　气　　　　　　地　点
观测者　　　　　　　记　录　者　　　　　　计算者　　　　　　检核者

测点	后视读数/m	前视读数/m	高差/m	备注

项目十五　经纬仪测设水平角

一、目的与要求

1. 熟悉利用经纬仪测设水平角的方法。
2. 掌握正倒镜取中法及检验方法。

二、组织与学时

每组 3 人,实验时数为 2 学时。

三、仪器及用具

经纬仪、钢卷尺、花杆、测钎、木桩、小钉、记号笔、锤子。

四、实训内容

如图 15-1 所示,测设水平角度 $\angle AOB = 90°$,把测设点 B 测设在龙门板上(龙门板距地面 300 mm,板长 3 m,或利用某一墙面代替龙门板),并用测回法检查其放样角度。

测设方法:测回法,取平均值定点。

精度要求:两个半测回放样点位之差 ≤ ±5 mm(测站点至放样点的距离为 30 m)。

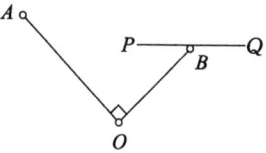

图 15-1　水平角测设

五、上交资料

1. 实验心得体会:

2. 复测记录(表 15-1)。

表 15-1　水平角复测记录表

日　期　　　　　　仪器编号　　　　　　天　气　　　　　　地　点
观测者　　　　　　记　录　者　　　　　计算者　　　　　　检核者

测站	竖盘位置	目标	水平读盘读数 /(° ′ ″)	半测回角 /(° ′ ″)	一测回角
	盘左				
	盘右				
	盘左				
	盘右				

项目十六 全站仪坐标放样

一、目的与要求

1. 认识全站仪的构造,熟悉全站仪放样方法和步骤。
2. 掌握全站仪放样的操作要领。
3. 培养仪器操作人员和立棱镜人员的默契度。
4. 要求每人操作一次。

二、组织与学时

每组3人,实验时数为2学时。

三、仪器及用具

全站仪1台,根据需要加测伞1把,铅笔1支(自备),木桩、锤子各1把。

四、实训步骤

1. 安置仪器。

(1) 在实训场地上选择 A、B 两点作为已知点(其坐标可以由指导教师实测或假定),其中 A 点作为测站,B 点作为后视点,要求每位同学在场地上放出第三点 C(C 点设计坐标由指导教师给定)。

(2) 将全站仪安置于 A 点,对中、整平。

(3) 在 B 点架设棱镜。

2. 按操作功能键进入放样界面。

(1) 设置测站,输入测站点 A 的坐标值,确认保存,并返回上一级菜单。

(2) 设置后视点,输入后视点 B 的坐标,并瞄准 B 点棱镜,确认。

(3) 设置放样点,输入待放样点 C 的坐标,确认并根据仪器屏幕提示转动照准部,使 $dβ=0°00'00''$,水平方向保持不动。

(4) 粗放:仪器操作人员指挥立棱镜人员按仪器方向粗立棱镜(棱镜上气泡大致居中即可),使棱镜对准仪器,观测距离,根据 dH 正负及数值让棱镜沿着仪器方向前后调节,直至左右、前后调节位置偏差均小于20 mm,然后在棱镜位置打木桩。

(5) 精放:在桩顶架设棱镜并调节棱镜,使气泡居中,仪器操作人员根据仪器显示偏差指挥立棱镜人员前后、左右调节棱镜(每次调节好位置,要使气泡居中),直至前后、左右偏差小于2 mm,用铅笔在桩顶棱镜对中杆尖处画一十字符号作为 C 点位置。

(6) 检验:调节仪器到坐标测量界面,观测 C 点坐标,并与所给设计坐标值比较。

五、注意事项

同项目九注意事项。

六、放样数据

测站点 $A(47\ 695.486,571\ 003.311)$、后视点 $B(47\ 695.486,571\ 043.311)$。

房屋角桩 $a(47\ 693.486,571\ 000.311)$、$b(47\ 690.486,571\ 000.311)$、$c(47\ 690.486,571\ 004.311)$、$d(47\ 693.486,571\ 004.311)$。

七、上交资料

实验心得体会：

项目十七 建筑物轴线测设和高程测设

一、目的与要求

1. 掌握建筑物轴线测设的基本方法。
2. 掌握建筑施工中高程测设的基本方法。

二、组织与学时

每组 4 人,实验时数为 2 学时。

三、仪器及用具

DJ6 光学经纬仪 1 台、DS3 水准仪 1 台、钢尺 1 把、花杆 1 支、水准尺 1 把、记录板 1 块、斧子 1 把、木桩 6 只、测钎 2 支、计算器 1 只。

四、实训内容及步骤

(一)控制点布设和数据设计

建筑物轴线测设和高程测设首先需要有控制点。为此,在空旷地面选择 A、B 两点,如图 17-1 所示,先打下一木桩作为 A 点,桩顶画十字线,以交点为中心,用钢尺丈量一段 50.000 m 的距离定出 B 点(同样打木桩,桩顶画十字线)。设 A、B 点的坐标为

$$x_A = 100.000 \text{ m}, x_B = 100.000 \text{ m}$$
$$y_A = 100.000 \text{ m}, y_B = 150.000 \text{ m}$$

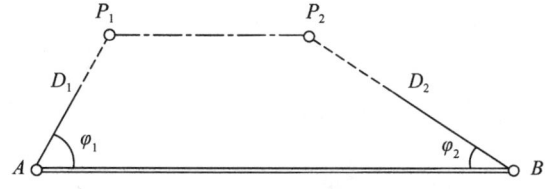

图 17-1 轴线测设

设 A 点的高程为 10.000 m(可根据场地情况更改)。假设以上数据为已有控制点的已知数据。

设计建筑物的某轴线点 P_1、P_2 的坐标和高程如下:

$$x_1 = 108.360 \text{ m}, x_2 = 108.360 \text{ m}$$
$$y_1 = 105.240 \text{ m}, y_2 = 125.240 \text{ m}$$
$$H_1 = 10.150 \text{ m}, H_2 = 10.150 \text{ m}$$

（二）测设放样数据的计算

设在控制点 A、B 用极坐标法测设轴线点 P_1、P_2 的平面位置及用水准仪测设高程。

在表 17-1 中计算所需数据，并画一建筑物轴线测设略图。

（三）极坐标法轴线点平面位置测设

1. 安置经纬仪于 A 点，瞄准 B 点，变换水平度盘位置使读数为 $0°00'00''$；逆时针旋转照准部，使水平度盘读数为（$360°-\varphi_1$），用测钎在地面标出该方向，在该方向上从 A 点量取水平距离 D_1，打下木桩；再重新用经纬仪标定方向和用钢尺量距，在木桩上定出 P_1 点。

2. 再安置经纬仪于 B 点，用类似方法测设 P_2 点（不同之处为：瞄准 A 点后，照准部顺时针旋转 φ_2 角）。

3. 用钢尺丈量 P_1、P_2 点间的距离，根据两点设计坐标算得的两点间水平距离差不应大于 10 mm。

（四）轴线点高程测设

如图 17-2 所示，将水准仪安置于与 A 点、P_1 点、P_2 点大致等距离之处，在 A 点木桩上立水准尺，读得后视读数 a，根据 A 点的高程 H_A，求得水准仪的视线高程（仪器高程）H_i：

$$H_i = H_A + a$$

则 P_1、P_2 点上水准尺应有读数为

$$b = H_i - H_P$$

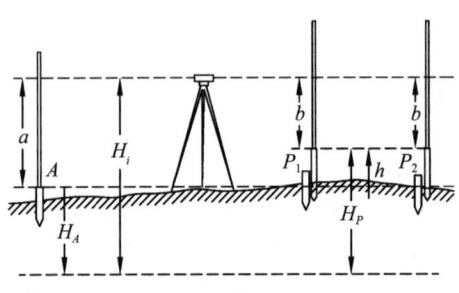

图 17-2 高程测设

在 P_1、P_2 点旁边木桩侧面立水准尺，上下移动水准尺，使读数逐渐达到 b 为止。尺底高程即为点的设计高程，对齐尺底，在木桩上画线即为测设点。

五、注意事项

1. 测设前各人应独立计算测设数据，对计算结果进行校核，证明结果正确无误后再进行测设。

2. 轴线点的平面位置测设好以后，应进行两点间的距离校核。

3. 点高程测设应采用双面尺法或变仪高法，两次测设点位差应在 8 mm 以内。

六、上交资料

实验结束时，上交表 17-1 和表 17-2 的数据。

表 17-1　极坐标法测设数据计算

日　期　　　　　　　仪器编号　　　　　　　天　气　　　　　　　地　点
观测者　　　　　　　记　录　者　　　　　　计算者　　　　　　　检核者

边	坐标增量		水平距离 D/m	坐标方位 α /(° ′ ″)	水平夹角 φ /(° ′ ″)
	Δx/m	Δy/m			
AB					
AP_1					
BA					
BP_2					
—					
P_1P_2					
轴线测设略图					

表 17-2　高程测设数据计算

日　期　　　　　　　仪器编号　　　　　　　天　气　　　　　　　地　点
观测者　　　　　　　记　录　者　　　　　　计算者　　　　　　　检核者

点号	高程/m	后视读数 a/m		前视读数 b/m	
P_1	100.000	黑面读数		黑面读数	
		红面读数		红面读数	
P_2	100.700	黑面读数		黑面读数	
		红面读数		红面读数	

项目十八 建筑基线测设

一、目的与要求

1. 掌握建筑基线设计及测设要素的计算方法。
2. 实地测设建筑基线并进行检核校正。

二、组织与学时

每组3人,实验时数为2学时。

三、仪器及用具

每组借 DJ6 光学经纬仪 1 台、钢尺 1 把、记录板 1 块、木桩和小铁钉若干。

四、实训内容及步骤

1. 基线设计。
(1) 在图纸上根据控制点位置和建筑物轴线位置设计一条"三点一线"建筑基线(图18-1),须满足:
① 建筑基线与建筑物轴线平行;
② 基线点通视且便于测设建筑物细部点;
③ 控制点与各基线点通视。
(2) 设计基线点坐标,制订放样方案。

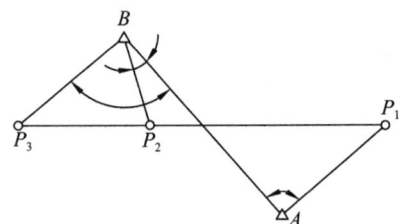

图 18-1　建筑基线测设

2. 测设数据的准备。
(1) 准备控制点资料。
(2) 选择测站点和定向点。
(3) 计算极坐标法放样点位所需测设数据。
3. 根据附近已有控制点测设建筑基线。
(1) A、B 为附近的已有控制点,P_1、P_2、P_3 为选定的建筑基线点。
(2) 用经纬仪和钢尺按极坐标法测设 P_1、P_2、P_3 点。
(3) 检验基线点在同一直线上并校正。测$\angle P_1P_2P_3$ 与180°之差,若大于限值±20″,须校正。
(4) 检验基线边长并校正。测基线边长 P_1P_2、P_2P_3,若误差大于 1/10 000,须校正。

五、注意事项

1. 设计数据、设计方案应事先做好,测设过程的数据要现场计算,且保证计算无误。

2. 根据设计方案,领取相应的仪器、工具。

3. 若放样结果不满足要求,须返工重做。

六、上交资料

1. 实验心得体会:

2. 实验报告(表18-1、表18-2)。

表18-1 建筑基线放样数据表

日　期　　　　　　仪器编号　　　　　　天　气　　　　　　地　点
观测者　　　　　　记　录　者　　　　　计算者　　　　　　检核者

边	坐标增量		水平距离 D /m	坐标方位 α /(° ′ ″)	水平夹角 φ /(° ′ ″)
	Δx/m	Δy/m			
AB					
AP_1					
BA					
BP_2					
BA					
BP_3					
P_1P_2					
P_2P_3					
基线测设略图					

表 18-2 测设后的检验数据

日　　期　　　　　　　　仪器编号　　　　　　　天　气　　　　　　　地　点
观测者　　　　　　　　　记　录　者　　　　　　计算者　　　　　　　检核者

	测站	目标	竖盘位置	水平度盘读数 /(° ′ ″)	半测回水平角 /(° ′ ″)	一测回水平角 /(° ′ ″)	修正量 /″
角度检核	P_2	P_1					
		P_3					
		P_1					
		P_3					

	距离段 /m	设计距离 /m	实测距离 /m	修正量 /mm	建筑基线校正略图
距离检核	P_1P_2				
	P_2P_3				

项目十九 纵、横断面测量

一、目的与要求

1. 掌握横断面测量的基本方法。
2. 掌握纵断面测量的基本方法。
3. 掌握纵、横断面图的绘制方法。

二、组织与学时

每组 5 人,实验时数为 2 学时。

三、仪器及用具

DS3 微倾式水准仪 1 台、水准尺 1 对、记录板 1 块、斧子 1 把、木桩 6 只、计算器 1 只。

四、实训步骤

(一) 准备工作

1. 指导教师现场讲解测量过程、方法及注意事项。
2. 在给定区域,选定一条长约 200 m 的路线,在两端点钉木桩。用皮尺量距,每 20 m 处钉一中桩,并在坡度及方向变化处钉加桩,在木桩侧面标注桩号。起点桩桩号为 0+000。

(二) 纵断面测量

1. 如图 19-1 所示,将水准仪安置在起点桩与第一转点间适当位置,作为第一站(Ⅰ),瞄准(后视)立在附近水准点 BM 上的水准尺,读取后视读数 a(读至毫米位),填入表 19-1,计算第一站视线高 $H_1(=H_{BM}+a)$,统筹兼顾整个测量过程,选择前视方向上的第一个转点 TP_1,瞄准(前视)立在转点 TP_1 上的水准尺,读取前视读数 b(读至毫米位),填入表 19-1,计算转点 TP_1 的高程($H_{TP1}=H_1-b$)。
2. 再依此瞄准(中视)本站所能测到的立在各中桩及加桩上的水准尺,读取中视读数 S_i(读至厘米位),填入表 19-1,利用视线高计算中桩及加桩的高程($H_i=H_1-S_i$)。
3. 将仪器搬至第二站(Ⅱ),选择第二站前视方向上的 2 号转点 TP_2。将仪器安置好后,瞄准(后视)TP_1 上的水准尺,读数并记录,计算第二站视线高 $H_{Ⅱ}$;观测前视 TP_2 上的水准尺,读数、记录,并计算 2 号转点 TP_2 的高程 H_{TP2}。用同样的方法继续进行观测,直至线路终点。
4. 为了进行检核,可由线路终点返测至已知水准点,此时不需观测各中间点。

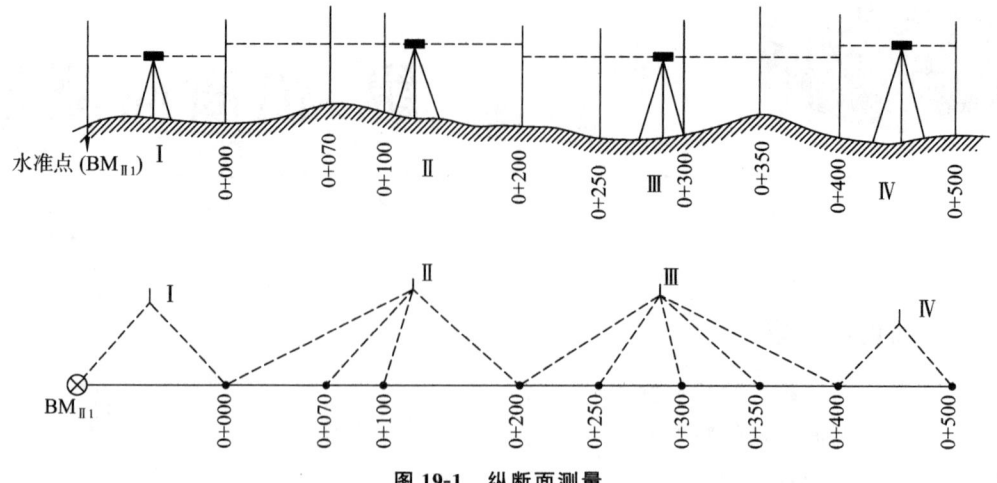

图 19-1 纵断面测量

(三) 横断面测量

每人选一里程桩进行横断面水准测量。如图 19-2 所示,在里程桩上,用方向架确定线路的垂直方向,在中线左右两侧各测 20 m,中桩至左、右侧各坡度变化点距离用皮尺丈量,读至分米位;高差用水准仪测定,读至厘米位,并将数据填入横断面测量记录表 19-2 中。

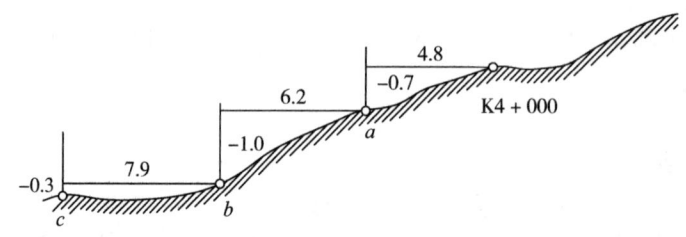

图 19-2 横断面测量

(四) 纵横断面图的绘制

外业测量完成后,可在室内进行纵、横断面图的绘制。纵断面图:水平距离比例尺可取为 1∶1 000,高程比例尺可取为 1∶100。横断面图:水平距离比例尺可取为 1∶100,高程比例尺可取为 1∶100。将纵、横断面图绘制在网格纸上(横断面图也可在现场边测、边绘,并及时与实地对照检查)。

五、注意事项

1. 中视读数因无检核条件,所以读数与计算时,要认真细致,互相核准,避免出错。

2. 横断面水准测量与横断面绘制,应按线路延伸方向划定左右方向,切勿弄错,最好在现场绘制横断面图。

3. 线路往、返测量高差闭合差的限差应按普通水准测量的要求计算,式中 n 为测站数。超限应重新测量。

六、上交资料

实验结束后,将小组成果路线纵断面水准测量结果记入实验报告相应表格,并绘制纵、横断面图,附在实验报告上,实验报告以小组为单位上交。

表 19-1　纵断面水准测量记录表

测站	测点桩号	后视读数/m	视线高/m	前视读数/m	中视读数/m	高程/m	备注

表 19-2　横断面测量记录表

里程桩	左侧					中心桩	右侧				
	$\dfrac{高程}{距离}$					$\dfrac{高程}{距离}$	$\dfrac{高程}{距离}$				

项目二十 圆曲线测设

一、目的与要求

1. 掌握圆曲线主点测设要素及主点里程的计算方法。
2. 掌握圆曲线主点的测设方法。
3. 会利用偏角法进行圆曲线的详细测设。

二、组织与学时

每组 3 人,实验时数为 2 学时。

三、仪器及用具

每组借 DJ6 光学经纬仪 1 台、钢尺 1 把、测钎 2 支、记录板 1 块。

四、实训内容及步骤

(一) 已知数据

曲线半径 $R=300$ m,线路右转角 $\alpha_右=10°40'$,交点里程为 K5+212.31,细部点间距 $l=10$ m。

(二) 测设数据的准备

1. 根据给定的转角 α 和圆曲线半径 R,计算曲线测设要素 T、L、E。
2. 根据给定的交点里程,计算主点 ZY、YZ、QZ 里程。
3. 按偏角法计算各桩详细测设数据 Δ_i、C_i。

(三) 实地测设

1. 主点测设。

(1) 在交点 JD 处安置经纬仪,转动照准部,瞄准后视交点,配置水平度盘读数为 $0°00'00''$,利用望远镜进行指挥定向,从 JD 出发在该切线方向上量取切线长 T,得 ZY 点,做好标记(图 20-1)。

(2) 转动照准部,瞄准前视交点,利用望远镜进行指挥定向,从 JD 出发在该切线方向上量取切线长 T,得 YZ 点,做好标记。

(3) 确定分角线方向。

当路线右转时,顺时针转动照准部至水平度盘读数为 $270°+\dfrac{\alpha_右}{2}$,此时望远镜视线方向为分角

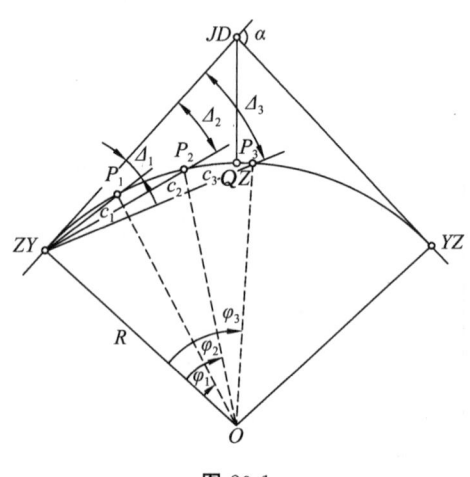

图 20-1

线方向。在分角线方向上，从 JD 量取外距 E，定出 QZ 点，并做好标记。

2. 用偏角法进行圆曲线详细测设。

（1）在圆曲线起点 ZY 点安置经纬仪，完成对中、整平工作。

（2）转动照准部，瞄准交点 JD（即切线方向），将水平度盘读数配置为 $0°00'00''$。

（3）根据计算出的第一点的偏角值大小 Δ_1 转动照准部，顺时针转动照准部至水平度盘读数为 Δ_1；以 ZY 为原点，在望远镜视线方向上量出第一段相应的弦长 c_1，定出第一点 P_1，设桩。

（4）根据第二个偏角值的大小 Δ_2 转动照准部，定出偏角方向。以 P_1 为圆心、c_2 为半径画圆弧，与视线方向相交，得出第二点 P_2，设桩。

（5）按照上一步的方法，依次定出曲线上各个整桩点点位，直至曲线中点 QZ，若通视条件好，可一直测至 YZ 点。比较详细测设和主点测设所得的 QZ、YZ 点，进行精度校核。

（6）用偏角法进行圆曲线详细测设，也可从圆直点 YZ 开始，以同样的方法进行测设。但要注意偏角的拨转方向及水平度盘读数，与上半条曲线是相反的。

（7）检查：详细测设曲线中点 QZ 位置，和主点放样定出的 QZ 位置比较，横向误差不应大于 0.1 m，纵向误差不应超过 $\pm \dfrac{L}{1\,000}$（L 为曲线长度的一半）。

五、注意事项

1. 进行细部点测设时，量距是从前一曲线点开始，必须以对应的弦长为半径画圆弧，与视线方向相交，获得该点。

2. 由于偏角法存在测设点误差累积的缺点，因此一般由曲线两端的 ZY、YZ 点分别向 QZ 点施测。

3. 注意偏角的拨转方向及水平度盘读数。

六、上交资料

每人上交一份含有合格计算资料的实验报告（表 20-1、表 20-2）。

表 20-1　圆曲线元素及主点里程计算表（细部点放样元素计算）

日　期		仪器编号		天　气	地　点
观测者		记 录 者		计算者	检核者

点名	曲线长/m	里程桩号	偏角法 $l=$　　m		
			测站	偏角/(° ′ ″)	c_i/m

表 20-2　测设后的检验数据

日　期　　　　　　　仪器编号　　　　　　　天　气　　　　　　　地　点

观测者　　　　　　　记　录　者　　　　　　计算者　　　　　　　检核者

桩距检查						偏角法 QZ 点符合情况		
桩号 i	桩号 $i+1$	c_i/m	检测桩距/m	较差/mm	备注			
						ZY→QZ	f_y/cm	
							f_x/cm	
							f_y 限差/mm	
							f_x 限差/mm	
						YZ→QZ	f_y/cm	
							f_x/cm	
							f_y 限差/mm	
							f_x 限差/mm	
结论								

项目二十一 RTK 放线

一、目的与要求

掌握利用 GPS 放线的方法。

二、仪器及用具

GPS 基准站、GPS 移动站、开通网络的电话卡、木桩、锤子。

三、实训步骤

(一) 安置仪器

RTK 设备分为基准站和流动站两部分。基准站包括三脚架、主机、转换器(放大器)、电源(蓄电池)、天线、连接电缆。流动站包括碳素对中杆、主机、手簿。手簿和主机之间使用蓝牙传输。目前很多 RTK 设备向一体化发展,使用内置电源,不再使用沉重的大电瓶。同时数据链发送天线(UHF)也逐渐使用内置电台。有些 RTK 设备同时具备电台传输(UHF)和通信网络传输(GPRS)两种功能,在测区较小时使用电台传输,在测区较大时使用通信网络传输。

RTK 基准站的设置可以分为基准站架设在已知点和未知点两种情况。常用的方法是将基准站架设在一个地势较高、视野开阔的未知点上,使用流动站在测区内的两个或两个以上的已知点上进行点校正,并求解转换参数。

通常基准站和流动站安置完毕之后,打开主机及电源,建立工程或文件,选择坐标系,输入中央子午线经度和 y 坐标的常数。通常先建立一个工程,以后每天工作时新建文件即可。

(二) 求解参数

GPS 接收机输出的数据是 WGS-84 经纬度坐标,需要转化到施工测量坐标,这就需要利用软件进行坐标转换参数的计算和设置。四参数是同一个椭球内不同坐标系之间进行转换的参数,指的是在投影设置下选定的椭球内 GPS 坐标系和施工测量坐标系之间的转换参数。四参数的四个基本项分别是:X 平移、Y 平移、旋转角和比例。特别需要注意的是,参与计算的控制点原则上至少要用两个或两个以上的点,控制点等级的高低和分布直接决定了四参数的控制范围。经验上四参数理想的控制范围一般都在 5~7 km 以内。

南方测绘灵锐系列 RTK 提供的四参数的计算方式有如下几种:

(1) 利用"控制点坐标库"求解参数,人工输入两控制点的 GPS 经纬度坐标和已知坐标,从而求解四参数。

(2) 利用"校正向导"求解参数,使用两点校正功能,在两个已知点上分别做校正,则软件会自动记录求得的转换参数。

（3）直接导入参数文件"*.cot"，在南方静态 GPS 数据处理软件 GPSadj 中，将测区静态控制时得到的参数文件复制到手簿中相应的工程文件夹中。具体步骤为：点击"成果"→"网平差成果输出"，导入"工程之星 COT"。

（4）直接输入参数，在手簿中建完工程之后，直接将求解得到的四参数输入工程之星软件的"设置四参数"菜单下。

（三）检验校正

点校正是 RTK 测量中的一项重要工作，每天测量工作开始之前都要进行点校正。如果工程文件中已经输入了转换参数，则每次工作之前找到一个控制点，输入已知坐标，进行单点校正，然后找到邻近的另一个控制点，测量其坐标，然后和已知坐标对比，即可验证。点校正时一定要精确对中、整平仪器。碎部测量过程中如果出现基准站位置有变化等提示，通常都是由基准站位置变化或电源断开等原因造成的，此时需要重新进行点校正。

（四）碎部测量

RTK 碎部点采集的过程与全站仪类似，在各碎部点上采点，存入仪器内存中，同时按照存储的点号绘制草图。采点时一定要在固定解（FIXD）状态下采点，PDPP 值也有此要求。在进行数据采集时 RTK 跟踪杆气泡尽量保持水平，否则天线几何相位中心偏离碎部点距离过大，会降低测量精度。

（五）点放样

事先上传需要放样的坐标数据文件，或现场编辑放样数据。选择 RTK 手簿中的点位放样功能，现场输入或从预先上传的文件中选择待放样点的坐标，仪器会计算出 RTK 流动站当前位置和目标位置的坐标差值（Δx、Δy），并提示方向。按提示方向前进，即将达到目标点处时，屏幕上会出现一个圆圈，指示放样点和目标点的接近程度。精确移动流动站，当 Δx 和 Δy 小于放样精度要求时，钉木桩，然后精确投测小钉。将棱镜立于桩顶上，同时测距，仪器会显示出棱镜当前高度和目标高度的高差，将该高差用记号笔标注于木桩侧面，即为该点填挖高度。按同样的方法放样其他各待定点。

（六）线放样

在电力线路、渠道、公路、铁路等工程的直线段放样过程中，可使用线放样功能。线放样是指在线放样功能下，输入始末两点的坐标，系统自动求解出 RTK 流动站当前位置到已知的设置直线的垂直距离，并提示"左偏"或"右偏"，当 RTK 流动站位于测线上之后，会显示当前位置到线路起点或终点的位置，据此放样各直线段桩位。

四、上交资料

1. 实验心得体会：

2. GPS 放样记录表(表 21-1)。

表 21-1　GPS 放样表

日　期		仪器编号		天　气		地　点	
观测者		记 录 者		计算者		检核者	

设计单位				
工程名称		仪器型号		
校正点名/号及坐标	点号	x/m		y/m

放样						
序号	点号	x/m	y/m	实测高程/m	设计高程/m	备注